高等院校人工智能通识课程系列教材
“面向人工智能赋能教育及数字技能人才培养的大学计算机课程改革项目”成果

计算思维与人工智能基础

邱虹坤◎主　编
滕一平　蒋　宁　郭建新◎副主编
范纯龙◎主　审

中国铁道出版社有限公司
CHINA RAILWAY PUBLISHING HOUSE CO., LTD.

内 容 简 介

本书是“高等院校人工智能通识课程系列教材”之一，是教育部高等学校大学计算机课程教学指导委员会“面向人工智能赋能教育及数字技能人才培养的大学计算机课程改革项目”重点项目成果。

本书旨在培养大学生的计算思维与人工智能素养，深入浅出地介绍了计算思维、虚拟现实、计算机网络与安全、程序设计基础、数据管理与分析等知识，讲解了人工智能基础及机器学习、智能决策、智能体、大模型与 AIGC 等人工智能关键技术，并展示了人工智能在多领域的实际应用。

本书适合作为高等院校人工智能通识课程的教材，也可作为人工智能技术研究人员的参考书。

图书在版编目（CIP）数据

计算思维与人工智能基础 / 邱虹坤主编．-- 北京：中国铁道出版社有限公司，2025. 8. -- ISBN 978-7-113-32279-3

Ⅰ. O241；TP18

中国国家版本馆 CIP 数据核字第 2025BS8244 号

书　　名： 计算思维与人工智能基础
作　　者： 邱虹坤

策　　划： 闫钇汛　霍龙浩　　**编辑部电话：**（010）63549508
责任编辑： 闫钇汛
封面设计： 刘　莎
责任校对： 安海燕
责任印制： 赵星辰

出版发行： 中国铁道出版社有限公司（100054，北京市西城区右安门西街 8 号）
网　　址： https://www.tdpress.com/51eds
印　　刷： 河北燕山印务有限公司
版　　次： 2025 年 8 月第 1 版　2025 年 8 月第 1 次印刷
开　　本： 787 mm × 1 092 mm　1/16　**印张：** 16　**字数：** 408 千
书　　号： ISBN 978-7-113-32279-3
定　　价： 55.00 元

前言

随着互联网、大数据、大模型、智能体、机器人等技术迅猛发展，计算机与人工智能技术正经历前所未有的飞跃。人工智能是当代引领新一轮科技革命与产业变革的关键技术，是推动社会进步的重要力量，也是全球各国科技竞争的创新高地。人工智能的应用已经从日常娱乐、智能交通、智慧医疗、金融风控、教育个性化服务，逐步渗透到社会各个领域。特别是近期由ChatGPT、DeepSeek等生成式大模型引领的人工智能爆发式发展，驱使人类社会迈向数智新时代。基于此，高等院校纷纷将人工智能作为通识课程，为高等院校学生构建人工智能基础知识体系。

本书旨在帮助学生了解计算机与人工智能带来的社会变革，理解其背后科技的基本原理、关键技术与应用，培养学生的数字理念、计算思维、人工智能素养与创新意识。作为数字化、智能化新时代的大学生，只有具备基本的计算思维与人工智能素养，才能在未来的学习、生活与工作中，更好地适应社会需求。

本书是教育部高等学校大学计算机课程教学指导委员会“面向人工智能赋能教育及数字技能人才培养的大学计算机课程改革项目”重点项目成果，项目编号为AEJR-202406。本书以培养学生的计算思维和人工智能素养为核心目标，围绕计算机与人工智能关键技术，通过深入浅出的介绍，为学生构建一个基础、系统、全面的知识体系。让学生掌握基础理论知识的同时，具备将其应用于解决实际问题的能力。

全书共12章，涵盖多个知识领域。第1章～第6章介绍计算机基础知识，包括计算机文化、系统及计算思维的内涵、方法与应用；多媒体编码、计算机图形学、虚拟现实和元宇宙技术；网络概述、Internet基础及云计算、区块链和物联网；信息安全的概念与技术、恶意攻击防护及面临的挑战；编程语言与思想、算法与数据结构；数据管理、大数据和数据分析等。第7章~第11章讲解人工智能相关知识，包括人工智能基础、机器学习、智能决策、大模型与生成式人工智能、智能体等。第12章介绍人工智能在交通、工业、医疗等领域的实际应用及对社会的影响。

本书具有以下几个特点：

（1）基础性：内容以基础概念为主，为学生构建学科基础知识框架，引导学生后续学习与研究。

（2）适用性：兼顾不同专业、不同层次学生的学习需求，尽量避免晦涩难懂的专业术语，由浅入深地讲解抽象性概念。

（3）前沿性：内容与时俱进，密切跟踪相关领域最新研究成果与发展动态，将前沿技术融入教材。

（4）实用性：除了介绍理论知识，还尽可能结合实际应用场景予以阐述，帮助学生更好地理解和运用相关知识。

本书在沈阳航空航天大学教务处、计算机学院组织领导下完成，获批沈阳航空大学规划教材资助出版。编写团队成员均长期从事计算机和人工智能领域的教学与科研工作。编写团队成员各自在教学与科研中积累的实践经验及相关教科研成果，为本书的编写提供了丰富的内容支撑。全书由邱虹坤主持编写与统稿。其中，第 1 章和第 2 章由郭建新编写；第 3 章和第 4 章由滕一平编写；第 7 章和第 12 章由蒋宁编写；第 5 章、第 6 章、第 8 章~第 11 章由邱虹坤编写。全书由范纯龙主审。随书电子资源（PPT 课件、微视频、教学大纲等）可在中国铁道出版社教育资源数字化平台（https://www.tdpress.com/51eds）下载，师生可根据实际情况进行个性化选用。

在本书编写过程中，得到了教育部高等学校大学计算机课程教学指导委员会与中国铁道出版社有限公司的大力支持。在此一并表示感谢！

由于编者水平有限，且计算机与人工智能相关知识体系庞大、技术发展日新月异，书中难免存在不妥之处，恳请读者提出宝贵意见（Email：qiuhongkun@sau.edu.cn），以便在后续的修订中完善本书。

编　者

2025 年 3 月

目 录

第 1 章 计算机与计算思维

在人类漫长的发展过程中，为了更好地描述与传递所观察到的信息（所见、所闻、所想），发明了绘画与文字，而文字实质上是用表意符号对信息进行“编码”。人类早期的先进文明都建立了自己的文字和数字系统，例如，中国和古埃及的十进制，巴比伦文明的六十进制，玛雅文明的二十进制或十八进制。在古希腊，很早就创立了算术、几何、代数等独立学科。其中，毕达哥拉斯学派主张用数来解释一切，认为不仅万物都包含数，而且“万物皆是数”。

在计算需求的驱动下，人类发明了很多计算工具辅助记录和计算，每一种计算工具在相应的历史阶段都发挥了重要作用。而由计算技术发展衍生而来的计算思维，作为一种无处不在的能力，对日常人们的生产活动和社会活动产生了深远的影响，已经成为人们理解世界和解决问题的重要工具之一。

学习目标

（1）了解计算机的发展与分类，了解冯·诺依曼和图灵在计算机和人工智能领域的贡献。

（2）理解计算思维的内涵，并能运用计算思维解决实际问题。

1.1 计算机文化

1.1.1 计算工具的发展

随着人类社会不断进步，计算需求也变得越来越复杂，人们开始借助工具计算。最早使用的外部算力工具是草绳、石头，即“结绳记事”，如图 1-1 所示。春秋战国时期，诞生了由若干根相同长短和粗细的小棍子组成的计算工具——算筹，如图 1-2 所示。

算盘（见图 1-3）起源于中国，是中国古代计算技术的符号，是现代计算机的前身。在阿拉伯数字出现前，算盘是广为使用的计算工具。

17 世纪 20 年代，英国数学家威廉·奥特雷德（William Oughtred）根据对数原理发明了圆形计算尺，即对数计算尺，可进行加、减、乘、除。

1642 年，法国数学家、物理学家帕斯卡发明的机械加法机，可用于计算加减法。

图 1-1　结绳记事

图 1-2　算筹与筹算

图 1-3　算盘

1673 年，德国哲学家、数学家莱布尼茨设计完成——乘法自动计算机，可进行加、减、乘、除和开方。

19 世纪，英国数学家巴贝奇设计并制造了差分机（见图 1-4）和分析机（见图 1-5），分析机被认为是世界上第一台机械式计算机。

1946 年 2 月，为了满足美国奥伯丁武器试验场计算弹道需要而研制成的世界上第一台电子计算机——电子数字积分计算机（electronic numerical integrator and computer, ENIAC）在美国宾夕法尼亚大学问世，如图 1-6 所示。ENIAC 使用了 17 840 个电子管，重达 28 t，功率为 170 kW，运算速度为每秒 5 000 次的加法运算。ENIAC 的问世具有划时代的意义，表明电子计算机时代的到来。

图 1-4　差分机

图 1-5　分析机

图 1-6　第一台电子数字积分计算机 ENIAC

1.1.2　计算机发展阶段划分

根据计算机采用的电子元件，一般将计算机的发展分为四个阶段。

第一阶段：电子管时代（1946—1957 年）

逻辑元件采用的是真空电子管。

第二阶段：晶体管时代（1958—1964 年）

逻辑元件采用晶体管。

第三阶段：中、小规模集成电路时代（1965—1970 年）

逻辑元件采用中、小规模集成电路。

第四阶段：大、超大规模集成电路时代（1970 年至今）

逻辑元件采用大规模和超大规模集成电路。

我国计算机的发展相对较晚，但进步较快，大致分为如下三个阶段：

第一阶段——电子管与晶体管计算机（20 世纪 50 年代至 20 世纪 70 年代）

1958 年，中国科学院计算所研制成功中国第一台小型电子管通用计算机 103 机（八一型），标志着中国第一台电子计算机的诞生。

1965 年中国科学院计算所研制成功了中国第一台大型晶体管计算机 109 乙机；两年后又推出 109 丙机，在中国两弹试制中发挥了重要作用，被用户誉为“功勋机”。

第二阶段——中小规模集成电路计算机（20 世纪 70 年代至 20 世纪 80 年代初）

20 世纪 70 年代，北京大学、清华大学、华北计算所等单位成功研制了运算速度每秒百万次及以上级别的计算机。

第三阶段——超大规模集成电路计算机（20 世纪 80 年代中期至今）

1983 年，国防科技大学研制成功运算速度每秒上亿次的银河 -Ⅰ巨型机，这是中国高速计算机研制的一个重要里程碑。

1997 年，国防科技大学研制成功银河 -Ⅲ百亿次并行巨型计算机系统，系统综合技术达到同期国际先进水平。

2003 年，曙光公司推出了每秒百万亿次以上数据处理能力的超级服务器曙光 4000 L。

2010 年，中国成功研发超级计算机天河一号，使得中国成为了拥有世界上最快超级计算机的国家。随后，我国陆续研发出“天河二号”“太湖之光”等超级计算机。

2020 年，潘建伟院士团队构建 76 个光子的量子计算原型机“九章”。2021 年，成功研制含 113 个光子的“九章二号”和 66 比特的“祖冲之二号”量子计算原型机，使中国成为在光学和超导两条技术路线上都实现量子优越性的国家。

1.1.3 冯·诺依曼与图灵

在计算机科学领域，有两位占有举足轻重地位的人物——冯·诺依曼和图灵。他们都被称为计算机之父，只是他们的贡献和侧重点有所不同。冯·诺依曼主要在现代电子计算机的工作原理和构造方面做出了重要贡献，而图灵则在计算理论和人工智能（artificial intelligence, AI）方面做出了开创性的工作。

1. 约翰·冯·诺依曼（1903—1957 年）

图 1-7　约翰·冯·诺伊曼

约翰·冯·诺依曼（John von Neumann），如图 1-7 所示，匈牙利犹太裔美籍数学家，合作博弈论的创立人，计算机科学家，现代计算机创始人之一，美国国家科学院院士。他在物理学中的量子力学、计算机科学，以及其他领域都作过重大贡献。

第二次世界大战期间，美国组建研发团队开发全球首台计算机 ENIAC。约翰·冯·诺依曼从计算机的逻辑结构入手，带领团队对 ENIAC 进行改进，研制 EDVAC（electronic discrete variable automatic computer）计算机。1945 年 3 月，他在团队讨论的基础上起草了“存储程序通用电子计算机方案”，其主要思想可以归结为以下几点：

（1）采用二进制表示数据和指令。

（2）“存储程序”即程序和数据一起存储在内存中，计算机按照程序顺序执行。

（3）计算机由五个部分组成：运算器、控制器、存储器、输入设备和输出设备，如图 1-8 所示，图中实线为数据流，虚线为控制流。

约翰·冯·诺依曼的思想也称“存储程序”原理，对后来计算机的设计有决定性的影响，一直被现代计算机所遵循。

以“存储程序”原理为基础的各类计算机统称为冯·诺依曼计算机，它的特点是“程序存储，共享数据，顺序执行”，需要CPU（central processing unit，中央处理器）从存储器取出指令和数据进行相应的计算。具体表述如下：

（1）单处理机结构，机器以运算器为中心。

（2）采用程序存储思想。

（3）指令和数据一样可以参与运算。

（4）数据以二进制表示。

（5）将软件和硬件完全分离。

（6）指令由操作码和操作数组成。

（7）指令顺序执行。

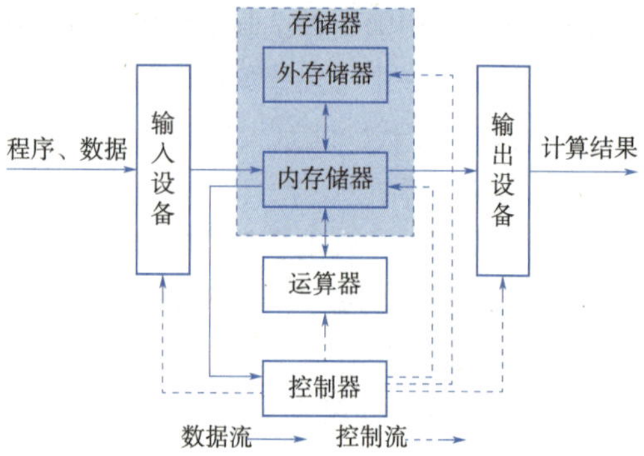

图 1-8　计算机的基本结构

2. 艾伦·麦席森·图灵（1912—1954 年）

艾伦·麦席森·图灵（Alan Mathison Turing）是英国计算机科学家、数学家、逻辑学家，英国皇家学会院士。因对计算机科学的发展做出了重大贡献，被誉为“计算机科学之父”“人工智能之父”。为了纪念他的突出贡献，国际计算机协会（Association for Computing Machinery, ACM） 于1966 年设立图灵奖，该奖项被誉为计算机界的诺贝尔奖，图灵奖奖杯如图 1-9 右所示。

图 1-9　艾伦·麦席森·图灵与图灵奖奖杯

1936 年，图灵发表了一篇论文《论可计算的数及其在密码问题中的应用》，首次提出逻辑机的通用模型，人们把这个模型机称为图灵机（Turing machine, TM）。

视 频
图灵机

图灵机有一条无限长的纸带，纸带分成了若干个的小方格，每个方格有不同的颜色，用作无限存储。还有一个读写头，在纸带上移来移去。读写头有一组内部状态，还有一些固定的程序。在每个时刻，读写头都要从当前纸带上读入一个方格信息，然后结合自己的内部状态查找程序表，根据程序输出信息到纸带方格上，并转换自己的内部状态，然后进行移动。

图灵机是一种抽象计算模型，其更抽象的意义为一种数学逻辑机，可以看作等价于任何有限逻辑数学过程的终极强大逻辑机器。它将人们使用纸笔进行数学运算的过程进行抽象，由一个虚拟的机器替代人类进行数学运算。

图灵机被公认为现代计算机的原型，虽然图灵机只是一种理论的计算模型，但图灵的这一创新思想奠定了整个现代计算机的理论基础。

1.1.4　计算机的分类

计算机的种类很多，可以从不同的角度对其进行分类。

1. 按信息处理方式划分：模拟计算机和数字计算机

模拟计算机是根据相似原理，用一种连续变化的模拟量作为被运算的对象的计算机。特点是运算速度快、成本低，在自动控制系统和专用测量仪表中有大量应用。

数字计算机的特点是运算精度高、稳定性好、通用性强。特别是微型机体积小、价格低、使用方便，已广泛应用于办公自动化、企业管理、工业生产过程的自动控制、数据处理及家庭娱乐等领域。

2. 按用途划分：通用计算机和专用计算机

通用计算机是指各行业、各种工作环境都能使用的计算机，如科学计算、数据处理、事务管理、自动控制等。通用计算机适应性很强，应用面很广，但其运行效率、速度和经济性可能不是最好的。

专用计算机是指专为某一特定目的而设计的计算机，这类计算机一般拥有固定的软件，能高速地对特定的输入数据进行加工处理，其效率高、速度快。例如，在军事上，有专门用于加密和解密的计算机；在工业控制中，有专门用于控制生产过程的计算机。

3. 按性能划分：巨型计算机、大型计算机、小型计算机、微型计算机、嵌入式计算机等

其中，巨型计算机（supercomputer）又称超级计算机，是功能超强、运算速度超快、存储容量超大的一类计算机，多用于国家高科技领域和尖端技术研究，是国家科技发展水平和综合国力的重要标志。“天河二号”超级计算机（见图 1-10）是由国防科学技术大学研制的超级计算机系统，以峰值计算速度每秒 5.49×10^{16} 次、持续计算速度每秒 3.39×10^{16} 次双精度浮点运算的优异性能成为当时全球最快超级计算机。

图 1-10　天河二号超级计算机

4. 按系统结构划分：冯·诺依曼结构计算机和非冯·诺依曼结构计算机

冯·诺依曼结构计算机是以存储程序控制为核心的计算机。

非冯·诺依曼结构计算机主要包括数据流计算机、量子计算机和神经网络计算机等。其中，数据流计算机以数据流动驱动计算，实现了计算与存储的分离，提高了计算机的处理速度；量子计算机利用量子力学原理进行计算，具有并行计算和高速运算的能力；神经网络计算机则模拟人脑神经元的连接方式，具有强大的学习和自适应能力，为人工智能和机器学习（machine learning, ML）等领域的发展提供了有力支持。这些计算机在结构、原理和应用等方面都有着显著的不同，为计算机的发展开辟了新的道路。

视 频

天河二号计算机

1.1.5　未来计算机

未来计算机是指新兴的计算机类型，主要包括超导计算机、纳米计算机、光子计算机、生物计算机和量子计算机等。

1. 高速超导计算机

超导计算机是利用超导技术生产的计算机及其部件。高速超导计算机的集成电路芯片只有 3~5 mm^2 大小，开关速度达到微微秒级，执行一条指令只需十亿分之一秒，比半导体元件快几十倍，电能消耗量仅为半导体器件计算机的几千分之一。

2. 纳米计算机

纳米计算机是用纳米技术研发的新型高性能计算机。纳米管元件尺寸在几到几十纳米范围，质地坚固，有着导电性，能代替硅芯片制造计算机。应用纳米技术研制的计算机内存芯片，体积只有数百个原子大小，相当于人的头发丝直径的千分之一。纳米计算机不仅几乎不需要耗费任何能源，而且其性能要比今天的计算机强大许多倍。

3. 光子计算机

图 1-11　世界首台光子计算机

光子计算机是一种由光信号进行数字运算、逻辑操作、信息存储和处理的新型计算机。光子计算机的基本组成部件是集成光路，要有激光器、透镜和核镜。光子计算机的运行速度可高达每秒一万亿次，存储量是现代计算机的几万倍，还可以对语言、图形和手势进行识别与合成。世界首台光子计算机由美国贝尔实验室于 1990 年制成，如图 1-11 所示。目前，许多国家都投入巨资进行光子计算机的研究。随着现代光学与计算机技术、微电子技术相结合，相信在不久的将来，光子计算机将成为人类普遍的工具。

4. 生物计算机

生物计算机（bio-computer）又称仿生计算机，是以生物电子元件构建的计算机。

DNA 计算机是生物计算机的一种。它利用 DNA 分子进行信息存储和计算。优点是体积小、存储量大、运算快、耗能低、并行工作。

5. 量子计算机

量子计算机是利用原子所具有的量子特性进行信息处理的一种全新概念的计算机，其计算基础是量子比特。量子计算机的特点是运行速度快、处置信息能力强、应用范围广等。处理的信息量越大，量子计算机实施运算就越有利，更能确保运算的精准性。

1.2　计算机系统

1.2.1　工作原理

1. 指令与指令系统

指令是能够被计算机识别并执行的二进制编码，又称机器指令。指令用来规定 CPU 执行什么操作，是构成程序的基本单位。

程序是由一连串指令组成的。每条指令通常由两个部分组成：操作码和操作数。其中，操作码指示 CPU 应执行何种操作，例如，加、减、乘、除、逻辑加、逻辑乘、取数、存数、移位、停机等；操作数则指出该指令所操作（处理）的数据或者数据所在位置。

CPU 可执行的全部指令集合称为该 CPU 的指令系统，不同计算机指令系统所含指令的种类和数量不同。

2. 工作原理

计算机的工作原理基于冯·诺依曼提出的“存储程序”思想，规定了计算机的基本运作方式，核心思想是将解题的步骤编成程序（通常由若干指令组成），并把程序存放在计算机的存储器中。计算机的工作过程就是执行程序的过程。

计算机在执行程序时，先通过指令寄存器从存储器中逐条取出指令，通过控制器的译码分析，按指令的要求进行规定的操作，完成指令的功能。这个过程是自动且连续的，直到程序中的指令全部执行完毕，如图 1-12 所示。

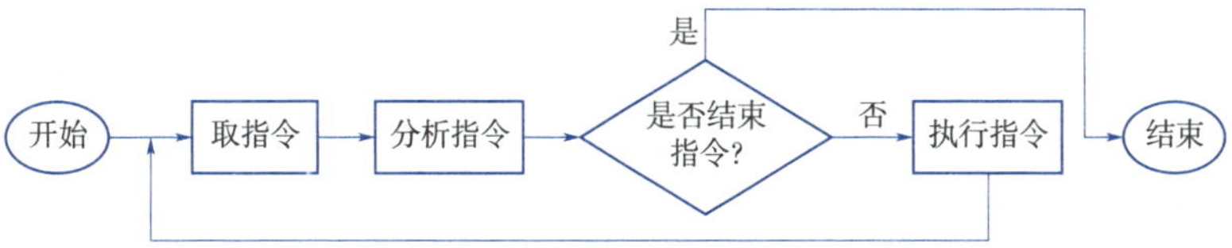

图 1-12　程序的执行过程

1.2.2　系统组成

计算机系统由硬件系统和软件系统两大部分组成，如图 1-13 所示。其中，硬件系统是由电子、机械和光电元件组成的各种计算机部件和设备，是计算机系统的物理部分，也是软件建立和依托的基础，计算机软件是计算机系统的灵魂，用于指挥计算机系统按要求进行工作。软件系统包括在硬件设备上运行的各种程序及其相关文档和数据。计算机硬件和软件互相依存，共同协作。硬件提供了软件运行的物理平台，没有硬件，软件无法执行；没有软件，硬件也无法发挥其功能。

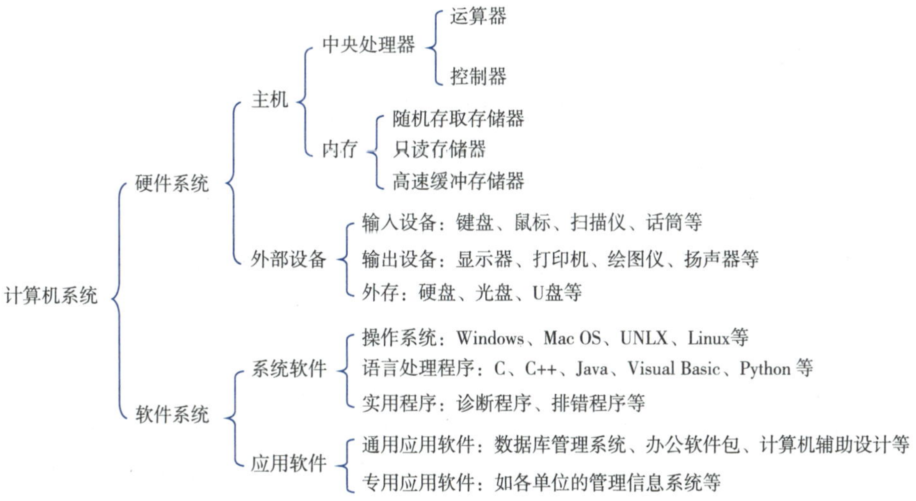

图 1-13　计算机系统组成

硬件系统主要包括以下几个部分：

中央处理器（CPU）：是计算机的“大脑”，负责执行指令和处理数据。

图形处理器（graphics processing unit, GPU）：主要用于处理图像和视频，并在游戏、视频编辑和机器学习等领域发挥重要作用。

内存：用于临时存储当前正在处理的数据和程序，供 CPU 快速访问。

主板：连接计算机各个部件，使其能够协同工作。

存储设备：包括硬盘、固态硬盘（solid state drive, SSD）等，用于长期存储数据。

输入设备：如键盘、鼠标、扫描仪等，用于向计算机输入数据和指令。

输出设备：如显示器、打印机、扬声器等，用于输出计算机处理后的信息。

电源：为计算机的各个部件提供稳定的电力供应。

软件系统是计算机系统的逻辑部分，主要包括以下几个部分：

系统软件：如操作系统（如 Windows、Linux、Mac OS），管理计算机硬件和软件资源。

应用软件：用于完成特定任务，如网络浏览器（Microsoft Edge、Firefox、Chromium）、办公软件（Microsoft Office、WPS）、即时通信软件（微信、QQ）、图像处理软件（Adobe Photoshop）、动画制作软件（3D MAX）、设计软件（AutoCAD、CATIA、UG）、游戏软件等。

1. 硬件系统

1）中央处理器

中央处理器（CPU）是计算机核心配件之一。CPU 由数字电路组成，结构极为复杂，是一个超大规模集成电路。CPU 能高速解释并执行指令，处理、运算计算机内部的所有数据。在计算机系统中，其他设备都在 CPU 的控制下协同工作。

（1）主要性能指标

①主频。

主频是指 CPU 内核工作的时钟频率，单位是兆赫（MHz）或吉赫（GHz）。其他参数相同的情况下，主频越高，运算速度也就越快，能耗也越高。CPU 的运算速度还和 CPU 的其他性能指标（如高速缓存、CPU 的位数等）有关。

②睿频。

睿频也称为睿频加速，是一种能自动超频的技术。当开启睿频加速后，CPU 会根据当前的任务量自动调整 CPU 主频，重任务时提高主频发挥最大的性能，轻任务时降低主频进行节能。

③ QPI（quick path interconnect，快速通道互联）总线带宽。

QPI 总线是用于 CPU 内核与内核之间、内核与内存之间的总线，是 CPU 的内部总线。QPI 带宽越高意味着 CPU 数据处理能力越强。QPI 总线可实现多核处理器内部的直接互联，而无须像以前一样必须经过芯片组。其特点是数据传输延时短、传输速率高。每次传输 2B 有效数据，而且是双向的。

④字长和位数。

在计算机中，作为一个整体参与运算、处理和传送的一串二进制数称为一个“字”，组成“字”的二进制数的位数称为字长，字长等于通用寄存器：的位数。通常所说的 CPU 位数就是 CPU 的字长，也是 CPU 中通用寄存器的位数。例如，64 位 CPU 是指 CPU 的字长为 64 bit，也是 CPU 中通用寄存器为 64 位。

⑤高速缓冲存储器（cache）容量。

高速缓冲存储器是位于 CPU 与内存之间的高速存储器，运行频率极高，几乎与 CPU 同频运作。cache 能减少 CPU 从内存读取指令或数据的等待时间。高速缓冲存储器最重要的技术指标是它的命中率。

CPU 往往需要重复读取同样的数据块，而大容量的 cache，可以大幅度提升 CPU 内部读取数据的命中率，而不用再到内存上读取，因此提高系统性能。

由于 CPU 芯片面积和成本的因素，cache 容量不能很大。目前，CPU 中的 cache 一般分成三级：LI cache（一级缓存）、L2 cache（二级缓存）和 L3 cache（三级缓存），如图 1-14 所示。L1 cache 和 L2 cache 是每个核心独立的，而 L3 cache 是多个核心共享的。缓冲级别越多并不代表 CPU 的性能就越好，命中率越高才越好。实际上，二级缓存以后，增加缓存的级数带来的命中率提高会有所减少。

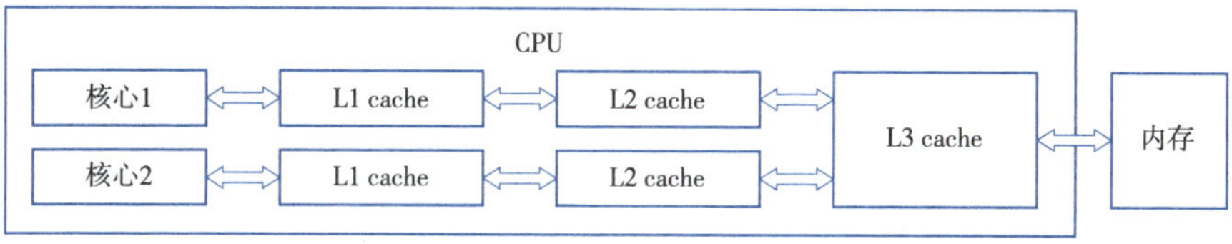

图 1-14　三级缓存结构

⑥多核与多线程。

多核技术的开发是因为单一提高 CPU 的主频无法带来相应的性能提高，反而会使 CPU 更快地产生更多的热量，在短时间内就会烧毁 CPU。在一个芯片上集成多个核心，通过提高程序的并发性，从而提高系统的性能。多线程并不适用于所有情况。合理的线程管理和调度是确保多线程程序正确、高效运行的关键。多核处理器一般需要一个控制器来协调多个核心之间的任务分配、数据同步等工作。

CPU 里的每个核心包含两大部件：控制器和运算器。控制器在读取和分析指令时运算器闲置。增加一个控制器，能独立进行指令读取和分析，共享运算器，这样就组成另一个功能完整的核心，这就是多线程。

多线程减少了 CPU 的闲置时间，提高了 CPU 的运行效率。但是，要发挥这种效能除了操作系统支持之外，还必须要应用软件支持。

(2) CPU 产品

生产 CPU 的公司主要有 Intel 和 AMD，图 1-15 所示展示了 Intel 和 AMD 生产的两款 CPU。

图 1-15　Intel 和 AMD 生产的 CPU

Intel 的 CPU 当前主要有 Core i3、Core i5 、Core i7 和 Core i9 系列处理器。2024 年英特尔发布了 14 代酷睿处理器 i9-14900KS 处理器，32 MB 二级缓存和 36 MB 三级缓存，睿频最高达 6.20 GHz，包含 24 个内核和 32 个线程，主要面向游戏玩家和高性能需求者。

在 2025 年，AMD 最新发布的锐龙 9 系列处理器锐龙 9 9950X3D，包含 16 个内核和 32 个线程，加速频率至高 5.7 GHz，缓存 144 MB（128 MB 三级缓存）。主要面向高性能计算和游戏市场。

在同级别的情况下，AMD 的 CPU 浮点运算能力比 Intel 的稍弱，强项在于集成的显卡。在相同的价格情况下，AMD 的配置更高，核心数量更多，性价比略高些。

视频
龙芯CPU

龙芯（Loongson）是中国科学院计算所自主开发的通用 CPU，具有自主知识产权。龙芯是 RISC 型 CPU，采用简单指令集。

龙芯最新的产品是龙芯 3A6000 和龙芯 3B6600。龙芯 3A6000 是一款桌面 CPU，如图 1-16 所示，采用了 14 nm 工艺，频率为 2.5 GHz。它的性能已经达到了与 3.6 GHz 频率的 Core i3-10100 处理器相媲美的水平。

龙芯 3B6600 是龙芯中科正在研发的下一代产品，这款 8 核桌面 CPU 采用了全新的 LA864 架构，集成了 GPGPU（general-purpose computing on graphics processing units，通用图形处理器）图形计算核心，支持 DDR5 内存和 PCIe 4.0 总线。龙芯 3B6600 的单核同频性能较龙芯 3A6000 提高约 30%，并有望与 Intel 12/13 代 Core i5、i7 系列处理器相媲美。

图 1-16　龙芯 3A6000

2）主板

主板（main board）也称母板（mother board），是微型计算机中最大的一块集成电路板，也是其他部件和设备的连接载体，如图 1-17 所示。主板上面安装了组成计算机的主要电路系统，一般有 BIOS 芯片、I/O 控制芯片、键盘和面板控制开关接口、指示灯插接件、扩充插槽、主板及插卡的直流电源供电接插件等元件。

图 1-17　系统主板

CPU、内存条、显卡等部件通过插槽（或插座）安装在主板上，硬盘、光驱等外部设备在主板上也有各自的接口，有些主板还集成了声卡、显卡、网卡等部件。在微型计算机中，所有的部件和设备通过主板有机连接起来，构成完整的系统。

主板芯片主要有芯片组、BIOS 芯片、集成芯片（如声卡、网卡）等。插槽 / 接口主要有 CPU 插座、内存条插槽、PCI 插槽、PCI-E 插槽、SATA 接口、键盘 / 鼠标接口、USB 接口、音频接口、HDMI 接口等。

芯片组是系统主板的灵魂，它决定了主板的结构及 CPU 的使用。计算机系统的整体性能和功能在很大程度上由主板上的芯片组来决定。不同的 CPU 都由相应的芯片组来支持。

主板除了搭载 CPU、内存、硬盘等外设外，还可以附加许多原来由各种类型的卡所承担的功能，这些功能称为板载功能。目前，主板主要的板载功能有声卡、网卡 IEEE 1394 卡等。原来主板上的集成显卡现在集成在 CPU 的内部，称为 CPU 的显示核心。

3）内存储器

内存储器是 CPU 能够直接访问的存储器，用于存放正在运行的程序和数据。内存储器可分为三种类型：随机存取存储器（random access memory, RAM）、只读存储器（read only memory, ROM）。

RAM 也称内存，特点是数据存取速度较快，但是掉电后数据不能保存。RAM 主要有两个性能指标：存储容量和存取速度。目前内存的种类主要有 DDR4 和 DDR5。

计算机存储数据的最小单位是位（bit,b），一个位可存放一个二进制数。

计算机数据处理的基本单位是字节（Byte,B），1 B=8 bit。

计算机处理数据时，一次存取、加工和传递的数据长度称为字。一个字通常由若干个字节组成。

存储容量的大小通常以字节为单位来度量，使用 KB（千字节）、MB（兆字节）、GB（吉字节）和 TB（太字节）来表示。它们之间的关系是：

1 KB=2^{10} B，1 MB=2^{20} B，1 GB=2^{30} B，1 TB=2^{40} B。

ROM 主要用于存放计算机启动程序的存储器。与 RAM 相比，ROM 的数据只能被读取而不能写入，如果要更改，就需要用特殊手段来擦除。另外，掉电以后 RAM 中的数据会自动消失，而 ROM 就不会。

BIOS（basic input output system）是一组基本输入输出系统程序，被固化到主板 ROM 芯片上。它能够识别各种硬件，还可以引导系统，这些程序指示计算机如何访问硬盘、加载操作系统并显示启动信息。

4）外存储器

外储存器是指除计算机内存及 CPU 缓存以外的储存器，此类储存器一般断电后仍然能保存数据，因此常用于存放暂时不用的程序和数据。外存速度相对 CPU 和内存慢很多，内存储器和外存储器之间常常频繁地交换信息。常见的外存储器有硬盘、U 盘等。

硬盘分为机械硬盘和固态硬盘，是计算机的主要外部存储设备。现在，绝大多数微型计算机，以及许多数字设备都配有固态硬盘。固态硬盘（SSD）是运用 Flash/DRAM 芯片发展出的硬盘，其存储原理类似于 U 盘。固态硬盘相对于机械硬盘的优点是读写速度快、防震抗摔、低功耗、轻便、无噪声、工作温度范围大。硬盘接口的作用是在硬盘和主机内存之间传输数据。目前硬盘接口类型是串行接口 SATA（serial ATA），SATA 3.0 数据传输率可以达到 600 Mbit/s。

5）总线与接口

在计算机系统中，总线（bus）是各部件（或设备）之间传输数据的共用通道。从主机各个部件之间的连接，到主机与外部设备之间的连接，几乎都采用了总线，所以计算机系统是多总线结构的计算机。

总线宽度，它指的是数据总线一次能传输的位数。在总线结构中，各设备共享总线的带宽。当总线上连接的设备较多时，每一个设备的有效传输速率就降低了。现代计算机系统中的总线宽度通常会比处理器的寄存器宽度宽，以支持更高效的数据传输。

从数据传输方式看，总线可分为并行总线和串行总线。

从传递数据类型看，总线可分为数据总线 DB（data bus）、地址总线 AB（address bus）和控制总线 CB（control bus）。

外部设备通过接口与计算机主机连接。计算机主板上常见的接口有 USB、HDMI、VGA、音频接口等。计算机中常用的 I/O 接口及其性能对比见表 1-1。

表1-1　常用I/O接口及其性能对比

名　称	传输方式	数据传输速率	插头 / 插座	设　备　数	常见连接设备
PS/2	串行，双向	低速	圆形 6 针	1 个	键盘、鼠标
USB 2.0	串行，双向	高速，60 MB/s	矩形 4 针	最多 127 个	外围设备通用
USB 3.0	串行，双向	超高速，500 MB/s	矩形 8 针	最多 127 个	外围设备通用
Type-C	串行，双向	超高速，1 GB/s	6/12/24 针	最多 127 个	外围设备通用
IEEE 1394	串行，双向	12.5 MB/s、25 MB/s、50 MB/s、100 MB/s	矩形 6 针	最多 63 个	光驱、硬盘
SATA	串行，双向	150 MB/s、300 MB/s、600 MB/s	7 针	1 个	光驱、硬盘
eSATA	串行，双向	300 MB/s	7 针	1 个	移动硬盘
VGA	并行，单向	（模拟信号）	15 针	1 个	显示器、电视机

续上表

名 称	传输方式	数据传输速率	插头 / 插座	设备数	常见连接设备
DVI	并行，单向	100~600 MB/s	18/24 针	1 个	显示器
HDMI	并行，双向	2 GB/s、6 GB/s、12 GB/s	19/29 针	1 个	显示器、电视机等

2. 软件系统

1）计算机软件的定义

计算机软件（computer software）是计算机系统中与硬件相互依存的一部分，它由程序、数据和文档组成。具有如下特点：不可见性、适用性、依附性、复杂性、易复制性、不断演变性、有限责任、脆弱性。

具体地说，软件是无形的，不能被人们直接观察、欣赏和评价；软件是可以完成传统工具或方法很难完成甚至不可能完成的任务，或者能以更方便、更有效的方式完成该任务；软件是依附于特定的硬件、网络和其他软件；规模越大，开发人员越多，软件开发成本也越高；软件可以非常容易且毫无失真地进行复制；软件可以更新或升级版本；软件功能是有限保证；软件易受黑客攻击、病毒入侵、信息盗用。

2）计算机软件的分类

（1）按产权性质划分

软件是智力活动的成果，受到知识产权法的保护，随意进行软件拷贝和分发是一种违法行为。保护知识产权的目的是确保脑力劳动成果受到奖励，鼓励人们进行发明创造。

根据知识产权性质划分，软件可以分为商业软件、共享软件、自由软件和免费软件，具体见表 1-2。

表1-2 按知识产权划分软件对比

分 类	说 明
商业软件	商业软件需要用户付费才能得到使用权，除了受到版权保护，通常还受到软件许可证（license）的保护。所谓软件许可证，是一种法律合同，它确定了用户对软件的使用方式，扩大了版权法给予用户的权利
共享软件	共享软件一般是软件的“免费试用版本”，它通常允许用户试用一段时间，也允许用户复制和散发，但过了试用期就要交注册费，成为注册用户后才能继续使用
自由软件	遵循非版权原则，用户可共享，并允许随意复制、修改其源代码，允许销售和自由传播。但是，对软件源代码的任何修改都必须向所有用户公开，还必须允许此后的用户享有进一步复制和修改的自由。TCP/IP 协议、Apache 服务器软件和 Linux 操作系统等均为自由软件
免费软件	免费软件是不需要付费即可获得的软件，源代码不一定公开，如 360 杀毒软件、搜狗输入法、PDF 阅读器、Flash 播放器等。自由软件很多是免费软件，免费软件不全是自由软件

（2）按在计算机系统中的作用划分

根据软件在计算机系统中的作用，可以分为系统软件和应用软件两大类。

①系统软件。

系统软件是指面向计算机系统，支撑应用程序运行，为应用程序提供服务的程序综合体。主要功能有调度、监控和维护计算机系统，管理计算机系统中各类独立的硬件等。

系统软件包括：BIOS、操作系统（Windows、UNIX、Linux 等）、系统实用程序（磁盘清理程序、备份程序、杀毒软件等）、数据库管理系统（Oracle、DB2、SQL Server 等）、程序设计语言处理系统（如 C 语言编译器）等。通常意义上，系统软件主要是指操作系统。

微型计算机常用的操作系统有 DOS（disk operating system，磁盘操作系统）、Windows 11、UNIX、Linux、iOS、macOS、Androld 等，详见表 1-3。

表1-3　主要的操作系统对比

操作系统	说　明
Windows	微软的 Windows 操作系统垄断了 PC 操作系统市场的 90% 左右的份额。流行的主要原因：有大量第三方软件和硬件产品（各种应用软件和显卡、鼠标、打印机等），版本迭代更新快，最新版本为 Windows 11 1995 年推出了全新的 Windows 95 操作系统，可以不必依赖于 MS-DOS 独立运行。提供了面向对象的 GUI，提供了对 32 位高性能抢占式多任务和多线程的支持，支持 Internet、高级多媒体服务、即插即用等新功能，提供了更灵活有效的内存分配和回收机制，保持向下兼容性 2001 年，Windows XP 发布，它将 NT 架构和从 Windows 9x 中继承而来的用户界面融合在一起，进一步改善了 GUI，使操作系统与一般用户的距离越来越近，同时在文件管理、速度和稳定性等方面比其前辈有了一定的改善。 Windows 7 比 Vista 具有更快的启动速度、更美观的界面、更强大的多媒体支持、更好的无线连接、更人性化的用户账户控制等特点 Windows 8 和 Windows 10，既支持 PC（x86-64 架构），也支持平板计算机（x86 架构或 ARM 架构）；支持屏幕的触控操作；用户界面与操作方式变化较大，它有传统界面和新用户界面（称为 Metro 界面）两种。 Windows 11 可以让计算机更加流畅，但对硬件配置有要求
UNIX	UNIX 是除 Windows 操作系统外，应用最为广泛的操作系统 UNIX 具有结构简练、功能强大、可移植性好、可伸缩性和互操作性强、网络通信功能强、安全可靠等特点 目前主流 UNIX 厂商都在不断地加强网络方面的研发力度，形成了各种应用于企业网络的 UNIX 网络操作系统，如 SCO 公司的 Unixware NOS，Sun 公司的 Solaris NOS 等
Linux	Linux 起源于 UNIX 社区，属于类 UNIX 操作系统，经过五年的成长，1996 年 Linux 就成了一个重要的操作系统，并在个人桌面计算机、服务器等多个领域表现出色 Linux 操作系统本质上只是提供了一个操作系统内核，即只实现了操作系统的基本功能，如对内存、设备、文件系统、处理机的管理和分配等。其他的扩展功能，尤其是直接面向用户的 shell 层次的各种功能，用户根据自身需要自主研发
iOS	iOS 是由苹果公司开发的移动操作系统，在 iPhone、iPod touch、iPad 以及 Apple TV 等产品上使用。iOS 与苹果的 Mac OS X 操作系统一样，也是以 Darwin 为基础的，因此同样属于类 UNIX 的商业操作系统。iOS 具有的简单易用的界面、人性化的功能，以及超强的稳定性
macOS	macOS 是由苹果公司开发的运行于 Macintosh 系列电脑上的操作系统。macOS 界面设计简洁美观，兼具稳定性与易用性，系统内置了 Safari、Pages、Numbers 等软件，可与 iPhone、iPad 等设备联通，实现文件传输、剪贴板等功能。它注重隐私安全，通过文件加密、应用权限管理等保护用户数据。并定期更新系统功能，给用户带来流畅且安全的使用体验。
Android	Android 一词的本义指“机器人”，Android 手机操作系统最初由安迪・鲁宾（Andy Rubin）主导开发，后被 Google 公司收购。2007 年 11 月 5 日 Google 发布的基于 Linux 平台的开源手机操作系统，取名 Android，一般称为“安卓”，现为智能手机主流操作系统

②应用软件。

应用软件是为满足不同领域、不同问题的应用需求而提供的，泛指那些用于解决各种具体应用问题、完成特定任务的软件，如工程管理或科学计算程序、信息管理程序及实时监控程序等。根据开发方式不同，应用软件可被划分为定制软件和通用软件两种。

定制应用软件是按照不同领域用户的不同需求而专门设计开发的软件。如智慧校园管理系统、医院信息管理系统、酒店客房管理系统、超市销售管理和市场预测系统等。

通用应用软件是几乎人人都需要使用的，帮助人们方便、有效地完成各类阅读、书写、通信、娱乐等各类活动。如文字处理软件、图形图像处理软件、仿真软件、网络应用软件、游戏软件等，常用的通用应用软件见表 1-4。

表1-4 常用的通用应用软件

类　别	功　能	流行软件举例
文字处理软件	文本编辑、文字处理、桌面排版等	Word、Adobe Acrobat、WPS、FrontPage 等
电子表格软件	表格、数值计算和统计、绘图等	Excel 等
图形图像软件	图像处理、几何图形绘制、动画制作等	AutoCAD、Photoshop、Flash、3DS MAX 等
媒体播放软件	播放各种数字音频和视频文件	暴风影音、PPS 影音、QQ 音乐播放器等
网络通信软件	收发电子邮件、聊天、IP 电话等	新浪邮箱、QQ、微信等
演示软件	幻灯片的制作与播放	PowerPoint 等
浏览器	浏览网页	Edge 浏览器、360 浏览器、搜狗浏览器等
杀毒软件	防毒杀毒、防火墙等	360 安全卫士、金山毒霸、McAFee、瑞星等
输入法	输入文字信息	搜狗、紫光、五笔、QQ 拼音等
阅读器	阅读特定规范格式的文档	CAJViewer、Adobe Reader 等
游戏软件	游戏、教育和娱乐	棋类游戏、扑克游戏等

1.3 计算思维

1.3.1 计算思维内涵的演变

思维是人类进行精神活动的方式，是人类认识世界的高级反映。“计算思维”的雏形早在古代就已存在。从古代使用的算筹和算盘，到近代的加法器、计算器，再到计算机的出现，计算思维的内容和应用范围不断扩展。

“计算思维”一词最早出现在 1980 年，当时美国麻省理工学院教授西蒙·派珀特（Seymour Papert）在他的著作 *MINDSTORMS——Children，Computers，and Powerful Ideas* 中首先使用了计算思维（computational thinking）这个词。

1959 年至 1963 年，西摩·派珀特在日内瓦大学与瑞士哲学家、心理学家让·皮亚杰（Jean Piaget）一起工作。两人的合作使他们对儿童如何学习数学思维有了深刻的见解。西摩·派珀特将计算思维、数字教学法与皮亚杰开创的现代教育方法联系起来，以皮亚杰的建构主义理论为基础，提出自己的建构主义学习理论。简而言之，计算思维将批判性思维与计算能力结合起来，作为创新解决现实问题的基础。

西摩·派珀特在 *The Children's Machine*：*Rethinking School in the Age of the Computer*、*The Connected Family*：*Bridging the Digital Generation Gap* 等著作中，不断强调计算思维对学习的重要性，因此他也被人们誉为“计算机教育之父”。

2006 年，时任美国卡内基·梅隆大学计算机科学系主任的周以真教授在计算机权威期刊 *Communications of the ACM* 上发表了题为 *Computational Thinking* 的论文，系统性地定义了计算思维，使计算思维成为世界关注的焦点。

2010 年，周以真教授又指出计算思维是与形式化问题及其解决方案相关的思维过程，其解决问题的表示形式应该能有效地被信息处理代理执行。

总之，计算思维内涵的演变是一个不断发展的过程，涉及思维形式化表达、抽象性能力发展、概括性方法提升、理论性体系构建、学科思维融合、应用领域拓展、教育领域重视，以及社会各界关注等多个维度。

1.3.2　计算思维的概念

科学思维是在科学认识过程中人类运用的一种思维方式，它将不同的思维方法有机结合，通过对感性认识材料的加工与处理，形成了一套理论体系，反映了人类实践活动的成果。作为认识和改造世界的思维工具，科学思维大致可以分为三种类型：理论思维、实验思维和计算思维。其中，理论思维（也称为推理思维）以推理和演绎为核心，以数学为其代表性学科。实验思维（也称实证思维）通过观察和总结自然规律来进行推理，以物理学为其代表学科。

计算思维是一种以计算机科学为基础的思维方式，是指运用计算机科学的基础概念进行问题求解、系统设计及人类行为理解等涵盖计算机科学广度的一系列思维活动，具体涉及对问题进行分析、抽象、建模、算法设计、优化等方面的思考。

计算思维与其他科学思维的一个重要区别在于，它是建立在计算机能力的基础上的。在使用计算机解决问题时，需要遵循两个关键原则：一方面，要确保所涉及的问题和解决方案不会超出计算机的处理能力；另一方面，要充分利用计算机强大的计算和存储能力。理解计算思维的内涵，有助于人们更好地理解计算机的工作原理，提高个人解决问题的能力。

1.3.3　计算思维的核心

计算思维的核心在于抽象和自动化。

抽象是指从一个问题或目标出发，忽略那些与问题无关的细节，集中关注关键部分。它帮助人们简化复杂的现实世界，将注意力集中在最重要的因素上，而不受不相关信息的干扰。抽象的过程超越了物理世界的时间和空间限制，通过符号来表示，这不仅限于数字的抽象，更多的是一种对问题本质的提炼和简化。

自动化则是通过系统化的步骤自动执行任务，用以解决问题、设计系统或理解人的行为。自动化的实现依赖于抽象的基础，它要求将具体的操作过程以一种可以重复和自动执行的形式进行设计。

这种思维方式的核心在于最大化计算机的优势，比如，高效的计算速度和海量的数据存储能力，同时避免设计出超出计算机技术和性能的复杂问题。通过合理利用计算机资源，计算思维能够在实际应用中取得最佳效果，推动解决问题的效率和质量。

1.3.4 计算思维的特征

计算思维具有以下几个特点：

（1）计算思维是概念化的思维方式，而非程序化思维。计算思维并不仅仅指编程，而是在多个抽象层次上进行思考。

（2）计算思维是一项基础技能，而非机械式重复操作的技能。基础技能是每个人在现代社会中必备的能力，它具有普遍适用性，灵活运用。计算思维的应用不拘泥于固定模式，而是灵活多变。

（3）计算思维属于人类的思维方式，而非计算机的思维方式。计算思维是人类解决问题的一种方法，通过利用计算机来帮助解决问题，而不是让人类模仿计算机的思维方式。计算机本身并不具备创造力和想象力，计算机能解决问题，是因为人类赋予了它特定的计算方法（如递归和迭代）。计算的任务可以由人来完成，也可以由计算机执行，计算机能够迅速计算，但人类的智慧和创造力能够解决计算机无法处理的问题，借助计算机的力量，人类能实现曾经不可能完成的任务。

（4）计算思维是一种思想，而非人造物。计算思维不是硬件或软件等物质的存在，而是其设计与创造过程中蕴含的思维方式和思想。人们通过它来解题、管理生活、进行沟通和互动。

（5）计算思维结合了数学思维与工程思维，二者融合并互补。计算机科学源自数学思维，它的形式化基础基于数学。而计算机科学又起源于工程思维，因为它关注的是能够与现实世界交互的系统。计算设备的限制促使计算机科学家超越纯粹的数学思考，开发能够突破物理世界限制的系统。

（6）计算思维适用于所有人和各个领域。计算思维是无处不在的，当它融入人类的各项活动时，成为解决问题的有力工具，每个人都能从中受益。

1.3.5 计算思维的基本方法

计算思维应用多种方法，以下介绍了七种常见的方法：

（1）问题转化与简化：通过方法如约简、嵌入、转化和仿真，将一个看似困难的问题重新构建为一个人们已知如何解决的问题，从而降低复杂度。

（2）递归与并行方法：这类方法不仅能将代码转化为数据，也能将数据转化为代码，适用于多维分析和类型检查等情境。

（3）抽象与分解：通过抽象化和分解来处理庞大任务或设计复杂系统，借助关注点分离（separation of concerns, SoC）的方法，帮助简化问题和系统设计。

（4）问题建模与表达：选择合适的方式陈述问题，针对问题的各个方面进行建模，从而使问题更易于解决。

（5）容错与恢复方法：通过预防、保护、冗余、容错、纠错等手段，在最坏的情况下确保系统能够恢复和继续运行。

（6）启发式推理：在面对不确定性时，运用启发式推理进行规划、学习和调度，从而在复杂环境中找到解决方案。

（7）海量数据的利用：利用大数据来加速计算，平衡时间、空间、处理能力和存储容量之间的权衡，从而提升计算效率。

1.3.6 计算思维的应用

计算机能够高效处理信息和符号，使许多曾经只存在于理论中的过程变为现实。例如，复杂系统的模拟、大数据的分析处理，以及大型工程的组织管理，都可以通过计算机实现自动化、精准化和可控化。这使得人类在认知世界和解决实际问题时，具备了更强的能力。计算思维不仅在计算机领域有着广泛的应用，而且也渗透到了日常生活中，成为现代人的基本技能。

计算思维的创新理念和方法推动了自然科学、工程技术、社会经济等多个领域的革命性突破，同时也对其他学科的发展产生了深远影响，促生了许多新的学科分支。计算思维已经深入到脑科学、化学、地质学、数学、经济学、社会学等多个学科，并正在以潜移默化的方式推动各领域的发展。例如，计算生物学改变了生物学家的思维方式；纳米计算改变了化学家的研究视角；量了计算深刻影响了物理学家的思考；计算博弈理论为经济学家的研究提供了新的视角。正如周以真教授所说，计算思维将在 21 世纪中期成为全球每个人必备的基本技能。随着科技的不断进步和社会的不断发展，计算思维将在未来发挥更加重要的作用。

小　结

本章主要聚焦计算机与计算思维，详细阐述了计算机文化、计算机工作原理、系统构成及计算思维相关知识，主要知识点如下：

（1）计算机发展历经电子管、晶体管、集成电路、超大规模集成电路四个阶段。

（2）冯·诺依曼提出的“存储程序”原理，为现代计算机奠定结构体系基础。图灵机模型构建了现代计算机的理论框架。

（3）计算机系统由硬件和软件协同组成，硬件是物质基础，软件是系统灵魂，二者协同工作。

（4）硬件系统涵盖 CPU、主板、内存、外存等多个关键部件。CPU 为计算机的“大脑”；主板连接各部件，芯片组是其关键；内存分为随机存取存储器和只读存储器，二者承担不同存储任务；外存用于长期存储数据；总线与接口实现部件间数据传输与设备连接。

（5）软件按产权性质可分为商业、共享、自由、免费软件；按作用分为系统软件和应用软件。

（6）计算思维内涵丰富，它以计算机科学为基础，核心是抽象和自动化，具有概念化、基础性等特征，应用于问题求解、系统设计等多方面，通过多种方法解决问题，广泛渗透于各领域，推动着科技与社会的进步，成为现代人的必备技能。

习　题

1. 简述图灵机模型组成与工作过程。
2. 简述冯·诺依曼提出的“存储程序”原理。
3. 简述计算机发展历程的各个阶段。
4. 简述计算机执行指令的过程。
5. 简述 CPU 的性能指标。

6. 什么是主板？它有哪些主要部件？
7. 简述 ROM 和 RAM 的作用与区别。
8. 简述总线的概念及其类型。
9. 简述计算机软件的概念及类型。
10. 简述计算思维的概念及核心。
11. 简述计算思维的基本方法。

第2章 多媒体与虚拟现实

过去，人们习惯把数字的组合称为数据。但在如今“大数据”语境中，数据是指可以被记录和识别的一组有意义的符号，一般可通过原始的观察或度量得到。数据无处不在，只是它们没有实体。数据的表现形式多种多样，可以是文字、数字、符号、图像、语音、视频，也可以是对某个事物的属性、数量、位置、关系的抽象表示，例如，大气的温湿度、汽车的行驶路线、学生的档案记录、商务的合同等。人们在平时用电子设备看新闻、拍照片、购物，本质上都是在和数据打交道。在计算机中，它们是一连串包含有0和1的二进制数的组合。信息的表现形式多种多样，因而编码的方案也非常多。信息编码的目的在于提高信息处理的效率。基本原则是在逻辑上要满足使用者的要求，又要适合于处理的需要；结构易于理解和掌握；要有广泛的适用性，易于扩充。

学习目标

（1）理解信息与数据的概念。

（2）了解字符、音频、图像和视频的编码。

（3）了解虚拟现实、元宇宙的概念及应用。

2.1 信息与数据

数据是对客观事物的逻辑归纳，可以用来表示一个事实、一种状态、一个实体的特征，或一个观察的结果，有些是用于描述某个对象的事实性数据，有些则是通过观察、分析、归纳得到的总结性数据。数据可以是连续的，比如，无线电通信时在空气中传输的电磁波，它们是模拟数据；数据也可以是离散的，比如，在计算机中存储的文档和照片，它们是数字数据。

信息由数据加工得来，消除了不确定性。它可以由数字和文字表达，也可以表现为其他具有意义的符号。也就是说，尽管数据存在的形式多种多样，但人们真正想要获得的是信息。无论是数字、字符，还是它们的组合，如果无法解读，就不能称其为信息。一个重要的判断标准是，看它是否承载了有用的内容。信息会因场景而定，因每个人的主观认识而定。同一条信息，对一些人是有用的，对另一些人或许就没用了。

数据与信息既有联系，又有区别。数据是信息的载体，信息则需要依托数据来表达。它们是形与质的关系，两者密不可分。在本书中，如非特殊指出，不刻意区分二者概念。

2.2 字符编码

计算机除了用于数值计算外，还要处理大量的非数值数据，如字符数据、多媒体数据等，其中，字符数据占有很重要成分。字符数据包括西文字符（英文字母、数字、各种符号）和汉字字符，它们也需要进行二进制编码后，才能存储在计算机中并进行处理。

文字的数字化表示过程包括编码和字体两个方面。编码是指将每个文字字符用一个唯一的二进制数表示。字体是指将每个文字字符用一组点阵或矢量图形表示。

视 频

ASCII码

目前，计算机中用得最广泛的字符集及其编码是由美国国家标准局（American national standards institute, ANSI）制定的美国标准信息交换码（American standard code for information interchange, ASCII）ASCII 码有 7 位码和 8 位码两种形式。7 位二进制数可以表示 2^7=128 种状态，每种状态都唯一地编为一个 7 位的二进制码，对应一个字符（控制码），这些码可以排列成一个十进制序号 0~127，可以表示 128 个字符。

注意： 在计算机的存储单元中，一个ASCII码值占一个字节（8个二进制位），其最高位（b7）用作奇偶校验位。所谓奇偶校验，是指在代码传送过程中用来检验是否出现错误的一种方法，一般分奇校验和偶校验两种。奇校验规定：正确的代码一个字节中，1的个数必须是奇数，若非奇数，则在最高位b7添1；偶校验规定：正确的代码一个字节中，1的个数必须是偶数，若非偶数，则在最高位b7添1。

Unicode（统一码）是一种字符编码标准，它的目标是为世界上所有的字符提供唯一的标识和编码。Unicode 定义了一个庞大的字符集，它为世界上各种语言中的每个字符都分配了一个唯一的数字编号，包括字母、数字、符号、标点，以及各种语言中的汉字、阿拉伯字母等。Unicode 采用了一种独立于平台和语言的编码方案，每个字符都分配了一个唯一的编号，称为码点（code point）。

由于 Unicode 字符集非常庞大，不能直接用一个字节来表示所有的字符，因此引入了不同的编码方案，来实现 Unicode 字符的存储和传输。常用的编码方案包括 UTF-8、UTF-16 和 UTF-32。

计算机在处理汉字时，需要将其转换为二进制编码，汉字编码包括汉字国标码，汉字机内码，汉字输入编码和输出编码。

1. 汉字国标码

汉字国标码是在 1980 年制定的，主要用于表示汉字字符。GB 2312 编码是中国国家标准简体中文字符集的一种字符编码方案，采用双字节编码方案，每个字节由高位和低位组成，包括 6 763 个简体汉字和 682 个其他字符。

2. 汉字机内码

汉字机内码是汉字在计算机内的处理与存储的表示。为避免中西文兼容问题，英文字符的机内代码是 7 位 ASCII 码，最高位为 0。汉字字符的机内码 2 个字节的最高位均为 1。

3. 汉字输入码

汉字输入码是利用键盘将汉字输入到计算机内的编码，也称外码。常见的有拼音码、五笔字型码等。

4. 汉字输出码

汉字输出码用于将汉字在显示屏或打印机输出，有点阵和矢量两种表示形式。

2.3　多媒体编码

在计算机中，声音、图形和图像等多媒体数据也要转换成二进制编码后才能为计算机存储和处理。

多媒体信息编码是指将图像、音频、视频等多种类型的媒体信息转换为数字信号，并对数字信号进行压缩和编码，以便在存储、传输和处理过程中能够高效地利用带宽和资源的技术。通过编码，可以将原始的多媒体数据表示为数字信号的形式，使其能够被计算机进行处理和传输。多媒体信息编码包括信号采样、量化、编码和解码等过程。

多媒体信息编码在现代社会中发挥着重要的作用。随着信息技术的飞速发展，多媒体数据的处理和传输已经成为人们生活中的重要组成部分。多媒体信息编码技术可以将大量的媒体数据压缩，并在不损失太多质量的情况下，减少数据的存储空间和传输带宽的需求。通过多媒体信息编码，可以实现高效的媒体数据传输、实时的视频通信、音频音乐播放等应用。

多媒体技术（multimedia technology）是利用计算机对文本、图形、图像、声音、动画、视频等多种信息综合处理、建立逻辑关系和人机交互作用的技术。

2.3.1　音频编码

1. 基本概念

声音是指由物体振动产生的能够被人类或其他动物听到的波动，通常是指空气中的声波，其频率范围大约为 20 Hz 到 20 kHz。

2. 声音的数字化

声音的数字化表示过程包括采样、量化和编码三个步骤。采样是指将连续的声波信号转换为离散的采样点。量化是指将每个采样点的幅值用有限位数的二进制数表示。编码是指将量化后的二进制数按照一定的规则进行组合和压缩。模拟信号数字化过程如图 2-1 所示。

采样和量化是数字化多媒体信息的两个基本步骤，分别对应于在时间轴和幅度轴上对信号进行数字化的过程。

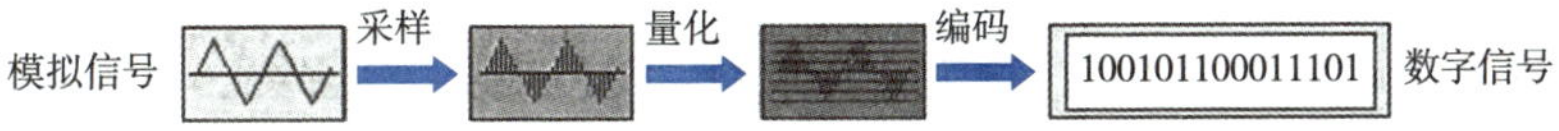

图 2-1　模拟信号数字化过程

1）采样

采样是指将连续的信号转换为离散的信号的过程，即在时间轴上以一定的间隔选取信号的样本值。采样的间隔称为采样周期，其倒数称为采样频率。采样频率越高，表示信号被采样得越密集，越能保留原始信号的信息。根据奈奎斯特定理（Nyquist theorem），为了避免信号失真，采样频率必须大于或等于原始信号最高频率的两倍。

2）量化

量化是指将连续的幅度值转换为有限的幅度值的过程，即在幅度轴上以一定的精度对信号的样本值进行量化。量化的精度称为量化步长，其倒数称为量化级数。量化级数越高，表示信号被量化得越精确，越能保留原始信号的信息。量化是一个有损的过程，因为它会引入量化误差，即原始信号与量化后信号之间的差异。

采样和量化是多媒体技术中不可或缺的环节，它们决定了多媒体信息的质量和数据量。

3）编码

编码是将采样和量化后的数据以一定的格式记录下来。

声音可以用不同的格式来存储和传输，常见的声音格式见表2-1。

表2-1　常见的声音格式

格式	说　明
WAV	WAV 格式是 Windows 操作系统中的标准声音文件格式，不进行压缩，保留了声音的完整信息，但占用空间很大
MP3	MP3 格式是目前最流行的一种数字声音编码和压缩格式。它是一种有损压缩的声音文件格式，能够将声音压缩在很小的储存空间，但会降低声音的质量。MP3 格式利用 MPEG Audio Layer 3 的技术，通过消除人耳不敏感的声音信息来实现压缩
WMA	WMA 格式是微软公司推出的一种与 MP3 格式齐名的一种新的声音格式，也是一种有损压缩的声音文件格式，但比 MP3 格式更高效，具有更高的“性价比”。WMA 格式支持证书加密，可以保护版权
AAC	AAC 格式是一种专为声音数据设计的文件压缩格式，也是一种有损压缩的声音文件格式，但比 MP3 格式更先进，能够提供更好的声音质量和更小的文件大小。AAC 格式是苹果公司 iTunes 和 iPod 默认使用的声音格式
OGG	OGG 格式是一种开源 Q 的无损或有损压缩的声音文件格式，能够提供高质量和低延迟的声音传输。OGG 格式使用 Vorbis 编码技术，具有良好的压缩效率和兼容性
FLAC	FLAC 格式是一种无损压缩的声音文件格式，能够保留原始声音数据的完整性和质量，但占用空间较小。FLAC 格式使用自由编码技术，支持多种平台和应用程序
APE	APE 格式是一种无损压缩的声音文件格式，能够保留原始声音数据的完整性和质量，但占用空间较小。APE 格式使用 Monkey's Audio 编码技术，具有高速和高效率的特点

2.3.2　图像编码

1. 基本概念

在数字多媒体信息中，图像信息编码是一项重要的技术，它将模拟的连续图像转换为数字化的离散信号，并采用不同的编码方法进行存储和传输。图像编码的目标是在保证图像质量的基础上，尽可能减小数据量，以节省存储空间和传输带宽。

计算机上显示出来的画面通常有两种类型：矢量图形（简称图形）和位图图像（也称点阵图像，简称图像）。

矢量图形处理不存储图像数据的每一点，而是存储图像内容的轮廓部分。例如，一个圆形图案只要存储圆心的坐标位置和半径长度，以及圆形边线和内部的颜色。该存储方式缺点是经常耗费大量的 CPU 时间做一些复杂的分析计算工作。但图像的缩放、移动等变换不会影响到显示精度，即图形不会失真，且图形的存储空间较之位图方式要少得多。因此，矢量图形比较适合存储各种图表和工程设计图，而一般图像文件较少采用矢量处理方式。

位图图像方法即位映射，是将一幅图像分割成“若干行 × 若干列”的栅格，栅格的每一点（像素）的颜色值都单独记录。这样就能够精确地描述各种不同颜色模式的图像画面。因此，此种存储模式较适合于内容复杂的图像和真实的照片，但其要占用较大的存储空间。

2. 图像的数字化

图像数字化是计算机处理图像之前必经的基本步骤，目的是把真实的图像转变成计算机能够接收的存储格式，即将连续的模拟图像信号转换为离散的数字信号的过程。图像数字化过程一般也要经过采样、量化和编码三个处理步骤。

1）采样

采样是对连续的模拟图像信号进行离散化处理，即在水平和垂直方向上等间距地分割成矩形网状结构，所形成的离散的小方格称为像素点，这样一幅图像就被采样成有限个像素点构成的集合，如图 2-2 所示。

图像分辨率是指数字图像的像素数量，它是图像精细程度的度量方法，一般用其纵向和横向所含像素数量的乘积的形式表示。例如，图像分辨率为 1 024 × 768，表示组成该图像的像素每行有 1 024 个像素，共有 768 行，它的总像素数量为 786 432 个像素（1 024 × 768）。图像分辨率实际上是一幅模拟图像采样的数量，对同样尺寸的一幅图像，如果数字化时图像分辨率越高，则组成该图的像素数量越多，看起来就越清晰。

2）量化

采样后的每个像素的取值仍然是连续的，因为颜色的取值可能是无穷多个颜色中的任何一个，因此要对颜色进行离散化处理。为了把颜色取值离散化，要将颜色取值限定在有限个取值范围内，这一过程被称为量化，如图 2-3 所示。

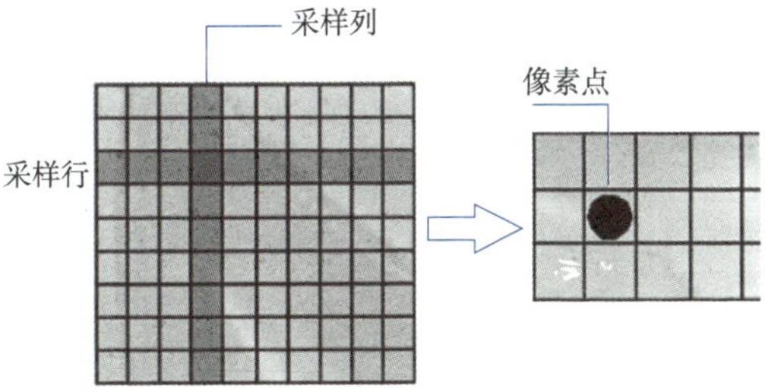

图 2-2　图像采样示意图

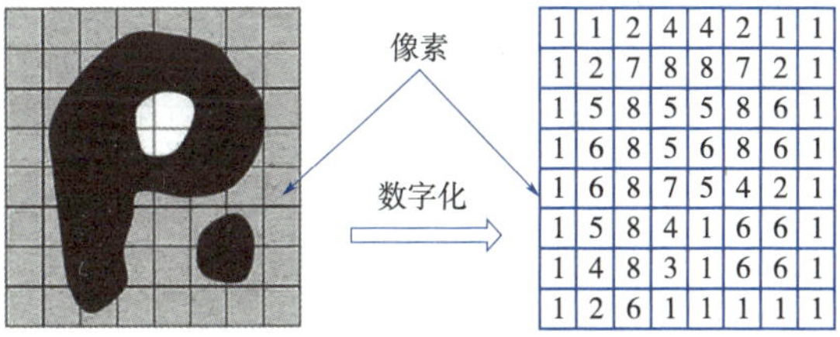

图 2-3　图像量化示意图

量化的结果是图像能够容纳的颜色总数，它反映了采样的质量。这个颜色总数由存储一个像素点所使用的二进制位数决定，称作颜色深度。使用的二进制位数越多，能表示的图像颜色总数越多，产生的图像效果越细腻、逼真，但占用的存储空间也越大。例如，颜色深度为 8 位，则可以表示 2^8 =256 种不同的颜色。

自然界任何一种颜色都可以由红（red）、绿（green）、蓝（blue）三种基本颜色组成。图像中的每个像素都可以分解成 RGB 的三个分量，如果每个分量都用 1 B（Byte，1 B = 8 bits）表示，那么表示一个像素就需要 3 B，这样图像的颜色数量可达到 $2^8 \times 2^8 \times 2^8$=16 777 216 种，称为真彩色图像。这样，在真彩色图像中，每个像素由三个颜色通道的数值组成，每个颜色通道的亮度值范围是 0~255，因此，通过不同的组合，可以得到各种不同的颜色。例如，红色可以用 RGB（255，0，0）来表示，绿色可以用 RGB（0，255，0）来表示，蓝色可以用 RGB（0，0，255）来表示。除了基本颜色外，通过不同的组合和混合，可以得到更多的颜色。例如，紫色可以通过将红色和蓝色混合得到，可以用 RGB（255，0，255）来表示。

灰度图像是一种只包含亮度信息而不包含颜色信息的图像。在灰度图像中，像素的取值范围通常为 0~255，其中 0 表示黑色，255 表示白色，中间值表示不同程度的灰色。灰度图像是一种只包含亮度信息的单色图像，具有数据量小，易于处理和可视化展示等优点，广泛应用于医学影像、遥感影像、安全监控等场景中。

3）编码

编码是将采样和量化的数字数据转换成二进制数码表示的形式，与图像文件所采用的格式及压缩存储格式有关。

图像的分辨率和颜色深度决定了图像文件的大小，可以使用以下公式计算：

图像数据量（字节）= 列数 × 行数 × 颜色深度 /8

常见的图像编码方法包括无损压缩和有损压缩。无损压缩能够精确地还原原始图像，而有损压缩通过舍弃一些细节信息来实现更高的压缩比。

图像是指用数字方式表示的二维或三维的视觉信息，可以是静态的或动态的，可以是真实的或虚拟的，可以是彩色的或灰度的。图像可以用不同的格式来存储和传输，常见的图像格式见表 2-2。

表2-2 常见的图像格式

格式	说　明
BMP	BMP 格式是 Windows 四操作系统中的标准图像文件格式，不进行压缩，保留了图像的完整信息，但占用空间很大
JPEG	JPEG 格式是一种有损压缩的图像文件格式，能够将图像压缩在很小的储存空间，但会降低图片的质量。JPEG 格式适合于存储和传输照片等连续色调的图像
PNG	PNG 格式是一种无损压缩的图像文件格式，能够保留图像的透明度和颜色信息，但压缩率不如 JPEG 高。PNG 格式适合于存储和传输图标、logo 等不规则形状的图像
GIF	GIF 格式是一种无损压缩的图像文件格式，能够支持动态图片和透明背景，但只能表示 256 种颜色。GIF 格式适合于存储和传输动画、表情包等简单色彩的图像
TIFF	TIFF 格式是一种无损压缩的图像文件格式，能够支持不同颜色模式、路径、透明度，以及通道等信息，但占用空间较大。TIFF 格式适合于打印文档中使用，或者作为 PSD 格式的替代品
PSD	PSD 格式是 Photoshop 默认的存储格式，能够保留图层、滤镜、蒙版等 Photoshop 处理信息，但需要专业的软件才能打开。PSD 格式适合于存储源文档和工作文件，方便修改和编辑
SVG	SVG 格式是一种基于 XML 的矢量图形格式，能够无损缩放和旋转，但不支持复杂的渲染效果。SVG 格式适合于网页设计、图形制作等应用场景

2.3.3 视频编码

1. 基本概念

视频是连续的图像序列，由连续的帧构成，一帧即为一幅图像。计算机处理视频的前提是视频压缩。视频信号数字化后数据带宽很高，通常在 20 MB/s 以上，因此计算机很难对之进行保存和处理。采用压缩技术将数据带宽降到 1~10 MB/s，这样就可以将视频信号保存在计算机中并作相应的处理。

视频编码方式就是指通过压缩技术，将原始视频格式的文件转换为另一种视频格式文件的方式。视频流传输中最为重要的编解码标准有国际电联的 H.261、H.263、H.264，运动静止图像专家组的 M-JPEG 和国际标准化组织运动图像专家组的 MPEG 系列标准，此外在互联网上被广泛应用的还有 Real-Networks 的 RealVideo、微软公司的 WMV，以及 Apple 公司的 QuickTime 等。2022 年 7 月，中国 AVS3 音视频信源编码标准，被正式纳入国际数字视频广播（digital video broadcasting, DVB）组织核心规范。

2. 视频压缩原理

1）冗余信息

视频图像数据有很强的相关性，也就是说有大量的冗余信息。其中冗余信息可分为空域冗余信息和时域冗余信息。压缩技术就是将数据中的冗余信息去掉（去除数据之间的相关性），压缩技术包含帧内图像数据压缩技术、帧间图像数据压缩技术和熵编码压缩技术。

2）去时域

使用帧间编码技术可去除时域冗余信息，它包括运动补偿、运动表示、运动估计三部分。

运动补偿是通过先前的局部图像来预测、补偿当前的局部图像，它是减少帧序列冗余信息的有效方法。

运动表示是指不同区域的图像需要使用不同的运动矢量来描述运动信息。运动矢量通过熵编码进行压缩。

运动估计是从视频序列中抽取运动信息的一整套技术。

注：通用的压缩标准都使用基于块的运动估计和运动补偿。

3）去空域

去空域主要使用帧内变换与量化编码技术和熵编码技术。

帧内图像和预测差分信号都有很高的空域冗余信息。变换编码将空域信号变换到另一正交矢量空间，使其相关性下降，数据冗余度减小。经过变换编码后，产生一批变换系数，对这些系数进行量化，使编码器的输出达到一定的位率。这一过程导致精度的降低。

熵编码是无损编码。它对变换、量化后得到的系数和运动信息进行进一步的压缩。

3. 常见视频格式

常见的视频格式见表 2-3。

表2-3　常见的视频格式

格式	说　明
AVI	AVI 格式即音频视频交错格式，就是可以将视频和音频交织在一起进行同步播放。这种视频格式的优点是图像质量好，可以跨多个平台使用，但是其缺点是体积过于庞大，且压缩标准不统一，因此经常会遇到 Windows 媒体播放器播放不了采用不同版本编码编辑的 AVI 格式视频

续上表

格式	说　明
DV	DV 格式是由索尼、松下等多家厂商联合提出的一种家用数字视频格式。这种视频格式的文件扩展名一般也是 .avi，也称其为 DV-AVI
MPEG	MPEG 格式即运动图像专家组格式，是运动图像压缩算法的国际标准，它采用了有损压缩方法，从而减少运动图像中的冗余信息。通过保留相邻两幅画面绝大多数相同的部分，把后续图像与前面图像冗余的部分去除，从而达到压缩的目的。MPEG 格式有三个压缩标准，分别是 MPEG-1、MPEG-2 和 MPEG-4，另外，MPEG-7 与 MPEG-21 仍处在研发阶段 MPEG-1：制定于 1992 年，它是针对 1.5 Mbit/s 以下数据传输率的数字存储媒体运动图像及其伴音编码而设计的国际标准。这种视频格式的文件扩展名包括 .mpg、.mlv、.mpe、.mpeg 及 VCD 光盘中的 .dat 文件等 MPEG-2：制定于 1994 年，设计目标为高级工业标准的图像质量及更高的传输率。这种视频格式的文件扩展名包括 .mpg、.mpe、.mpeg、.m2v 及 DVD 光盘上的 .vob 文件等 MPEG-4：制定于 1998 年，是为了播放流式媒体的高质量视频而专门设计的，它可利用很窄的带宽，通过帧重建技术，压缩和传输数据，以求使用最少的数据获得最佳的图像质量。这种视频格式的文件扩展名包括 .asf、.mov 和 DivX、AVI 等
DivX	DivX 格式是由 MPEG-4 衍生出的另一种视频编码（压缩）标准，即人们通常所说的 DVDrip 格式，它使用 DivX 压缩技术对 DVD 盘片的视频图像进行高质量压缩，同时用 MP3 或 AC3 对音频进行压缩，然后再将视频与音频合成，并加上相应的外挂字幕文件而形成的视频格式。其画质直逼 DVD 但体积只有 DVD 的数分之一
MOV	MOV 格式是 Apple 公司开发的一种视频格式，具有较高的压缩比率、较高的视频清晰度和跨平台性等特点
ASF	ASF 格式是微软为了 Real Player 竞争而推出的一种使用了 MPEG-4 的压缩算法的视频格式，用户可以直接使用 Windows 自带的 Media Player 对其进行播放
WMV	WMV 格式是微软推出的一种采用独立编码方式，并且可以直接在网上实时观看视频节目的文件压缩格式。WMV 格式的主要优点包括：本地或网络回放、可扩充的媒体类型、可伸缩的媒体类型、多语言支持、环境独立性、丰富的流间关系及扩展性等
RM	RM 格式是 Networks 公司所制定的音频视频压缩规范，用户可以使用 RealPlayer 或 RealOne Player 对符合 RM 技术规范的网络音频 / 视频资源进行实况转播，并且 RM 还可以根据不同的网络传输速率制定出不同的压缩比率，从而实现在低速率的网络上进行影像数据实时传送和播放。这种格式的另一个特点是用户使用 RealPlayer 或 RealOne Player 播放器可以在不下载音频 / 视频内容的条件下实现在线播放
RMVB	RMVB 格式是一种由 RM 视频格式升级延伸出的新视频格式，它的先进之处在于 RMVB 视频格式打破了原先 RM 格式那种平均压缩采样的方式，在保证平均压缩比的基础上合理利用比特率资源，即静止和动作场面少的画面场景采用较低的编码速率，这样可以留出更多的带宽空间，而这些带宽会在出现快速运动的画面场景时被利用，这样在保证了静止画面质量的前提下，大幅提高了运动图像的画面质量，从而图像质量和文件大小之间就达到了微妙的平衡

2.4　计算机图形学

2.4.1　计算机图形学基本概念

计算机图形学（computer graphics）是一门研究如何利用计算机生成、处理和显示图形的学科，源于 1962 年 1 月麻省理工学院的伊万·萨瑟兰（Ivan Sutherland）在博士论文答辩时制作的名为 *Sketchpad*：*A Man-Machine Graphical Communication System* 的影片。该影片广为流传，推动了计算机仿真、飞行模拟、电子游戏、CAD/CAM 等重要应用的发展。伊万·萨瑟兰因此被誉为“计算机图形学之父”，并于 1988 年被授予图灵奖。

从 20 世纪 70 年代开始，计算机图形学发展迅速，出现了各种图形算法。同时，图形硬件也得到了很大发展，出现了专门的图形显示器和加速卡。

进入 20 世纪 90 年代之后，计算机图形学在理论和技术上都逐渐成熟，随着计算机性能的大幅提升，图形学在动画、游戏、影视特效、科学计算可视化、CAD/CAM、虚拟现实等领域得到了广泛应用。特别是 2000 年后，皮克斯等公司制作了《冰河世纪》《马达加斯加》《海底总动员》等一系列精彩的动画电影，索尼和微软等公司制作了如《刺客信条》《最终幻想》《生化奇兵》等视频游戏，展示了计算机图形学的巨大魅力，使其影响力迅速传播到了主流领域，并逐渐被引入到电视广告等其他领域。

计算机图形学主要研究包括图形的生成、变换、渲染，以及人机交互等内容（见表 2-4），涉及 OpenGL、DirectX、3D 建模、实时渲染等技术。

表2-4 计算机图形学主要研究内容

研究内容	说明
图形生成	包括直线、曲线、多边形等基本图形的生成算法，以及更复杂的三维物体建模算法，如通过扫描线算法、光线追踪算法等生成逼真的三维场景
图形变换	涉及平移、旋转、缩放、投影等变换操作，将三维空间中的物体变换到二维平面上进行显示，以便在计算机屏幕等设备上呈现给用户
图形渲染	通过光照模型、材质属性等计算，为图形添加颜色、纹理、阴影等效果，使其更加逼真。如 Phong 光照模型等经典模型，用于计算物体表面的光照效果
人机交互	研究如何实现用户与图形系统的交互，如鼠标、键盘、触摸屏等输入设备的交互方式，以及图形界面的设计和实现

2.4.2 计算机图形学技术应用

随着计算机图形学不断发展，其应用领域日趋广泛。目前计算机图形学的主要应用领域有：游戏开发、CAD/CAM/CAI、信息可视化、计算机动画、虚拟现实等。下面简单列举几个应用场景。

游戏目前已成为促进计算机图形学研究特别是图形硬件发展的一大动力源泉。在《英雄联盟》《原神》等游戏的开发中，计算机图形学技术被用于创建游戏中的虚拟场景、角色、道具等，提供精美的画面，通过实时渲染技术为玩家提供沉浸式的游戏体验。

在游戏与影视制作中，计算机图形学用于制作特效、动画角色等。像《黑神话：悟空》中绚丽的游戏场景，《阿凡达》中的外星生物和奇幻场景（见图 2-4），《指环王》系列中的宏大战场等，都是利用计算机图形学技术制作出来的。

在建筑设计中，利用计算机图形学技术帮助设计师创建建筑模型，进行外观设计、内部空间布局等，让客户可以直观地看到设计效果，还能进行虚拟漫游，提前感受建筑的空间氛围。

在汽车、飞机等工业产品的设计过程中，利用计算机图形学进行三维建模和外观设计，进行装配模拟、运动仿真等，提高设计效率和质量，如图 2-5 所示。

图 2-4　电影《阿凡达》中的外星生物

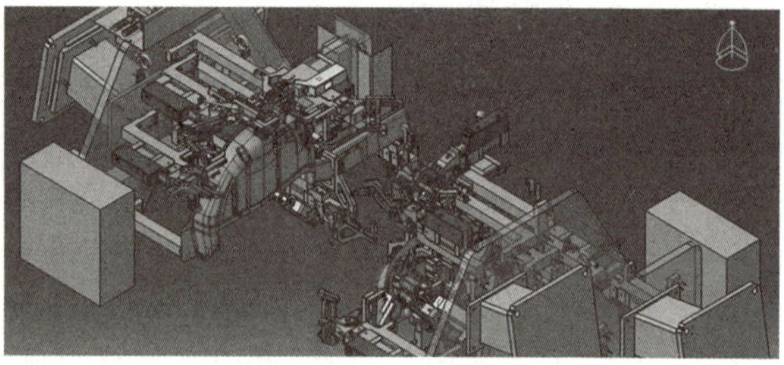

图 2-5　3D 实体建模

利用计算机图形学方法可以将数据以图形形式直观地表示出来，例如，绘制三维地形地貌图、工作进程图、库存图等，被气象、地震、国土资源、天体物理、分子生物学、医学、办公自动化等诸多领域广泛应用。

2.5　虚拟现实

2.5.1　虚拟现实的概念

虚拟现实（virtual reality, VR）是一种综合利用计算机图形学、仿真技术、多媒体技术、人工智能技术、计算机网络技术、并行处理技术和多传感器技术的计算机高级人机界面。它通过模拟人的视觉、听觉、触觉等感官功能，使用户能够沉浸在计算机生成的虚拟境界中，并通过语言、手势等自然方式与之进行实时交互，从而创建一个适应人类需求、能力、特点及行为方式的多维信息空间。

virtual reality 一词最早是由美国 VPL Research 公司的创建人——“虚拟现实之父”杰伦·拉尼尔（Jaron Lanier，见图 2-6 左）于 20 世纪 80 年代提出。但早在 20 世纪 60 年代，马文·明斯基（Marvin Lee Minsky，人工智能的奠基人之一、达特茅斯会议的组织者，见图 2-6 右）就造了一个名词 telepresence，直译应为“遥远的存在”或“远距离介入”。所谓的 telepresence 是这样一种设备或环境，它允许人利用微型摄像机、运动传感器等设备来体验某种实际上没有发生的事件，而不需要真正介入这种事件，比如，感觉自己在驾驶飞机，在战场上参加战斗，在水下游泳等。可以说马文·明斯基是虚拟现实的启蒙者、倡导者。

图 2-6　杰伦·拉尼尔和马文·明斯基

虚拟现实，顾名思义，就是虚拟和现实相互结合，采用特定计算机技术创建一个虚拟环境，使用户沉浸到该环境中，如图 2-7 所示。它利用计算机等设备来产生一个逼真的三维视觉、触觉、嗅觉等多种感官体验的虚拟世界，从而使处于虚拟世界中的人产生一种身临其境的感觉。在这个虚拟世界中，人们可直接观察周围世界及物体的内在变化，与其中的物体之间进行自然的交互，并能实时产生与真实世界相同的感觉，使人与计算机融为一体。

VR 系统的设备主要分成输入设备和输出设备，其中，输入设备分为两大类，一类是基于自然的交互设备，如数据手套、三维控制器、三维扫描仪等设备；另一类是三维定位跟踪设备，如电磁跟踪系统、声学跟踪系统、光学跟踪系统、机械跟踪系统、惯性位置跟踪系统等。输出设备主要有视觉感知设备（如 VR 眼镜、头显设备等）、听觉感知设备（如耳机、扬声器等）、触觉反馈装置。

图 2-7　虚拟现实应用场景

VR 技术的实质就是一套创建和体验虚拟世界的计算机仿真系统，借助头盔、眼镜、耳机等虚拟现实设备，人们可以“穿越”到硝烟弥漫的古战场，融入浩瀚无边的太空旅行，将科幻小说、电影里的场景移至眼前。VR 技术可广泛应用于人们生活、工作的各个领域，是目前发展最快的新技术之一。

2.5.2　虚拟现实的特点

与传统的模拟技术相比，VR 技术的主要特征是：用户能够进入到一个由计算机系统生成的交互式的三维虚拟环境中，可以与之进行交互。通过参与者与仿真环境的相互作用，并利用人类本身对所接触事物的感知和认知能力，帮助启发参与者的思维，全方位地获取事物的各种空间信息和逻辑信息。

VR 技术主要具有如下几个特征。

1. 沉浸性

沉浸性又称浸入性，是指用户感觉到好像完全置身于虚拟世界之中一样，被虚拟世界所包围。

2. 交互性

交互性是指用户对模拟环境内物体的可操作程度和从环境得到反馈的自然程度，使用者进入虚拟空间，相应的技术让使用者跟环境产生相互作用，当使用者进行某种操作时，如活动肢体时，周围的环境也会做出某种反应。

3. 想象性

想象性指使用者在虚拟空间中，通过与周围物体进行互动，根据自己的感觉与认知能力吸收知识，从而拓宽认知范围，创造客观世界不存在的场景或不可能发生的虚拟环境。

4. 多感知性

多感知性表示计算机技术应该拥有很多感知方式，如听觉，触觉、嗅觉等。理想的虚拟现实技术应该具有一切人所具有的感知功能。由于相关技术，特别是传感技术的限制，目前大多数虚拟现实技术所具有的感知功能仅限于视觉、听觉、触觉、运动等。

5. 自主性

自主性是指虚拟环境中物体依据物理定律动作的程度。如当受到力的推动时，物体会向力的方向移动、翻倒或从桌面落到地面等。

2.5.3 虚拟现实的分类

VR 技术可以根据不同的分类标准进行划分，主要包括以下几种类型：

1. 桌面式虚拟现实

桌面式虚拟现实（desktop virtual reality, DVR）也称为窗口虚拟现实系统，利用个人计算机或初级图形工作站等设备，以计算机屏幕作为用户观察虚拟世界的一个窗口。用户通过键盘、鼠标和力矩球等输入设备与虚拟世界进行交互，这种系统的成本和门槛较低，应用最为广泛。

2. 沉浸式虚拟现实

沉浸式虚拟现实（immersive virtual reality, IVR）提供一个完全沉浸的体验，使用户仿佛置身于真实世界之中。它通常采用洞穴式立体显示装置或头盔式显示器等设备，利用数据手套、三维鼠标等输入设备，提供高度的沉浸感和交互性。当然，随着科技的发展，业内的趋势是抛弃繁重的头盔设备，转而以眼镜甚至是直接投影在眼球上来代替。这种类型的 VR 技术是目前影响最广的，更多的商家也愿意在这一类的 VR 技术上做投资。

3. 增强式虚拟现实

增强式虚拟现实（augmented reality, AR）则是跳出了对现实的模拟和仿真，将那些无法感知或者是不方便感知的事物作为虚拟元素叠加到真实世界上，增强用户对于真实世界的感知和互动。增强式虚拟现实是未来VR技术发展的目标和形态，它广泛应用于教育、培训、设计等领域，例如，家装设计师可以使用增强现实技术，将虚拟的家电与家具等装修模型等叠加到真实场景中，以便更好地评估家装设计效果。

4. 混合现实

混合现实（mixed reality, MR）也被称为 hybrid reality，是指真实和虚拟世界融合后产生的新的可视化环境，在该环境下，真实实体和数据实体共存，同时能实时交互。也就是说将“图像”置入了现实空间，同时这些“图像”能在一定程度上与所我们熟悉的实物交互。MR 的关键特征就是合成物体和现实物体能够实时交互。

5. 扩展现实

扩展现实（extended reality, XR）是指通过计算机技术和可穿戴设备产生的一个真实与虚拟组合的、可人机交互的环境。扩展现实包括增强现实（AR）、虚拟现实（VR）、混合现实（MR）等多种形式。换句话说，XR 其实是一个总称，包括了 AR、VR、MR。XR 分为多个层次，从通过有限传感器输入的虚拟世界到完全沉浸式的虚拟世界。

6. 分布式虚拟现实

分布式虚拟现实（distributed virtual reality, DVR）是基于网络强大的分布计算能力，支持多用户交互，允许用户在不同的物理位置上通过网络连接，共享同一个虚拟环境，“面对面”地交流。它适用于需要多人协作的任务和项目。

VR 可以实现元宇宙中信息的输入和输出，通过全面接管人的视觉、听觉、触觉和动作捕捉，以带给人全方位的沉浸式体验。AR 在保留真实世界的基础上叠加一层虚拟信息，但在此阶段还不能实现交互。MR 则是虚拟与现实的混合体，创造出可以与真实环境交互的虚拟物体，通过在视网膜上投射光场，实现部分虚拟影像的保留且能与现实自由切换。XR 实现了三种“现实”（AR、VR、MR），被提及得也越来越多。

2.5.4　技术应用

随着 VR 技术的高速发展，软件开发系统不断完善，VR 的应用领域也越来越广。

1. VR 在影视、游戏、娱乐中的应用

近年来，VR 技术在影视业应用广泛。特别是 9D VR 项目，融合了 VR、动感仿真、多人互动等技术，借助 VR 头盔、动感平台和娱乐内容，给用户在虚拟环境中提供了第一现场的沉浸式体验。

视 频

虚拟现实

随着 VR 技术的不断创新，其在游戏领域也得到了快速发展。3D VR 游戏几乎包含了虚拟现实的全部技术，抛弃了鼠标和键盘的束缚，真正地以玩家为主角中心。使得游戏在保持实时性和交互性的同时，也大幅提升了游戏的真实感。

另外，VR 技术和可穿戴设备的研发降低了某些体育项目的参与门槛，如赛车、国际象棋等运动，选手们可接入服务器“穿越”到世界各地赛场，与各国高手同台竞技。

2. VR 在教育中的应用

利用 VR 技术可以帮助学生打造生动、逼真的学习环境，使学生通过真实感受来增强记忆，相比于传统教育方式，利用 VR 技术来进行自主学习更容易让学生接受，更容易激发学生的学习兴趣。

此外，利用 VR 技术建立与学科相关的虚拟实验室，可以帮助学生更好地学习，VR 技术已经成为促进教育发展的一种新型教育手段。

3. VR 在设计领域的应用

VR 技术在设计领域小有成就，如室内设计，人们可以利用 VR 技术把室内结构、房屋外形通过虚拟仿真表现出来，使之变成可以看得见的物体和环境。同时，在设计初期，设计师可以将自己的想法通过 VR 技术模拟出来，可以在虚拟环境中预先看到室内的实际效果，这样既节省了时间，又降低了成本。

4. VR 在医学方面的应用

医学专家们利用计算机，在虚拟空间中模拟出人体组织和器官，让学生快速建立一个病人身体的虚拟模型。在虚拟空间中进行手术预演，能让学生感受到手术刀切入肌体组织、触碰到骨头的感觉，使学生能够更快地掌握手术要领，大大提高手术的成功率。

5. VR 在航空航天与国防领域方面的应用

航空航天与国防都是耗资巨大、非常繁琐的工程。人们利用 VR 技术和计算机的统计模拟，在虚拟空间中重现了现实中的航天飞船与航空飞机环境中的立体感和真实感，使飞行员在虚拟空间中进行飞行训练和实验操作，极大地降低了实验经费与危险系数。

现在的战争是信息化战争，战争机器都朝着自动化方向发展，无人机便是信息化战争的最典型产物。由于 VR 技术能将无人机拍摄到的场景立体化，降低操作难度，提高侦查效率，平时可以利用 VR 技术模拟无人机的飞行、射击等工作模式，实战状态下可以通过眼镜、头盔等设备操控无人机进行侦察和暗杀任务，减小战争中军人的伤亡率，所以无人机结合 VR 技术的发展刻不容缓。

此外，将地图上的山川地貌、海洋湖泊等数据通过计算机进行编写，利用 VR 技术，能将原

本平面的地图变成一幅三维立体的地形图，再通过全息技术将其投影出来，这更有助于进行抗震救灾、军事演习训练等，提高我国的综合国力。

6. VR 在工业方面应用

VR 技术既是一个最新的技术开发方法，更是一个复杂的仿真工具，它旨在建立一种人工环境，人们可以在这种环境中以一种自然的方式从事操作、控制和设计等实时活动。目前，VR 技术已大量应用于工业领域。

对汽车工业而言，虚拟现实技术也可以用于汽车设计、实验、培训等方面，例如，在产品设计中借助虚拟现实技术建立的三维汽车模型，可显示汽车的悬挂、底盘、内饰，直至每个焊接点，设计者可确定每个部件的质量，了解各个部件的运行性能。这种三维模式准确性很高，汽车制造商可按得到的计算机数据直接进行大规模生产。

7. VR 在智能设备上的应用

伴随手机和穿戴电子设备的智能化，VR 眼镜与智能手机结合，借助手机 App 来模拟各种控制器，实现如空调温度的控制、智能电视频道换台、窗帘的自动开关等操作。

2.5.5 面临的挑战

1. 面临的问题

尽管 VR 技术可以模拟各种情境和行为，应用前景较为广阔，为用户提供无限的可能性，但正如任何新兴技术一样，VR 技术的广泛应用也给道德和伦理学等方面带来了前所未有的挑战。

首先，VR 游戏以其独特的沉浸式体验吸引了大量玩家，让游戏世界变得更加真实、刺激。虚拟现实技术的沉浸感和强大的视听效果让用户容易沉迷其中，过度使用 VR 设备可能导致用户脱离现实世界，影响家庭、工作和社交生活，从而引发了关于暴力倾向、成瘾性等问题。此外，长时间佩戴头戴式设备还可能对视力、平衡和空间感知等造成负面影响，引发虚拟现实疲劳综合征等心理健康问题。

其次，VR 技术在医疗领域的应用包括手术模拟、康复训练、心理治疗等，极大提高了医疗效率和患者体验。为了提供更加真实的体验，通常需要收集用户的个人信息和运动数据，这些数据包括但不限于用户的生理指标、行为习惯、面部表情、声音等敏感信息。未经用户同意的数据收集和使用，存在严重的隐私泄露风险。一旦数据被第三方非法获取，可能导致身份盗用、欺诈等严重后果，信息安全和患者隐私保护成为亟待解决的问题。

再者，现实世界中，人们的社交活动和人际关系建立在面对面的交流互动基础上，有助于增进人与人之间情感的理解和信任。虚拟现实技术通过电子设备和虚拟角色进行互动，削弱了人际交往的直接性，人们长期沉浸在其中，可能会减少对现实社交的投入，加剧社交隔阂，甚至影响现实生活中的情感表达和人际交往能力。如何在保护用户权益的同时，确保 VR 内容的合理性和道德性，避免传播虚假信息、侵犯个人隐私、诱导不良行为等，成为亟待解决的问题。

2. 应对措施

政府应加强法律法规建设，制定和完善VR技术相关的法律法规，保护用户隐私和信息安全。利用人工智能、大数据等先进技术，开发智能监管系统，对 VR 内容进行实时监测和过滤，及时发现违法违规内容。同时，加大对违法行为的惩处力度，提高违法成本，形成有效的震慑作用。

引导 VR 企业自觉遵守法律法规和道德伦理要求。组织从业人员定期培训和交流，提升专业素养和伦理意识，共同维护行业健康发展。

VR 用户应了解潜在风险，增强自我保护意识，注意保护个人隐私和信息安全，避免过度依赖虚拟世界。积极参与网络社区的讨论和监督，共同营造健康、和谐的虚拟环境。特别是学校和社会机构，应加强对青少年的教育，引导他们正确认识和使用 VR 技术，培养健康的网络行为习惯。

总之，面对虚拟现实技术带来的伦理挑战，政府、行业和用户应多方共同努力，加强法律法规建设与监管，强化行业自律，提升用户素养，将虚拟现实技术打造成为推动社会进步、增进人类福祉的强大力量。

2.6 元 宇 宙

2.6.1 元宇宙的概念

元宇宙（metaverse）也称为后设宇宙、形上宇宙、元界、超感空间、虚空间，钱学森将其命名为灵境。元宇宙是一个在线、可与现实世界交互的虚拟空间，其中所有事件都是实时发生的，且具有永久的影响力。它基于扩展现实技术提供沉浸式体验，基于数字孪生技术生成现实世界的镜像，基于区块链技术搭建经济体系，将虚拟世界与现实世界在经济系统、社交系统、身份系统上密切融合。

视 频

元宇宙

对于“元宇宙”的概念至今没有准确的定论，在维基百科中这样描述“元宇宙”：元宇宙是通过虚拟增强的物理现实，是呈现收敛性和物理持久性特征的、基于未来互联网的具有连接感知和共享特征的 3D 虚拟空间。

作为下一代互联网集大成者，元宇宙不是一个新概念与新技术，它是以 VR 技术为核心，充分融合交互技术（包括图像显示、数据可视化、计算机图形学）、5G、区块链、边缘计算、云计算和数字孪生人工智能等新一代信息化技术的概念具象化。为用户提供了一个充满无限可能性的虚拟平行宇宙，也为产业界提供了良好的发展机遇。

2022 年 9 月 13 日，全国科学技术名词审定委员会举行元宇宙及核心术语概念研讨会，与会专家学者经过深入研讨，对“元宇宙”等三个核心概念的名称、释义形成共识——“元宇宙”英文对照名为 Metaverse，释义为“人类运用数字技术构建的，由现实世界映射或超越现实世界，可与现实世界交互的虚拟世界”。

2.6.2 元宇宙发展历程

Metaverse 一词最早可以追溯到 1992 年，由美国著名的科幻作家尼尔·斯蒂芬森在科幻小说《雪崩》中提出。

随着技术的进步，1994 年，Ron Britvich 创建了 Web World，这是第一个能让数万人聊天、建造、旅行的 2.5D 开放式世界。

1995 年，Worlds Inc 开启了第一个全 3D 的虚拟世界，没有主角，所有玩家都是一个又一个真实的人，共同来推动这个世界的发展。同年，AlphaWorld 将其 3D 网页浏览器的名字重命名为 *Active Worlds*，这是一款基于《雪崩》世界观的虚拟世界，被认为是 VR 场景的鼻祖。*Active Worlds* 迅速成为当时重要的 3D 社交平台，吸引了成千上万的用户，平台规模呈指数级增长。

1996 年，*Cybertown* 通过虚拟现实建模语言构建，标志着新古典“元宇宙”的重要里程碑。

2003年，美国公司Linden Lab推出网络虚拟游戏《第二人生》。游戏通过构建一个虚拟平台，使得世界各地的玩家自由地进行探索开发，并成为全球社交平台。

2009年，瑞典游戏设计师开发的3D第一人称沙盒游戏《我的世界》发售。游戏凭借极高的自由度和创造性让玩家在没有昂贵的VR设备的情况下也可以身临其境地感受游戏的真实。元宇宙在游戏领域的探索推动了元宇宙内容与文化的发展。

随着计算机硬件和网络通信等技术的迅速发展，CPU算力和网络带宽得到了巨大提升，为元宇宙概念的具体应用打下了坚实的基础。

2006年，Roblox推出，它将虚拟世界、休闲游戏和用户自建内容结合在一起，成为元宇宙商业化的重要一步。

2012年，*RuneScape*用户达到2亿，成为玩赚游戏的代表。

2018年，《头号玩家》的上映进一步推动了元宇宙的知名度。

2021年，沙盒游戏平台Roblox在美上市，标志着元宇宙进入一个新的发展阶段，2021年也被称为元宇宙元年。随后，Facebook创始人扎克伯格宣布公司旗下部分产业更改全新的名字为Meta，进一步推动了元宇宙的发展。

伴随互联网3.0、工业4.0、社会5.0，元宇宙成为当前备受关注的产业领域与研究热点。作为人类对未来社会终极形态的积极想象，元宇宙所构造的虚拟世界与现实世界的关系成为讨论的焦点。目前，元宇宙的概念仍在不断演进，涵盖了物理现实世界和数字虚拟世界，具有高度沉浸感、可体验经济属性及自主创造等特点。

未来，元宇宙将在办公、游戏、医疗、社交、教育等领域产生深远影响，通过虚拟与现实交融的互动方式极大地便利人们的日常生活，并在潜移默化中颠覆人们的生活。

总之，元宇宙思想自提出以来，根据时间轴大致可以分为三个阶段：第一阶段为原始的“元宇宙”，人们通过畅想来创造一个闭环式的至善宇宙，如但丁的《神曲》等文学艺术作品；第二阶段为朴素的“元宇宙”，以科幻影视和电子游戏形态为载体的古典的“元宇宙”；第三阶段为高度智能化的“元宇宙”，即以“非中心化”游戏和社区为载体的高度智能化形态“元宇宙”。经过几十年不断地技术更新，曾经只存在于梦境之中的虚拟世界，如今已经走进现实。

2.6.3 元宇宙的特点

结合Schroeder在2001年研究论文*Active worlds*：*geography and social interaction in virtual reality*中的观点，以及多人在线创作游戏Roblox中元宇宙所含的重要元素（身份、朋友、沉浸感、低延迟、多元化、随时随地、经济系统和文明），可以将元宇宙核心属性归纳为如下几点：

1. 无边界性（boundless）

元宇宙是一个开源开放的无尽的空间，具有更强的可访问性，同时，对其中的参与者几乎无任何限制，消除了物理形态的障碍。

2. 永续性（persistent）

元宇宙不会停止、重启或重置，以开源的方式无期限地持续发展。用户可以自由连接元宇宙，体验感是连续的，使元宇宙成为与现实世界并行的平行世界。

3. 高拟真度（immersive）

虚拟现实技术、体感技术及交互技术的发展使得元宇宙具有高拟真度，参与者可以在元宇宙内有极高的沉浸感，现实世界发生的一切都可以同步在元宇宙中实现。

4. 去中心化（decentralized）

元宇宙的运行方式和网络架构都是去中心化的，元宇宙不属于某一个特定平台或公司，数据处理工作分布在多个设备上，不依赖于单个中央服务器。

5. 经济系统

完善的经济系统是元宇宙虚拟世界中最重要的议题之一。元宇宙中的经济系统基于区块链技术，从加密货币、经济模型到 De-Fi、Game-Fi、NFT-Fi 都属于虚拟经济的分支。

6. 社交体验

互联网本身就可以看作是一种虚拟世界的框架原型，虚拟世界已经进入自发发展的阶段，元宇宙会进一步扩展互联网社交的边界，元宇宙中所有用户成为了虚拟世界的所有者及创建者，共同体验、共同创造及共同分享生成的内容。

2.6.4 元宇宙的应用

元宇宙应用场景的不断成熟，正在逐步演化成为一个超大规模、极致开放、动态优化的复杂系统。

在工业制造领域，长期以来一直拥有物理设施“数字孪生”的概念。制造是一个极其复杂的过程，通过虚拟空间来模拟运行工厂生产过程，企业管理人员可以识别和分析如何更高效、更安全地完成工作，工程师可以非常方便地进入工业虚拟元件的内部观察，工业机器人也可以在设计生命阶段进入多种特性。

在元宇宙畅想中，人们不仅可以实现足不出户就能通过增强现实技术进行远程工作，还可以以虚拟身份与在线空间的同事共享办公，将现实空间中人物的动作、神情和语气准确传达给同事，获得更加真实的沉浸式办公体验。Meta 曾借助办公软件 HorizonWorkrooms 和 VR 设备，让用户可以将自己的办公桌、电脑和键盘等带进虚拟世界中进行办公，如图 2-8 所示。

图 2-8 元宇宙应用场景——元宇宙办公

在教育领域，元宇宙从场景、资源和体系三个维度赋能数字教育。元宇宙能够拓宽传统学习的空间维度，打造低延迟、高沉浸的虚拟学习场景；为学习者提供多领域、多层次、多元化的学习资源，并促进学习者共同参与学习资源的共建共享；推动构建高质量学习体系，促进未来教育产业的智能化升级，催生新的教学理念与教育模式，培养新时代所需要的个性化人才。在特定时期，中国传媒大学、加州大学、哥伦比亚大学等学校都曾经以元宇宙的方式举行过学术讲座、毕业典礼，中国传媒大学举办的元宇宙毕业典礼如图 2-9 所示。

图 2-9　元宇宙应用场景——元宇宙毕业典礼

在文旅社交方面，元宇宙拓展了时空，将允许人们在家中使用 VR 设备“环游”世界，在虚实相融的空间中看到远方，获得趣味性和沉浸感（见图 2-10）。在元宇宙中建设数字消费的商业运营场景，体验虚拟试穿、AR 导购、AR 互动游戏娱乐、AR 健身运动等，拓宽线下消费、娱乐、社交、运动模式。

相信在不远的将来，互联网最终将演变成元宇宙，成为下一个主要的计算平台。

图 2-10　元宇宙应用场景——元宇宙社交

小　结

本章聚焦多媒体与虚拟现实，讲解了数据、信息、知识的关联，介绍了多媒体编码、计算机图形学以及虚拟现实和元宇宙相关知识，主要知识点如下：

（1）数据是有意义的符号，是信息的载体，信息由数据加工而来，知识则是对信息的提炼，三者紧密相连。

（2）ASCII 码和 Unicode 在西文字符和全球字符编码中应用广泛，汉字编码涵盖国标码、机内码等多种类型。

（3）多媒体数据编码主要包括音频、图像和视频编码，音频、图像数字化经采样、量化、编码后有多种存储格式；视频关键技术是压缩。

（4）计算机图形学是一门研究如何利用计算机生成、处理和显示图形的学科，主要研究包括图形的生成、变换、渲染，以及人机交互等内容，涉及 OpenGL、DirectX、3D 建模、实时渲染等技术。

（5）VR 通过计算机技术创建虚拟环境，具有沉浸性、交互性等特点。根据不同标准可分为桌面式、沉浸式等多种类型，在影视、教育等多领域应用广泛，但也面临沉迷、隐私等问题，需要多方协同应对。

（6）元宇宙是融合多种技术的虚拟空间，具有无边界性、永续性等特点。其应用场景不断拓展，在工业制造、文旅、教育等领域发挥重要作用，未来有望成为主要计算平台，重塑人们的生活与工作方式，推动社会发展。

习　　题

1. 简述信息与数据的区别。
2. 简述什么是 ASCII。
3. 简述汉字的编码。
4. 简述音频数字化编码过程。
5. 简述图像数字化编码过程。
6. 简述什么是计算机图形学。
7. 简述 VR 的概念、特点及分类。
8. 简述 VR 的应用及面临的挑战。
9. 简述元宇宙的概念及特点。
10. 简述元宇宙的应用。

第 3 章 计算机网络

随着计算机网络与通信技术的发展，计算机网络逐渐成为人们获取信息的最主要的手段之一。人们逐渐形成共识："计算机＝网络"。日常生活中，人们衣食住行越来越依赖于网络，例如，收发邮件、浏览网页、下载资源、观看视频、传输文件、实时通信、电商购物、移动办公、智能导航等。如果说计算机使人们从工业时代进入了信息时代，则可以说计算机网络把人们从信息孤岛时代带入了信息高速互通时代。计算机网络被誉为 20 世纪最伟大的技术成就之一。

学习目标

（1）了解网络相关基本概念、发展历程、主要拓扑类型。

（2）了解网络体系结构、主要的协议、重要的连接设备。

（3）了解 IP 地址的格式、域名系统；掌握 E-mail、搜索引擎等网络典型应用。

（4）了解云计算、区块链、物联网等概念、关键技术及应用。

3.1 计算机网络概述

3.1.1 计算机网络的定义

计算机网络是通过通信设备和通信线路将不同地理位置、具有独立工作能力的多台计算机连接起来，借助功能完善的网络软件，实现计算机之间的数据传输与资源共享的系统。计算机网络是计算机技术与通信技术相结合的产物，如图 3-1 所示。

在计算机网络的概念中，有以下几个关键点：

（1）网络中的计算机必须具备独立工作能力，即每台计算机都配备了独立的 CPU、内存、硬盘等硬件资源。

（2）计算机网络除了计算机本身，还需要依赖通信设备和线路来进行硬件连接，同时还需要网络软件提供支持。

（3）计算机网络的核心功能是实现数据通信和资源共享。数据通信是指计算机之间能够交换数据，例如，通过 QQ、微信聊天进行交流；资源共享则是指计算机能够共享网络中的软硬件资源及数据文件，如共享打印机等设备。

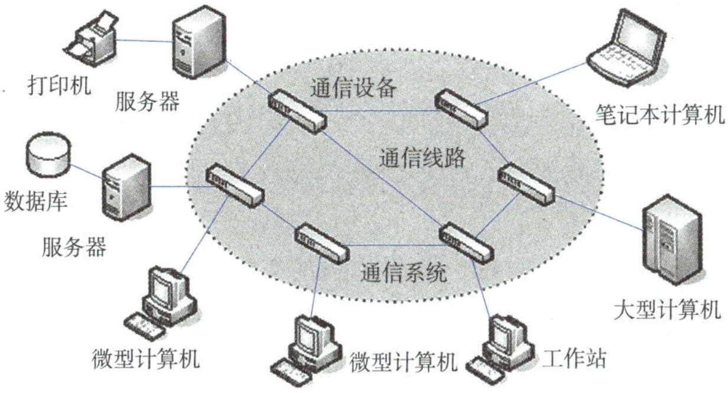

图 3-1　计算机网络示意图

计算机网络的主要功能有以下几点：

1）信息交换

计算机网络最基本的功能有用户可以通过电子邮件、即时通信软件等，实现快速传输声音、文字、图片、视频等信息，极大地提高了信息传递的效率和便捷性。

2）资源共享

计算机网络使得网络中的用户可以共享硬件（如高性能打印机、存储设备等）、软件（如操作系统、应用程序等）和数据资源（如数据库、文件等），从而避免了重复投资和劳动，提高了资源利用率。

3）分布式处理

当某台计算机负担过重或正在处理某项任务时，可以将任务分配给网络中其他空闲的计算机进行处理，多台计算机互相协作完成一个任务，从而实现负载均衡和分布处理。这种方式不仅提高了系统的整体处理能力，还能均衡各计算机的负载，降低单台计算机的压力。

3.1.2　计算机网络的发展

计算机网络的发展大致可以分为如下几个阶段。

1. 第一代：面向终端的计算机网络

计算机网络的由来可以追溯到 20 世纪 60 年代初，特点是：以单个主机为中心的远程联机系统，实现了地理位置分散的大量终端与主机之间的连接和通信，各终端通过通信线路共享昂贵的中心主机的硬件和软件资源，如图 3-2 所示。

其典型应用是全美飞机订票系统（由一台计算机和全美范围内 2 000 多个终端组成），以及美国军事半自动地面防空系统 SAGE，如图 3-3 所示。

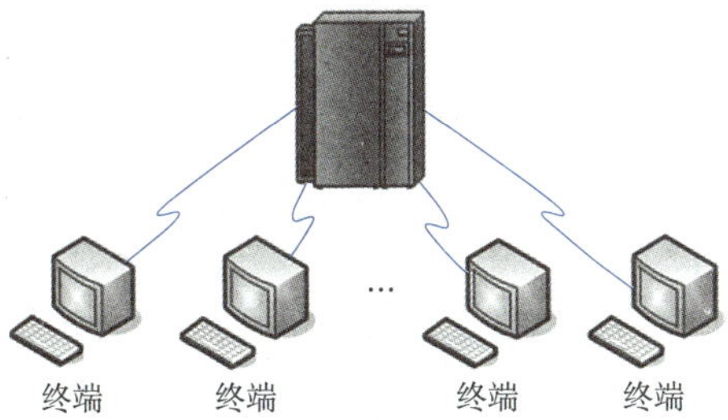

图 3-2　单个主机为中心的远程联机系统

图 3-3　美国半自动地面防空系统 SAGE

2. 第二代：以分组交换网为中心的计算机网络

20 世纪 60 年代中期，美国国防部为了保证美国本土防卫力量和海外防御武装在受到苏联第一次核打击以后仍然具有一定的生存和反击能力，决定设计一种分散的指挥系统，它由若干分散的指挥点组成，部分指挥点被摧毁后，其他点仍能正常工作，并且这些点能够绕过那些已被摧毁的指挥点继续保持联系。

为了对这一构思进行验证，1969 年，美国国防部高级研究计划署（advanced research project agency, ARPA）把加州大学洛杉矶分校、加州大学圣芭芭拉分校、斯坦福大学，以及犹他州立大学的大型计算机主机采用分组交换技术，通过专门的通信交换机和专门的通信线路相互连接，建立了 ARPA 网（ARPANet）。

ARPANet 作为美苏冷战时期由美国军方建立的实验性网络，发展到 20 世纪 70 年代时，地域已跨越美洲、欧洲，并成为后来 Internet（互联网）的雏形。

ARPANet 是计算机网络发展的重要里程碑，它对技术的主要贡献主要有：

（1）完成了对计算机网络的定义、分类与子课题研究内容的描述。

（2）提出了资源子网、通信子网的两级网络结构的概念。

（3）研究了报文分组交换的数据交换方法。

（4）采用了层次结构的网络体系结构模型与协议体系。

3. 第三代：体系结构标准化的计算机网络

计算机网络是一个由大量计算机通过通信网络连接而成的复杂系统。在构建计算机系统的通信功能时，如何确保这些计算机，特别是不同类型计算机之间的有效通信，是计算机网络体系结构必须解决的核心问题。

为了解决不同体系结构网络互联的问题，1984 年，国际标准化组织正式发布了一个计算机网络体系结构模型作为国际标准，称为开放系统互连参考模型（open system interconnection reference model，OSI 参考模型）。

OSI 参考模型的发布，让计算机网络有了统一的网络体系结构，实现了开放和标准化，推动网络技术高速发展，使得整个网络对用户更加透明。

4. 第四代：以网络互联为核心的计算机网络

计算机网络是通过“路由器”等互联设备将不同的网络连接到一起，形成可以互相访问的“互联网”，如图 3-4 所示。Internet 是世界上最大的国际互联网，是历史上发展最快的一种技术，它为人们享受数字生活提供了广阔便利的平台，也激发了更多创新与创业的可能。

1994 年 4 月，中国全功能接入互联网，中国国家域名最终确定为 CN，被我国新闻界评为 1994 年中国十大科技新闻之一，被国家统计公报列为中国 1994 年重大科技成就之一。

5. 第五代：高速与无线互联的计算机网络

21 世纪初期至今，计算机网络进入综合高速发展阶段。随着光纤技术的发展，网络的传输速率不断提高，同时，网络的应用范围也越来越广泛，涵盖了商业、教育、娱乐等各个领域。

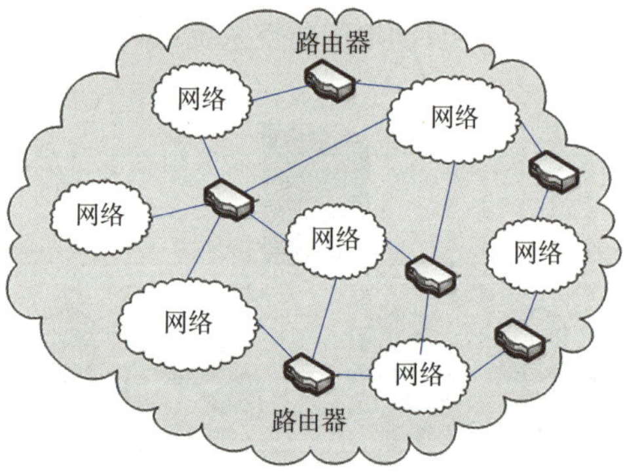

图 3-4　网络互联拓扑图

无线 Wi-Fi 的普及与 5G 移动通信的崛起，实现了真正的无线连接，大大增加了上网的便利性，让互联网无处不在。智能手机和移动互联网的发展推动了全球信息网络的扩展，改变了人们的生活方式。

此外，随着云计算、物联网、大数据与人工智能等新一代信息技术的广泛应用，计算机网络开启了新的时代。计算机网络的形态和功能不断演变和扩展，催生出丰富的数字化应用场景，如自动驾驶、智能家居、智慧城市等。

未来，计算机网络的发展将继续朝着更加智能化、高速化、综合化的方向发展。

3.1.3 计算机网络的分类

计算机网络的分类方法有多种：

1. 按网络覆盖的地理范围分类

广域网（wide area network, WAN）：覆盖范围较大的网络，通常横跨几十至上千公里。作为互联网的核心部分，广域网主要负责在远距离之间传输数据。其构建和运营通常需要跨地区、跨行业，甚至跨国的协作，成为一个多方合作的社会性行为，而不再是单一组织的行为。

城域网（metropolitan area network, MAN）：覆盖在一个城市或城市群内的网络，通常其覆盖范围在 5~50 km 之间。城域网通过专用设备将城市中的多个局域网连接起来，从而形成一个更为广泛的网络。许多城域网使用与局域网相同的以太网技术，因此它们在技术上可以被视作是一个大型的局域网。

局域网（local area network，LAN）：覆盖范围较小，一般仅限于几公里的范围内，常见于单一建筑物、学校或企业内部。局域网是为了满足短距离内的通信需求而设计的，最主要的功能是实现资源共享，允许网络中的设备高效地进行数据交换。

2. 按网络拓扑结构分类

网络拓扑结构描述了网络中各个节点之间的连接方式。在选择合适的网络拓扑时，主要需要考虑的因素包括网络的可靠性、成本和灵活性等。

总线型：在这种结构中，多个计算机以平等的方式连接到同一个共享的通信介质上，这个共享的介质被称为“总线”，如图 3-5（a）所示。总线型拓扑的优点包括成本较低、布线简便、增加或减少计算机容易以及信道的利用率较高，因此在早期的以太网中得到了广泛应用。其缺点是，当计算机之间发送数据时，它们需要“争夺”总线的使用权，容易产生冲突并导致数据传输失败。

环形：在环形结构中，计算机通过相互连接形成一个闭合的环路，如图 3-5（b）所示。环形拓扑的优点是结构简单，早期的令牌环网络就采用了这种拓扑。其缺点在于可靠性较差，如果环路中的任何计算机出现故障，整个网络都会受到影响。此外，增加或减少计算机时，会干扰整个网络的正常运行。

星形：在星形结构中，所有计算机都通过独立的线路与中心节点连接，如图 3-5（c）所示。其优点是通信时只需要一次接收和转发操作。缺点是中心节点的负担较重，且通信线路的利用率较低，因为每条通信线路只能由中心节点和相应的终端节点共同使用。一旦中心节点发生故障，整个网络将无法正常工作。

树状：树状拓扑强调计算机之间的分层连接结构，如图 3-5（d）所示。它本质上是星形拓扑的扩展，除了具有星形结构的优缺点外，树状拓扑的最大优点是易于扩展和维护，如果某一分支的节点或线路出现故障，可以轻松隔离故障部分而不影响整个网络的运行。

网状：在网状结构中，每台计算机至少与两台其他计算机相连接，如图 3-5（e）所示。网状拓扑的优点是具有较高的安全性和容错性，因为即使某些连接出现问题，数据仍然可以通过其他路径传输。缺点是结构复杂且建网成本较高。

（a）总线型　（b）环形　（c）星形　（d）树状　（e）网状

图 3-5　网络拓扑图

3. 按照工作模式分类

计算机网络根据工作模式可分为客户-服务器（client-server）结构和对等（peer-to-peer）结构。

在客户 - 服务器结构中，至少有一台计算机担任服务器的角色，负责提供共享资源和服务。其他计算机作为客户机，向服务器发出服务请求，服务器处理请求并返回相应的结果或错误信息。简单来说，服务器提供服务，而客户机则接受并使用这些服务。

对等结构则不同，网络中的每一台计算机地位相同，没有主从之分。在这种结构中，所有计算机既可以充当客户端，也可以作为服务器提供资源和服务给其他计算机。每台计算机既能请求服务，也能提供服务。

4. 按工作模式分类

计算机网络由硬件、软件和数据等资源组成，根据资源的供需关系，网络中的计算机可以分为客户机和服务器两类。客户机是指需要访问其他资源的计算机，而服务器则是提供资源的计算机。网络中不仅有纯粹的客户机和服务器，还可能存在既充当客户机又充当服务器的计算机。

计算机网络的工作模式主要有两种：对等式（P2P 模式）和主从式（客户 - 服务器模式，即 C/S 模式）模式。两种工作模式具体对比见表 3-1。

表3-1　P2P模式和C/S模式对比

网络类型	服务器	规模	成本	资源访问	管理	安全性
主从式	有	大	昂贵	容易	容易	差
对等式	无	小	便宜	难	难	好

1）P2P 模式

在 P2P 模式中，网络中的每台计算机都是平等的，没有专门的客户机或服务器。资源分布在每台计算机上，每一台计算机都可以既是服务器又是客户机。P2P 网络支持灵活的资源共享，组网简便，且不需要专门的服务器和管理人员。然而，这种模式也面临着管理难度大、安全性差的问题。典型应用如迅雷等。

2）C/S 模式

在 C/S 模式下，存在一台或多台主要计算机作为服务器，负责数据库管理和数据存取。其他计算机则作为客户机，负责分散处理应用任务，形成分布式处理系统。服务器通常具有较强的并发处理能力、较大的存储空间和较高的网络传输速率，可以根据功能分为 Web 服务器、文件服务器、邮件服务器、打印服务器、数据库服务器等类型。客户机用户通常需要在服务器上注册，并由管理员分配资源访问权限。在访问资源时，客户机需要先进行身份验证，登录成功后才能获取相应的服务。C/S 模式的典型应用包括 Web 服务、FTP 文件服务、打印服务和电子邮件服务等。

5. 按通信介质分类

计算机网络根据通信介质可以分为有线网与无线网。其中有线网是采用如同轴电缆、双绞线、光纤等物理介质来传输数据的网络。无线网则是采用卫星、微波等无线形式来传输数据的网络。

3.2　计算机网络组成与体系结构

3.2.1　计算机网络组成

计算机网络的主要任务是完成数据处理和数据通信，因此其结构可分为两个部分：一部分是负责数据处理的主机和各类终端设备，另一部分则负责数据通信的通信控制设备和通信线路。为了便于分析，按照数据处理和数据通信的功能，计算机网络可以从逻辑上划分为资源子网和通信子网两大部分，如图 3-6 所示。

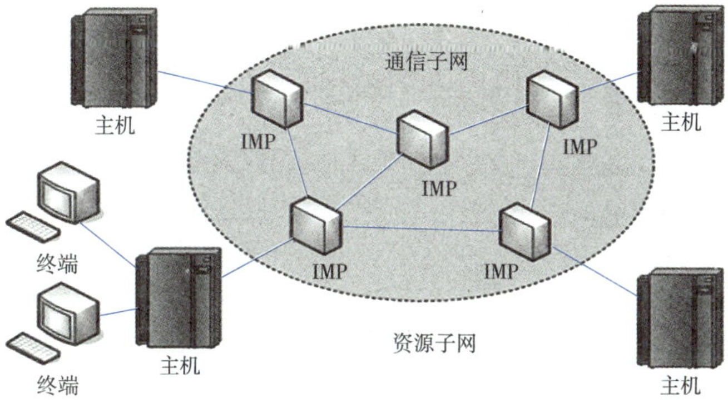

图 3-6　资源子网和通信子网示意图

1. 资源子网

资源子网主要由主机、终端、终端控制器、联网外设、各种软件资源和信息资源等构成。它负责整个网络的数据处理任务，并为网络用户提供各类资源和服务。

在这些组成部分中，主机是资源子网的核心部分，通过通信线路与通信子网的通信控制设备相连接。主机不仅为本地用户提供访问网络其他设备和资源的服务，还为远程用户共享本地资源。终端则是用户与网络交互的接口，既可以是简单的输入输出设备，也可以是配备微处理器的智能终端。

2. 通信子网

通信子网由通信控制处理机、通信线路及其他相关通信设备组成，负责处理网络中的数据传输和转发等通信任务。其中，通信控制处理机通常是网络中的交换设备，如交换机、路由器等。通信线路则为各类设备提供数据传输通道，常见的类型包括电话线、双绞线、光纤和光缆等。

在此架构中，通信控制处理机作为网络的节点，发挥着重要作用。一方面，它充当接口，将资源子网中的主机和终端连接到网络中；另一方面，它作为分组存储和转发节点，确保从源主机发出的数据能够准确地传递到目标主机。

3.2.2 计算机网络体系结构

计算机网络体系结构是计算机网络的各层及其协议的集合，即这个计算机网络及其部件所应完成的功能的精确定义。主要由网络的分层、各层的协议、功能，以及层间接口构成。

网络协议（network protocol），简称为协议，是为进行网络中的数据交换而建立的规则、标准或约定的集合。协议主要由语法、语义、同步三个要素组成。

不同类型的计算机网络有着各自独特的体系结构，每一层为上层提供特定的服务，并将其实现细节隐藏起来。通过协议分层设计这种方式，计算机网络体系结构能够与具体的物理实现相独立。无论网络中的主机和终端设备的型号和性能如何不同，只要它们遵循相同的协议，就能实现互联互通和兼容操作。

1. OSI 参考模型

在国际标准化组织发布的 OSI 参考模型（见图 3-7）中，整个数据通信和系统互连过程从下到上被分为相对独立的七个层次，每个层次承担不同的功能。其中上面五层一般由软件实现，下面两层则由硬件和软件实现。

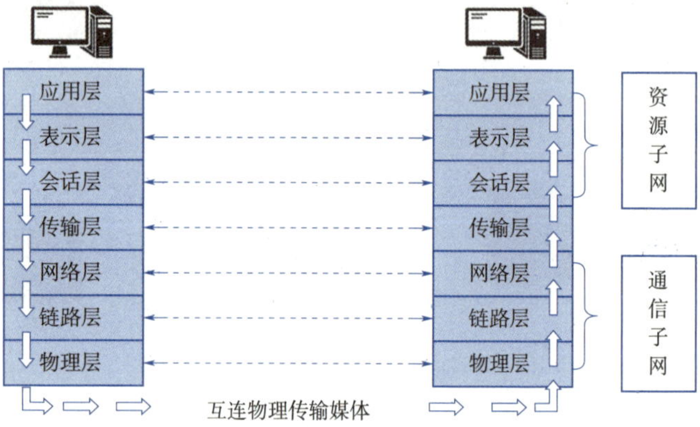

图 3-7 开放系统互连 OSI 参考模型

下面对这七个层次分别进行介绍。

1）物理层（physical, PH）

物理层是 OSI 参考模型的最底层，位于物理传输介质之上，充当通信系统与通信介质之间的接口，负责实现数据链路实体之间透明的比特流传输。为了建立、维持和断开物理连接，物理层定义了物理传输介质的机械、电气、功能，以及规程方面的特性。

2）数据链路层（data-link, D）

数据链路层从网络层接收数据，并在其基础上添加有意义的比特，形成报文的头部和尾部（这些部分用于携带地址和控制信息）。这些带有附加信息的数据单元被称为帧。数据链路层在可能不稳定的物理链路上，提供可靠的数据传输服务。

3）网络层（network, N）

在通信子网中，数据需要从源端传输到目的地，这就要求进行路由选择。此外，为了防止网络因分组数量过多而发生阻塞，需要对进入网络的分组数量进行控制。当分组必须经过多个通信子网才能到达目的地时，还需要解决网际互联的相关问题。

4）传输层（transport, T）

传输层（也称为运输层）的主要功能是为会话层提供服务，包括传输连接服务和数据传输服务。传输连接服务指的是在两个传输层用户之间建立和维护连接，并在数据传输完成后断开连接；数据传输服务则是指为这对用户之间的数据交换提供支持。传输层的服务使得上层用户无须关心物理层、数据链路层和网络层的通信细节，从而简化了用户的使用。

5）会话层（session, S）

会话层充当网络中的对话控制器，负责建立、维持和同步通信设备之间的交互过程，确保每次会话在结束时都能正常关闭，避免突然中断或导致用户挂起。会话层负责创建和验证用户之间的连接，包括口令验证和登录确认；它还控制数据的交换，决定如何按照顺序将对话单元传递到传输层，并在数据传输的过程中，确定在哪个时点需要接收端进行确认。

6）表示层（presentation, P）

表示层确保了不同通信设备之间的互操作性。该层的主要功能是使得两台具有不同内部数据表示结构的计算机能够相互通信。表示层提供了对控制码、字符集、图形字符等的解释，使得两台设备能够以一致的方式理解相同的传输内容。此外，表示层还负责数据的加密与解密，并通过数据压缩和解压等手段提升传输效率。

7）应用层（application, A）

应用层充当应用程序与网络服务之间的接口。它直接为网络用户或应用程序提供多种网络服务，是计算机网络与最终用户之间的交互层。应用层所提供的服务包括文件共享、打印服务、消息传递、目录服务、网络管理，以及数据库服务等。

2. TCP/IP 体系结构

OSI 是一种理论上的网络模型，由于太复杂，几乎没有与之完全符合的网络。事实上，TCP/IP 体系结构（见图 3-8）是互联网所使用的体系结构，目的是用于网络互联，是事实上的工业标准，它可以看作是 OSI 参考模型的简化。

（1）网络接口层主要负责接收并通过网络发送 IP 数据报，同时也能从网络接收物理帧，并提取其中的 IP 数据报，将其传递给网际层。网络接口层通常由操作系统中的设备驱动程序和计算机中的网络接口卡共同组成，负责处理与电缆或其他传输介质相关的物理接口问题。

（2）网际层的主要功能是实现主机之间的通信，从源主机的角度来看，它处理来自传输层的数据包，将其转化为数据报（即 IP 数据报），并为数据报选择传输路径，最终将数据报从源主机传送到目标主机。网际层的核心协议是互联网协议（internet protocol, IP），它定义了统一的 IP 数据报格式，消除了各个通信子网之间的差异，为数据传输提供了透明的通道。

（3）传输层是网络体系结构中的重要层次之一，负责提供应用程序间的通信服务。它主要包括传输控制协议（transmission control protocol, TCP）和用户数据报协议（user datagram protocol, UDP）两种协议，TCP 提供可靠的传输服务，而 UDP 提供不可靠的传输服务。两种协议各具特点，根据不同的应用需求进行选择。

（4）应用层负责提供各种网络服务，如域名解析、文件传输、远程登录和网络管理等。它定义了应用进程在通信时遵循的协议，功能上相当于 OSI 参考模型中的高层任务。

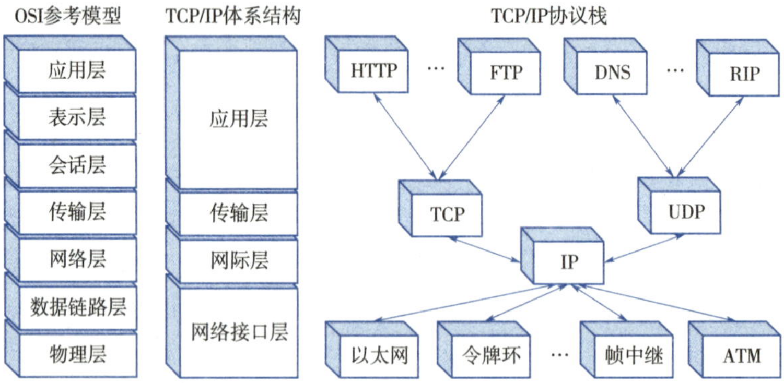

图 3-8　TCP/IP 体系结构

3.2.3　TCP/IP

互联网的核心协议是 TCP/IP，它是一组通信协议，能够有效地实现不同网络之间的互联。TCP/IP 中，最重要的三个协议是 IP、TCP 和 UDP。

1. IP

IP 是一种在网际层运行的核心协议，它是互联网通信的基础，主要具有以下功能：

（1）IP数据报格式定义：IP规定了数据在TCP/IP网络中传输的基本单位——IP数据报的结构，并定义了数据格式。这一统一的 IP 数据报是实现异构网络互联的关键。

（2）路由选择：IP 负责确定数据在网络中传输的路径，即路由选择，确保数据能够从源头到达目的地。

（3）分组传送规则：IP 包括了一系列关于分组传输的规定，指导分组的处理、差错信息的传送及丢包后的处理等。由于 IP 采用无连接的点对点传输机制，它本身不能保证数据的可靠传输。

2. TCP

TCP 是传输层的核心协议之一，具备以下几个关键特点：

（1）面向连接：TCP 是面向连接的协议，这意味着在应用程序使用 TCP 传输数据之前，必须先建立一个 TCP 连接。

（2）点对点连接：每个 TCP 连接都涉及两个端点，这些端点通常被称为套接字（socket）。每个 TCP 连接只能有一个源端和一个目标端，且这些端点是通过 IP 地址和端口号组合来唯一标识的。例如，套接字“192.168.0.1：8080”表示源 IP 地址为 192.168.0.1，端口号为 8080。

（3）可靠的数据传输：TCP 提供可靠的数据传输服务，确保数据在传输过程中不出现错误、不丢失、不重复，并且按顺序到达目的地。为此，TCP 采用了多种机制来确保数据传输的正确性和完整性。

TCP 连接有三个主要阶段：连接的建立、数据传输和连接的释放。在建立连接时，TCP 需要处理三个关键问题：确认双方的存在、协商连接参数，以及为传输分配资源。为了保证这三个问题能够有效解决，TCP 采用了“三次握手”过程。

在数据传输阶段，TCP 通过采用自动重传请求（automatic repeat request, ARQ）协议和滑动窗口协议来确保传输的可靠性。ARQ 协议用于请求重传丢失或损坏的数据包，滑动窗口协议则使得发送方能够一次性发送多个数据包，提升传输效率，同时通过窗口机制控制流量。

连接的释放过程称为“四次挥手”，在此过程中，连接的两端通过互相通知并确认对方的关闭请求，确保连接能够顺利断开。

总结而言，TCP 通过这些机制来保证数据的可靠、顺序和高效传输。

3. UDP

UDP 是传输层的另一个重要协议，它在 IP 的基础上增加了复用、分用和差错检测功能。UDP 的主要特点如下：

（1）无连接：UDP 是一个无连接协议，在发送数据之前不需要建立连接，也不需要在数据传输完成后释放连接，从而减少了系统的开销和传输时延。

（2）尽最大努力交付：UDP 不保证数据的可靠交付。由于不需要维护复杂的连接状态表，因此适用于一些对可靠性要求较低的应用场景。

（3）面向报文：UDP 是面向报文的协议。它将应用程序传递给它的报文直接封装成数据包，附加头部后传递给 IP 层，且不进行报文的拆分或合并，确保原始报文的边界完整。

（4）无拥塞控制：UDP 没有拥塞控制机制，因此在网络拥塞时可能会丢包，适合那些要求实时数据传输的应用，如语音通话、视频会议等。这些应用往往可以容忍部分丢失的数据，但必须保证低延迟。

（5）支持多种通信方式：UDP 支持多种通信模式，包括一对一、一对多、多对一和多对多的交互通信。

（6）小的首部开销：UDP 的首部只有 8 字节，相比于 TCP 的 20 字节，它的开销要小得多，减少了额外的带宽消耗。

3.2.4　路由器

路由器作为网络关键设备，主要用于连接不同的网络，促进异构网络之间的互联。路由器的核心功能包括路由选择和数据包转发。

1. 路由选择

当主机发送数据分组时，路由器的主要职责是为经过的每个数据帧找到最佳传输路径，并确保这些数据帧能够成功传送到目标主机。通常，每个路由器会有多个输入端口和输出端口，每个端口会分配一个与连接网络相关的IP地址。因此，一个路由器通常会拥有多个不同的 IP 地址，取决于它连接的网络。

视频　路由器

2. 分组转发

路由器的分组转发任务是根据路由表中的信息，在接收到数据分组后，将其发送到最佳路径上的下一个路由器、目的端口或默认路由器。当路由器接收到数据分组时，它首先提取目的 IP 地址，然后在路由表中查找该地址对应的路由条目。如果该 IP 地址指向下一个路由器的 IP

地址，路由器会修改数据分组的目的 MAC 地址为下一个路由器的 MAC 地址，之后将数据分组转发给该路由器，接着由后续的路由器继续转发，直到数据分组到达目标端口。如果路由表显示目的网络与当前路由器的某个端口相连，路由器会将数据分组直接发送到该端口。如果在路由表中找不到与目的 IP 地址匹配的条目，路由器会将数据分组转发到默认路由，接着由默认路由连接的路由器继续转发，直到最终到达目标端口。如果路由器无法找到任何有效的路由信息，它将丢弃该数据分组。

3.3 网 络 地 址

IP 地址是 IP 提供的一种地址格式，它为互联网上的每一个网络和每一台主机分配一个网络地址，以此来屏蔽物理地址的差异，是运行 TCP/IP 协议的唯一标识。

3.3.1 IPv4

IPv4 地址全长 4 字节，可用 4 个十进制数用小数点隔开来表示，如图 3-9 所示。

IPv4 地址分为五种类型：A 类地址、B 类地址、C 类地址、D 类地址和 E 类地址。其中，常用的地址是 A 类、B 类和 C 类，如图 3-10 所示。

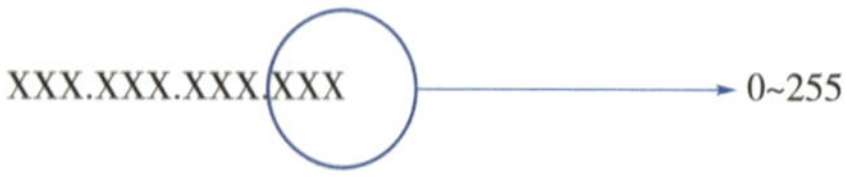

图 3-9 IPv4 地址

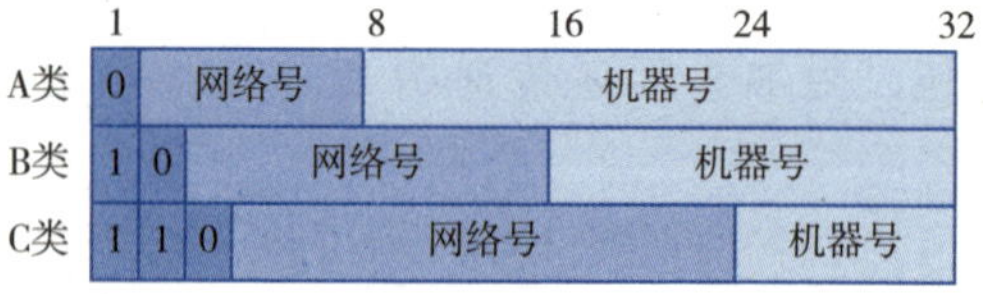

图 3-10 IPv4 地址分类

A 类地址：首位固定为 0，前 8 位为网络号，后面 24 位为主机号。其范围是 1.0.0.1 到 126.255.255.254，一个 A 类地址的网络可以有 $2^{24}-2$ 个主机。

B 类地址：前二位固定为 10，前 16 位为网络号，后面 16 位为主机号。其范围是 128.0.0.1 到 191.255.255.254，一个 B 类网络可有 $2^{16}-2$ 个主机。

C 类地址：前三位固定为 110，前 24 位为网络号，后面 8 位为主机号。其范围是 192.0.0.1 到 223.255.255.254，一个 C 类网络可有 $2^{8}-2=254$ 个主机。

D 类地址：前四位固定为 1110，用于组播。其范围是 224.0.0.1 到 239.255.255.254。

E 类地址：E 类地址的前五位固定为 11110，用于科研。其范围是 240.0.0.1 到 255.255.255.254。

特殊用途的 IPv4 地址有以下几种：

（1）网络地址：凡是主机段全部设为“0”的 IP 地址称为网络地址。

（2）广播地址：主机 ID 部分全部设为“1”的 IP 地址称为广播地址。

（3）保留地址：网络 ID 不能以十进制“127”作为开头，在 A 类地址中数字 127 保留给诊断用，如 127.1.1.1 用于回路测试。

（4）私有地址：私有地址可以自己组网时用，但不能在互联网上用，有这些地址的计算机要上网必须转换成为合法的 IP 地址（如 10.0.0.0~10.255.255.255、172.16.0.0~172.31.255.255、192.168.0.0~192.168.255.255）。

3.3.2　IPv6

由于 IPv4 地址是 32 位二进制，所能表示的 IP 地址个数仅为 2^{32}=4 294 967 296≈43 亿，明显存在地址空间不足的问题。

为解决该问题，提出了互联网协议第六版（IPv6）互联网协议标准，并在服务质量、安全性、移动性等方面进行改进。IPv6 具有长达 128 位（16 字节）的地址空间，在互联网中的 IP 地址有 $2^{128}=3.4\times10^{38}$ 个。若 IPv4 地址数量相当于一滴水，IPv6 地址数量则相当于一片海洋。

IPv6 地址写成 8 个 16 位的无符号整数，每个整数用 4 个十六进制位表示，这些数之间用冒号（:）分开，例如，3ffe:3201:1401:1280:c8ff:fe4d:c3cf:db39。

3.3.3　子网与子网掩码

组网时，经常会遇到网络号不足的情况，解决办法是几个规模较小的网络共用一个网络号。此时，网络允许划分成更小的网络，称其为子网（subnet），子网号是主机号的前几位。

例如，三个 LAN，主机数为 10、20、30，远少于 C 类地址允许的主机数。为这三个 LAN 申请 3 个 C 类 IP 地址显然有点浪费，可使用一个 C 类 IP 地址，再分割成 3 个子网络。这个网络中的 IP 地址可以采用图 3-11 所示的划分方式。

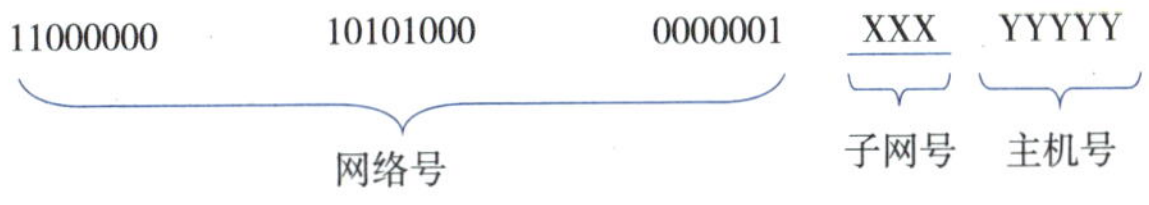

图 3-11　子网划分

为了判断计算机属于哪一个子网，可以通过子网掩码与 IP 地址进行“与”运算得到子网号进行判断。

例如，IP 地址为 192.168.1.163，子网掩码为 255.255.255.224，进行图 3-12 所示的运算。

	11000000	10101000	00000001	10100011
与	11111111	11111111	11111111	11100000
	11000000	10101000	00000001	10100000

图 3-12　IP 地址“与”子网掩码的运算

根据运算可得，网络号为 192.168.1，子网号为 5。

3.4　Internet 基础

3.4.1　Internet 的概念

Intenet 起源于美国的 ARPA 网。1983 年正式命名为 Internet，也被简称为互联网。20 世纪 80 年代以来，世界各工业化国家以及一些发展中国家也都纷纷加入 Internet 的行列，使 Internet 成为一个全球性的网络。Internet 的发展和运作不受任何一个政府的约束，它的最高管理机构是 1992 年成立的 Internet 协会。互联网中各个网络通过标准的通信协议（如 TCP/IP）进行互联。

3.4.2 域名系统

IP 地址不便于记忆，可以将每个 IP 地址映射为一个名字，即域名。与 IP 地址相比，域名更易于理解。值得注意的是，一个 IP 地址可以对应多个不同的域名。

视 频

域名系统

将域名转换为 IP 地址的过程由域名系统（domain name system, DNS）负责。DNS 是一种管理域名的机制，旨在帮助用户通过名称在互联网中唯一标识计算机，并确保主机名（域名）与 IP 地址之间一一对应的关系。

DNS 是一个分布式的命名数据库系统，其核心是一个分级且基于域的命名机制。DNS 将整个互联网视为一个域名空间，这个空间被划分成多个部分，每个部分由相应的管理机构负责。每个管理机构有权对其所管辖的域名空间进行更细致的划分，并授权其他机构进行管理。通过这种方式，域名空间的组织和管理形成了一个树状的层级结构，如图 3-13 所示。

在根域名之下是顶级域名。顶级域名包括 com、edu、gov、org、mil、net、arpa 等。顶级域名一般分为两类：组织上的域名（见表 3-2）和物理上的域名（见表 3-3）。

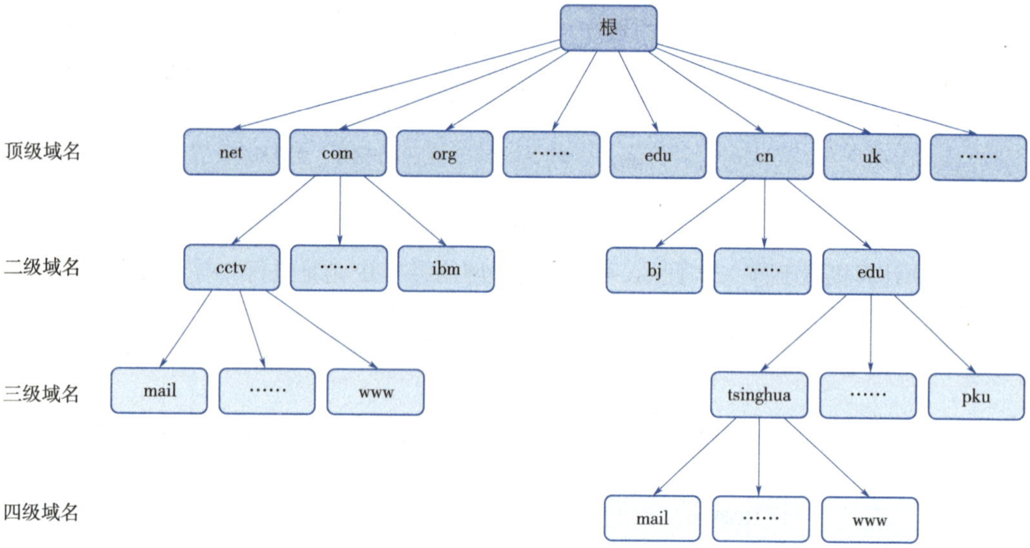

图 3-13 域名系统层级结构

表3-2 组织上的顶级域名

域 名	意 义	域 名	意 义	域 名	意 义
com	商业组织	org	其他组织	web	与 WWW 相关的单位
edu	教育机构	arpa	临时 ARPA（未用）	arts	文化和娱乐单位
gov	政府部门	int	国际组织	rec	消遣和娱乐单位
mil	军事部门	firm	商业公司	info	提供信息服务的单位
net	网络支持中心	store	商品销售企业	nom	个人

表3-3 部分物理上的顶级域名

域名	国家和地区	域名	国家和地区	域名	国家和地区
ar	阿根廷	de	德国	sg	新加坡
au	澳大利亚	jp	日本	uk	英国
br	巴西	kr	韩国	cn	中国
ca	加拿大	ru	俄罗斯	fr	法国

入网的每台主机都可以有一个类似下面的域名：主机名 . 机构名 . 顶层域名。

互联网上几乎在每一子域都设有域名服务器（domain name server, DNS），服务器中包含有该子域的全体域名和地址信息。互联网中每台主机上都有地址转换请求程序，负责域名与 IP 地址转换。

可以通过 nslookup 命令获取网站的 IP。例如，运行 CMD，进入 DOS 界面输入“nslookup www. ××× .edu.cn”命令之后，就会获取到 ××× 教育机构的 IP 地址。

3.4.3 Internet 服务

互联网提供了丰富的信息资源和多样的信息交流方式，因此能够提供各种形式和功能的服务。这些服务有早期的远程登录（Telnet）、文件传输协议（file transfer protocol, FTP）、电子邮件（e-mail），如今有流行的万维网服务、即时通信（instant messaging, IM）服务，以及互联网电视（internet protocol TV, IPTV）等。以下将介绍其中几种服务的具体内容。

1. 万维网浏览

万维网（World Wide Web, WWW），也称为 Web，是一种基于超文本技术的信息服务系统，常缩写为 3W 或 Web。万维网是互联网的一部分。WWW 服务采用客户端-服务器（C/S）架构，依托超文本标记语言（hyper text markup language, HTML）和超文本传送协议（hypertext transfer protocol, HTTP）为基础，提供统一的信息浏览界面。

Web 客户端（浏览器）负责呈现信息并向服务器发送请求。当客户发出访问请求时，服务器会根据请求返回相应的文件；客户机接收到文件后，会对其进行解释并将内容显示在屏幕上。

WWW 服务器负责组织各种信息，并利用超链接将各个信息片段连接在一起，存储在指定目录中。这些信息资源被称为网页，网页通过 Web 服务器发布，并且多个网页组成了一个网站。网站由 Web 服务器进行管理，一个网站的首页叫作主页，用户访问主页后可以继续浏览其他网页。网页内容通常包括文本、图片、音频、动画等，且大多数网页采用 HTML 语言编写，文件扩展名为 .html 或 .htm。网页是一种超文本文档，支持超链接，网页之间通过超链接互相连接，形成一个信息网络。

要让浏览器能够访问网页，网页的名称必须包含三个主要部分：存储地址、文件路径及访问方式，这种名称被称为统一资源定位符（uniform resourse locator, URL）。URL 的格式通常是：

```
<协议类型>://<主机地址>[:端口号] [<路径及文件名>]
```

在浏览器地址栏中输入完整的 URL，就可以访问相应的网页。其中 <协议类型> 一般是 TCP/IP 协议集的一部分，例如，简单邮件传输协议（simple mail transfer protocol, SMTP）、远程登录协议（Telent）、文件传输协议（FTP）、超文本传输协议。

2. 电子邮件系统

电子邮件系统采用客户端-服务器模式，如图3-14所示。其中，电子邮件服务器是核心部分，负责处理用户收发的电子邮件，每个合法用户在邮件服务器上都有一个专属的邮箱，用于存储其电子邮件。每个邮箱都对应一个唯一的电子邮件地址，其格式为：用户名 @ 电子邮件服务器域名，例如，×××@sau.edu.cn。

用户通过安装在客户端的电子邮件应用程序来发送和接收邮件，并管理自己的邮箱。目前常用的电子邮件应用程序包括 Outlook、网易邮箱、Foxmail 等，这些程序使用简单邮件传送协议（SMTP）、邮局协议 3 版（POP3），以及因特网信息访问协议（Internet message access protocol, IMAP）来处理邮件的发送与接收。此外，用户还可以通过 Web 浏览器收发电子邮件。

3. 即时通信

即时通信是一种支持实时信息交换和用户状态更新的服务。除基本的实时通信和状态跟踪外，现代即时通信系统通常还具备音视频通话、应用共享、文件传输与共享、游戏邀请和远程协助等附加功能。全球范围内，常见的即时通信软件包括 QQ、微信、钉钉、飞书、MSN 和 Skype 等。

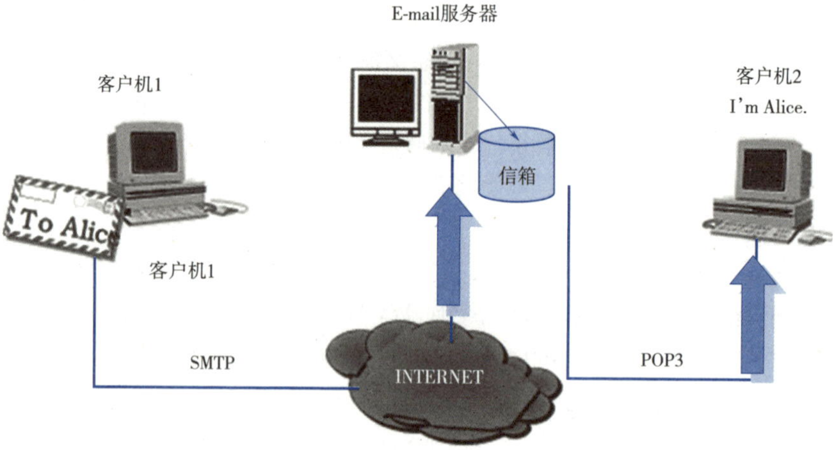

图 3-14　电子邮件系统

一个典型的即时通信系统由用户客户端和不同类型的服务器组成，如认证服务器、路由服务器、网关服务器和文件服务器等。用户客户端安装在各种设备上，如智能手机、平板电脑和个人计算机等。在这些服务器中，认证服务器负责验证用户身份，路由服务器用于消息转发，网关服务器作为边缘服务器保持长连接以维持与客户端的通信，文件服务器则用于存储和共享用户文件，提供文档共享功能。

4. 互联网电视

互联网电视（over the top TV, OTT TV）是一种通过宽带网络，以家用电视或计算机为终端设备，结合互联网、多媒体和通信等技术，为家庭用户提供数字电视等多种交互式数字媒体服务的技术。用户可以通过两种方式在家中享受 OTT TV 服务：一种是使用计算机、平板或手机等设备，另一种是通过网络机顶盒和普通电视机的组合。OTT TV 的核心特点在于其高度的交互性和实时性，采用 TCP/IP 协议使得电视服务能够与互联网浏览、电子邮件、在线娱乐、教育、商务等功能无缝整合，提供更加丰富的用户体验。

3.5　云　计　算

3.5.1　云计算的概念

视　频

云计算

云计算（cloud computing）这个概念由 Google 首席执行官埃里克·施密特（Eric Schmidt）在 2006 年 8 月召开的搜索引擎大会上首次提出，其定义有多种表述方式，当前最为广泛接受的是美国国家标准与技术研究院（National Institute of Standards and Technology, NIST）提出的定义：云计算是一种基于按需付费的服务模式，能够随时随地提供便捷的、可通过网络访问的、可配置的计算资源共享池。该池中的资源包括网络、服务器、存储、应用软件和服务，所有资源都可以迅速进行调配，从而大幅度减少管理和维护工作，并降低与服务提供商的交互复杂度。

“云”这一比喻最初代表的是电信网络，后期逐渐扩展为互联网及其底层基础设施的抽象表示。

云计算的初衷是实现资源的灵活管理。它依托于互联网提供的服务和交付模式，通常涉及通过互联网向用户提供动态、可扩展且多为虚拟化的计算资源。

云计算能够提供每秒 10 万亿次的计算能力，这样强大的计算能力可以应用于模拟核爆炸、预测气候变化和市场趋势等场景。用户可以通过台式机、笔记本计算机、手机等设备连接到数据中心，根据个人需求进行计算处理。

近几年，“云计算”的关注度持续较高。同时，除了云计算本身，相关的服务、商业应用和公司也成为了热议的焦点。2024 年 11 月，工业和信息化部等十二部门印发《5G 规模化应用“扬帆”行动升级方案》的通知，其中提出推进 5G 与边缘计算、云计算、大数据等技术深度融合。

3.5.2　云计算的服务模式

在深入了解云计算的关键技术之前，先对其服务模式有所了解是非常重要的，这有助于选择合适的云计算服务。只有掌握每种服务模式的内容和含义，才能做出最优的选择或合理的组合。云计算主要有三种服务模式，分别是基础设施即服务（infrastructure as a service，IaaS）、平台即服务（platform as a service, PaaS）和软件即服务（software as a service, SaaS）。

IaaS 通过将计算、存储和网络资源整合成一个虚拟资源池，为用户提供虚拟服务器等服务。这种云计算模式将硬件开发环境作为计量服务提供，用户可以根据需求租用计算和存储能力，享受时间和空间的灵活性，即随时按需使用所需资源，无论是时间上的灵活性（随时使用）还是空间上的灵活性（按需多少）。

NIST 对 IaaS 的定义是：消费者可以获取处理能力、存储、网络和其他基础计算资源，以便部署并运行操作系统和应用程序等软件。消费者无须管理或控制云基础设施，但可以控制操作系统，以及存储和所部署的应用程序，甚至对网络组件（如防火墙）的选择拥有一定的控制权。

可以看出，在 IaaS 模式中，消费者对资源有一定控制权，可以将更多精力集中在构建和管理应用程序上，而基础硬件和数据管理由云服务提供商进行抽象，用户通过代码或管理控制台来访问和自动化部署这些服务。IaaS 通常提供自助服务平台，用户可以通过云端公司的网站签订租赁协议并获取账户，登录后即可管理自己的计算资源，包括开关机、安装操作系统和应用程序等。典型的 IaaS 实例有亚马逊网络服务（amazon web service, AWS）、微软 Azure 及谷歌计算机引擎。

相比之下，PaaS 模式下，用户的灵活性有所降低，只能在云提供商提供的有限平台上开发软件。但用户能够最大化地利用所租用的资源，而不需要具备深厚的 IT 技术。典型的 PaaS 实例包括 Google App Engine、Windows Azure、IBM Bluemix、Heroku、阿里云 PaaS 和腾讯云 Serverless Framework 等。

SaaS（软件即服务）与 PaaS（平台即服务）之间的区别在于，SaaS 应用软件的安装和运维完全由云服务提供商负责，用户只需支付费用来使用这些软件。SaaS 通过将应用软件集中部署在云端服务器上，用户可以根据需求，通过互联网订购所需的应用服务，并根据订购数量和使用时长支付费用。SaaS 的典型应用涵盖了多种类型，包括网络会议、在线杀毒等工具类服务，在线项目管理、人力资源系统等管理类服务，以及网络游戏、在线视频等娱乐类服务。

SaaS 所提供的应用软件具有以下特点：

（1）复杂性：这些软件通常体积庞大，安装、使用和运维相对复杂，单独购买时费用较高，如 ERP、CRM、BI 等系统。

（2）模块化：软件功能以模块的形式进行划分，用户可以根据实际需求选择和组合相应的模块。

（3）多租户架构：多个企业用户可以同时使用同一款软件，彼此之间的操作互不干扰。

（4）全球化支持：SaaS 应用通常支持多币种、多语言及不同的时区，适应全球化的需求。

SaaS 产品具有广泛的适用性，尤其是在与其他云服务（如 IaaS 和 PaaS）协同使用时，这种适应能力尤为明显。SaaS 被视为软件行业未来发展的重要方向，典型的 SaaS 产品有谷歌 Workspace、Microsoft 365、Netflix、Canva 和 Mailchimp 等。

3.5.3 云计算的应用

现阶段，云服务已经不仅是一种分布式计算，而是分布式计算、效用计算、负载均衡、并行计算、网络存储、热备份冗杂和虚拟化等计算机技术混合演进并跃升的结果。

云计算技术在电子政务、医疗、卫生、教育、企业等领域的应用日益深化，显著提高了政府服务水平，推动了产业的转型升级，并有助于培育新兴产业的发展。为了在云计算时代保持竞争优势，全球领先的 IT 企业不断推出各自的云计算解决方案。这些方案在应用场景、优缺点，以及技术实现上各具特色，且存在差异。解决方案的多样化与持续更新展现了云计算的快速发展，也为不断增加的用户提供了丰富的选择。无论是个人用户还是企业用户，了解不同云计算解决方案的异同点及其优劣势，有助于做出最合适的选择。表 3-4 展示了三家云计算公司解决方案的异同。

表3-4　典型云计算解决方案对比

对比内容	公司		
	亚马逊云	阿里云	微软云
服务类型	PaaS、SaaS	IaaS、PaaS、SaaS	IaaS、PaaS、SaaS
服务关联度	低	低	低

续上表

对 比 内 容	公 司		
	亚 马 逊 云	阿 里 云	微 软 云
运行环境	云端亚马逊平台	云端或本地	云端或本地
编程语言	多种	多种	多种
功能大小	最多	较多	较多
可扩展性	强	较强	一般
收费模式	按使用量收费	按使用量收费	按使用量收费
使用限制	最少	较多	较少
虚拟化技术	Xen	Xen、KVM	Hyper-V

1. 亚马逊云

亚马逊是最早提供云计算服务的公司之一，早在“云计算”概念提出之前，就已开始提供弹性计算和存储服务。因此，亚马逊的云计算解决方案技术十分成熟且全面，个人用户和企业用户可以通过 EC2 和 S3 服务，构建像 SmugMug、Animoto 等典型的应用。目前，亚马逊云服务产品主要包括：弹性计算云（EC2）、简单存储服务（S3）、简单数据库服务（Simple DB）、简单队列服务（SQS）、弹性 MapReduce 服务，以及电子商务服务 DevPay 和 FPS 等。

2. 阿里云

阿里云成立于 2009 年，已发展为全球领先的云计算和人工智能科技公司，致力于通过在线公共服务提供安全可靠的计算和数据处理能力，从而让计算与人工智能成为普惠科技。阿里云服务的客户涵盖制造业、金融业、政务、交通、医疗、电信、能源等多个行业的领军企业，例如，中国联通、12306、中石化、中石油、飞利浦和华大基因等大型企业，以及微博、知乎等互联网公司。在 12306 春运购票等极具挑战的应用场景中，阿里云始终保持卓越的运行表现。

阿里云在全球多个地区建立了高效节能的绿色数据中心，采用清洁计算技术为万物互联提供持续的能源支持。其覆盖的服务区域包括中国、新加坡、美国、欧洲国家、中东国家、澳大利亚和日本等地。

飞天系统（Apsara）是阿里云自主研发并面向全球提供的超大规模通用计算操作系统，拥有统一的全球账户体系，并通过灵活的认证授权机制，确保云上资源在租户内部或不同租户之间的安全共享。其核心服务包括弹性计算、存储、数据库和网络等。

3. 微软云

微软于2008年发布了云计算战略，并推出了Windows Azure Platform作为其云计算服务平台。经过多次更新，Azure 现已发展成一个覆盖全球、拥有 60 多个区域中心的大型系统。每个区域中心管理多个数据中心，每个数据中心都配备数万台服务器和庞大的存储资源。

微软的云服务主要面向软件开发人员，其核心是 Windows Azure 云操作系统，提供多种计算和存储服务。微软云还包含 Azure Marketplace，用户可以在其中在线购买基于云的数据和应用程序。与亚马逊云相比，Azure 还特别考虑了本地环境在云计算中的应用，允许程序在本地离线环境中运行，从而提升了使用的便捷性。

在 PaaS 服务方面，Azure 覆盖了构建应用程序的各个方面。其数据存储功能提供了结构化数据存储服务（如 SQL Server 和 MySQL），以及非结构化数据存储服务（如 Table 和 DocumentDB）。在数据分析方面，Azure 将原生的 Hadoop 套件移植到了云端，客户可以使用 HBase、Storm、Spark 和 HiveQL 等工具进行数据查询与分析。在智能数据分析方面，微软提供了机器学习功能，帮助客户利用现有数据预测未来趋势。

在应用程序架构方面，Azure 提供了 Mobile Service、WebApp 和 Cloud Service 等工具，支持快速部署和弹性扩展。而在体系架构层面，Azure 集成了 BizTalk（用于企业信息集成）和 Service Bus（用于架构解耦）等组件。在访问控制方面，Azure 还引入了微软活动目录的部分功能，提供身份验证支持。

3.6 区 块 链

3.6.1 区块链概述

视 频

区块链

1. 区块链的概念

区块链（blockchain）起源于比特币（bitcoin），是一种块链式存储、不可篡改、安全可信的去中心化分布式账本，它结合了分布式存储、点对点传输、共识机制、密码学等技术，通过不断增长的数据块链记录交易和信息，确保数据的安全和透明性。

关于区块链的最早描述，出现在中本聪（Satoshi Nakamoto）2008 年撰写的论文《比特币：一种点对点的电子现金系统》中。从诞生初期的比特币网络开始，区块链作为比特币的底层技术，在比特币系统运行一段时间后，金融行业逐渐意识到，比特币的核心技术其实就是一种精巧设计的去中心化分布式公共账本技术，这一技术的潜在影响，预计将超过当前使用的复式记账法，因此区块链逐步从比特币中独立出来，成为一个重要的研究领域。逐渐演化为一项全球性技术，吸引了全球的关注和投资。随后，以太坊（Ethereum）等新一代区块链平台的出现进一步扩展了应用领域。

目前，区块链尚无统一的定义。从狭义上讲，区块链是一种开放式的分布式账本或数据库，通常表现为一个持续增长的列表。这个列表由一系列区块按时间顺序通过加密方式连接，每个区块记录了一系列交易，并且包含了前一个区块的哈希值、时间戳和交易数据等信息。从广义上讲，区块链技术是一种全新的去中心化基础架构和分布式计算模式，它通过加密的链式区块结构来验证和存储数据，利用分布式节点共识算法来生成和更新数据，并通过智能合约来编程和操作数据。

区块链包括三个基本要素，即交易（transaction，一次操作，导致账本状态的一次改变）、区块（block，记录一段时间内发生的交易和状态结果，是对当前账本状态的一次共识）和链（chain，由一个个区块按照发生顺序串联而成，是整个状态变化的日志记录）。

2. 区块链的特点

区块链中核心数据存储结构是区块，每个区块由两部分构成：区块头和区块体。区块头存储着区块之间的关联信息，而区块体则包含交易数据信息。在区块头中，包含了上一个区块的哈希值，借助这一信息，可以追溯到整个区块链的起始区块。

可以把区块链看作是一个全球范围内共享的公共账本，所有参与的节点都可以访问到账本中的所有记录，从而实现信息的追溯。由于该账本由所有参与节点共同维护，任何单个节点都无法随意篡改或伪造记录。如果有一个可信的中央服务器，可以按照需求编写代码，将状态记录在服务器的硬盘上。但在建立像比特币这样去中心化的货币系统时，需要考虑将状态转移机制与一致性机制结合，以确保所有人都能达成一致，确认交易的顺序。区块链具有以下七个主要特点：

1）分布式对等网络结构

区块链通过点对点网络技术将参与者节点连接成一个分布式的网络，每个节点在该系统中都是平等的。交易信息通过网络传递到各个节点，由节点验证交易的有效性。初始节点将验证通过的交易打包成区块，并将该区块同步到网络中的每个节点。每个节点都拥有一份完整且能够同步更新的交易账本副本。与传统的集中式账本管理方式不同，区块链实现了去中心化的控制，去除了中心服务器或第三方机构的管理。

2）去中心化信任机制

传统上，信任需要依赖于中央权威机构来维系，而区块链则通过技术手段构建信任。在区块链系统中，没有第三方介入，且无须依赖中心化机构的信用背书。所有节点在既定规则的基础上通过技术保障达成共识，从而实现去中心化的信任关系，使信任成为系统的内在属性。

3）数据透明与公开

区块链作为唯一的交易记录方式，其账本数据存储在网络中每个节点上。当新节点加入网络时，会同步到最新的区块链数据。同步后的区块链数据与其他节点存储的数据完全一致，任何人都可以随时查询区块链上的交易记录，确保数据的透明性和公开性。

4）数据不可篡改性

区块链采用加密算法确保交易数据不可篡改。链式结构使得篡改任何单一节点的数据都极其困难，同时可以迅速被发现。区块链的共识机制进一步确保了数据不容易被伪造。每个存储交易数据的区块都带有时间戳，区块按时间顺序排列，便于追溯交易历史。

5）价值转移功能

区块链使得价值的转移成为可能，彻底改变了传统的金融体系。传统金融需要通过中心化的机构来管理账户资金，并且交易涉及中介机构的划拨，而区块链通过去中心化的规则和技术保障，允许资金直接从一个账户转移到另一个账户，减少了中介环节和时间成本，实现了价值的快速转移。

6）匿名性保障

区块链中的交易遵循固定的算法，数据交换不依赖于信任机制。由于交易的有效性由程序规则自动判断，交易双方无须互相了解身份信息。因此，区块链能够提供较强的匿名性，保护用户隐私。

7）智能合约功能

智能合约的引入让区块链不仅仅能够进行简单的价值转移，它能够设定并执行复杂的规则。智能合约的自动执行特性大大扩展了区块链的应用场景，使得区块链技术能够支持更多元化的自动化操作。

3. 区块链的发展阶段

虚拟货币是区块链技术应用的初步阶段。随着时间的推移，越来越多的人认识到区块链技术不仅仅是一个简单的记录工具，它在资产管理、信托协议、契约执行等方面具有巨大的潜力。引入智能合约技术的 Ethereum 标志着区块链技术发展进入了第二个阶段。目前，区块链行业的领军人物正积极将其应用范围拓展到金融领域之外，致力于为各个行业提供去中心化的解决方案，标志着区块链技术进入了它的第三个发展阶段。

1）区块链 1.0

虚拟货币是区块链的初始应用。2008 年，中本聪借助密码学、博弈论及分布式数据库的概念，成功解决了双重支付问题，区块链技术成为虚拟货币的核心。区块链通过去中心化的设计，解决了在没有第三方的情况下，如何保证交易的信任性。然而，在中国，比特币、以太币等虚拟货币仅被视为虚拟商品，并不具备与法定货币相同的法律地位，无法在市场上流通，也不允许提供与虚拟货币相关的定价信息服务。

2）区块链 2.0

区块链 2.0 是区块链技术首次与现实世界产业结合的尝试，主要应用于经济、市场和金融领域。为了突破传统虚拟货币的编程限制，2013 年出现了更具灵活性的区块链平台——以太坊。以太坊的一个重要创新就是智能合约，它是一组能够自动执行交易和操作的可编程规则或指令，避免了第三方担保和授信。智能合约使得区块链技术能够在更广泛的数字化信息领域内应用，推动了区块链技术在虚拟货币领域的突破。此外，IBM 的 Hyperledger Fabric 平台也是著名的区块链开发平台之一，能够使用 Java、Go、Node.js 等主流编程语言编写智能合约，极大降低了区块链的开发门槛。

3）区块链 3.0

区块链 1.0 和 2.0 是已知的阶段，而区块链 3.0 则是人们正在经历并即将迎来的发展阶段。关于区块链 3.0 的定义尚无统一标准。有观点认为，区块链 3.0 是一个结合人工智能的去中心化操作系统；也有人认为，区块链 3.0 代表了超越金融领域、更加广泛应用智能合约的方向。甚至有声音认为，新的共识算法本身就标志着区块链 3.0 的到来。由于互联网技术的快速发展，区块链 3.0 的未来充满变数，难以预见或定义。然而，随着技术的不断进步和各方力量的加入，区块链技术将逐步渗透到人们的日常生活中，超越了最初的虚拟货币应用。其独特的去中心化思想不仅代表着技术创新，更推动了全新商业模式的探索，预示着区块链技术的未来充满潜力。

3.6.2 区块链架构

区块链体系结构的“五层模型”如图 3-15 所示，包括数据层、网络层、共识层、合约层和应用层。每一层都承担着特定的功能，并协同工作，共同支持区块链的整体运行和发展。

1. 数据层

数据层负责区块链底层的数据存储和加密技术，每个节点存储的区块链副本可以看作由三个层级的数据结构构成：交易、区块和链。每个层级都有不同的加密机制来确保数据的完整性与真实性。

交易是区块链的基本单位，它通常由一组用户发起，实现从发送者到接收者的价值转移。为了保证交易数据的完整性，数据层使用哈希函数和非对称加密。哈希函数将任意长度的数据映射为固定长度的哈希值，且计算具有不可逆性，即无法从哈希值反推出原始数据，同时不同数据生成相同哈希值的概率极低。非对称加密使用一对公钥和私钥来进行加密和解密，确保交

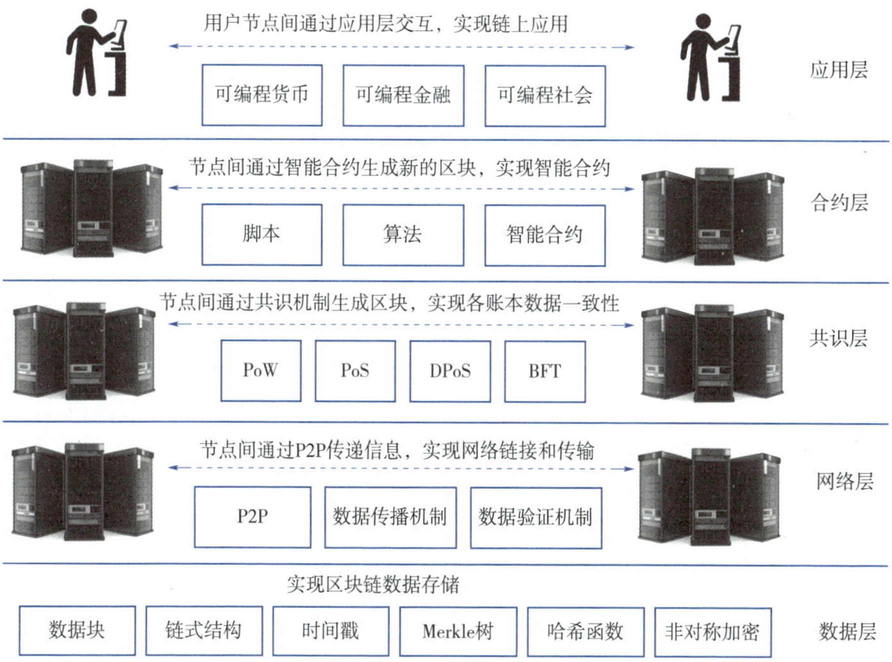

图 3-15 区块链休系结构“五层模型”

易的安全性。每个节点都拥有一对密钥，其中私钥关联到数字签名，用来证明交易发送者的身份，而公钥则用于验证数字签名的有效性。此外，节点还使用公钥生成唯一地址来标识自己。

区块是多个交易的集合。为了确保区块内交易数据的完整性，区块链通过按照时间顺序排序交易，且采用 Merkle 树来存储交易信息。Merkle 树以二叉树的形式组织数据，每个叶节点是一个交易的哈希值，非叶节点则是其子节点哈希值的组合。最终，Merkle 树的根哈希值存储在区块头中。由于只存储 Merkle 树根哈希，区块头保持轻量，便于快速验证和同步。

区块之间通过哈希值相连接，形成链式结构，使得区块链能够追溯到所有历史交易。如果试图篡改某个区块的数据，必须同时修改该区块及后续所有区块的数据，并且还需要让全网的节点接受篡改后的链，这几乎是不可能实现的。

2. 网络层

网络层的核心目标是在区块链节点之间构建一个随机化的拓扑结构，以实现区块链信息的高效传播和本地同步。当前，大多数区块链网络使用 P2P 协议进行信息传递，并对拓扑结构和通信策略做出适当的调整。常见的 P2P 拓扑结构包括中心化、全分布式和半分布式结构。不同区块链采用不同的方法进行节点发现和拓扑结构的维护。例如，比特币网络通过一个“种子节点”列表来实现新节点的发现。种子节点通常是长时间稳定运行的节点，新节点可以通过与这些种子节点连接，快速找到网络中的其他节点，种子节点可以由客户端或社区成员维护。以太坊网络则利用 Kademlia 协议，基于哈希表通过 UDP 协议来发现对等节点。

在区块链中，数据传输通常通过HTTP协议中的RPC（remote procedure call，远程过程调用）进行，并且消息通常采用 JSON 格式进行序列化。数据传播机制确保交易和区块能够在整个网络中广泛传播，并被大多数节点接收。数据验证机制确保在数据到达节点后，节点会独立进行验证，防止非法交易和区块数据被写入区块链，并及时检测和排除异常交易和区块，以避免这些数据的进一步传播，从而节省网络带宽。

3. 共识层

共识层主要指的是区块链网络中所采用的共识机制，如权益证明（proof of stake, PoS）、委托权益证明（delegated proof of stake, DPoS）、工作量证明（proof-of-work, PoW）和拜占庭容错（byzantine fault tolerance, BFT）等，详见表 3-5。共识机制是区块链技术的核心所在，这些共识机制使得分布广泛、互不信任的节点能够在去中心化的网络中就区块中的交易数据有效性达成一致意见。

表3-5　常用的共识机制

共识机制	技 术 介 绍
PoS	PoS 的主要思想是节点记账权的获得难度与节点持有的权益成反比，相对于 PoW，它一定程度上减少了数学运算带来的资源消耗，性能也得到相应的提升，但依然基于哈希运算竞争获取记账权的方式，可监管性弱，允许全网 50% 节点出错
DPoS	DPoS 与 PoS 的主要区别在于节点选举若干代理人，由代理人验证和记账，其在监管、性能、资源消耗和容错性方面与 PoS 相似
PoW	PoW 依赖机器进行数学运算获取记账权，相比其他共识机制，资源消耗高且可监管性弱，同时每次达成共识需要全网共同参与运算，性能效率比较低，容错性方面，允许全网 50% 节点出错
BFT	BFT 采用许可投票、少数服从多数来选举领导者进行记账，允许拜占庭容错，允许强监管节点参与。具备权限分级能力，性能更高，耗能更低，每轮记账都会由全网节点共同选举领导者，允许 33% 的节点出错

4. 合约层

合约层是区块链技术中的可编程部分，个人可以通过各种脚本、算法和智能合约，对区块链技术进行个性化的改造。智能合约的概念最早由尼克·萨博（Nick Szabo）于 1994 年提出，它通过计算机语言记录合同条款，并在满足预定条件时自动执行相应的操作。是以太坊首先将智能合约与区块链结合，创造了一个全新的去中心化平台。区块链结构确保了智能合约内容的可追溯性和不可篡改性，从而更加简洁地展示了区块链的独特特性。

5. 应用层

应用层指的是基于区块链底层技术所实现的各种应用场景和实例，类似于计算机操作系统上的应用程序、Web 浏览器中的网站，以及智能手机上的应用 App。未来，借助这些应用，区块链有望推动实现一个可编程的社会。

3.6.3　区块链的分类

区块链的四大核心要素如下：

（1）通过去中心化的分布式算法构建了对等网络。

（2）利用非对称加密算法确保数据的加密与隐私保护。

（3）采用分布式一致性算法解决了分布式环境下的拜占庭将军问题。

（4）精心设计的奖励机制基于博弈论，达到了纳什均衡，从而确保系统的安全性与稳定性。

如果区块链具备了上述四个要素，它就属于公共区块链技术，通常称为“公有链”；如果仅具备前三个要素，那么它被称为私有区块链技术，即“私有链”；而“联盟链”则介于两者之间，实际上是面向一个特定联盟成员的“私有链”。

从本质上看，相比于完全开放、去中心化，并且通过加密算法确保安全性的公有链，私有链则通过对访问权限的严格控制，将修改或读取权限仅限于少数用户，同时保留区块链的真实性和一定程度的去中心化特性。

1）公有链

公有链是一个开放的区块链系统，任何人都可以访问其中的数据并进行交易。交易一旦被提交，将经过网络的共识过程验证，确保其有效性。这种共识机制通常采用如工作量证明（PoW）或权益证明（PoS）等方式，通过经济激励和加密验证保障安全。公有链的核心特征是其去中心化，任何用户都能参与其中，贡献自己的算力或持有的资产，并根据其贡献获得相应的经济奖励。因此，公有链被广泛认为是“完全去中心化”的。

2）私有链

私有链是由单一组织控制的区块链，只有该组织有权写入数据，其他人则无法进行数据写入。私有链的读取权限可以是完全公开的，也可以部分开放，具体情况取决于应用需求。私有链通常用于数据库管理、审计及公司内部运营等场景。在一些情况下，用户可能希望私有链具有公共审计性，但公开访问并不是必需的。像 R3CEV Corda 平台和超级账本项目（Hyperledger）这样的私有链项目，主要应用于对交易效率、隐私保护和监管有较高要求的场景。

3）联盟链

联盟链是由多个预选节点共同控制共识过程的区块链。一个典型的联盟链可以由若干家机构共同组成，每个机构运行一个节点，区块的有效性需要获得多数节点的确认。例如，在一个 15 个金融机构组成的联盟链中，至少 10 个机构（2/3 的节点）需要确认交易才算有效。联盟链的读取权限也可以根据需要选择开放或仅限参与者访问，某些情况下，区块的根哈希值和 API 可以公开供外部查询，提供有限的区块链状态信息。联盟链通常被视为“部分去中心化”。R3CEV 公司通过其 R3 联盟链项目，致力于基于区块链技术建立全球实时结算和清算系统，全球 42 家金融机构已加入其中。

3.6.4 区块链的应用

近年来，中国区块链行业受到各级政府的高度重视和国家产业政策的重点支持。国家陆续出台了多项政策，鼓励区块链行业发展与创新，《七部门联合印发关于推动未来产业创新发展的实施意见》《工业和信息化部等七部门关于推动未来产业创新发展的实施意见》《关于加快建立产品碳足迹管理体系的意见》等产业政策为区块链行业的发展提供了明确、广阔的市场前景，为企业提供了良好的生产经营环境。目前，区块链技术在金融服务中的应用相对广泛，下面是其主要应用场景：

（1）银行业务：区块链通过去中心化和分布式特性，降低成本并提高效率，尤其是在跨境支付、审计等方面。例如，中国银行利用区块链实现跨境支付，中国建设银行开发区块链资产转让平台。其透明性和可追溯性可以降低监管成本，增强风险防控。

（2）资产管理：区块链通过时间戳和不可篡改特性，优化资产授权和控制，特别是无形资产和数字人民币的发行。智能合约使得货币流通可控，推动精准施策。

（3）贸易融资：区块链解决了信息不对称和高成本问题，通过智能合约提高交易透明度和效率。中国农业银行和中国建设银行分别在电商融资和跨境金融领域应用区块链。

（4）反洗钱业务：区块链的可追溯性帮助银行更有效监控交易，提升反洗钱工作能力。例如，蚂蚁集团利用区块链技术增强金融犯罪合规性。

（5）智能制造：在供应链管理中，区块链提高了信息透明度，解决了假冒伪劣产品问题，形成完整的供应链闭环。南京六合区的农产品追溯平台就是区块链应用的一个例子。

（6）政企服务：区块链改善了审计和监管流程，确保财务数据的完整性和不可篡改性。安永会计师事务所推出基于区块链的公共财务管理系统，增强了政府资金使用的透明度。

区块链技术在以上领域的应用展示了其在提高效率、降低成本、增强透明度和防范风险方面的潜力，推动了各行业的数字化转型。

3.7 物 联 网

3.7.1 物联网的概念

物联网（internet of things, IoT）起源于传媒领域，其概念由凯文·阿什顿（Kevin Ashton，物联网之父）于1998年春，在宝洁公司内部讲座中首次使用，并于1999年在美国召开的移动计算和网络国际会议上，结合物品编码、RFID和互联网技术的解决方案正式提出。他认为计算机未来能够自动生成和收集数据，无须人工干预，这一理念推动了物联网的发展。物联网是基于互联网构建的一个扩展系统，涵盖了从物品到物品之间信息交换的通信平台。物联网的核心在于互联网技术的延伸与拓展，同时使得各种物品能够进行信息传输和互动。

物联网通过智能感知、识别技术等手段，广泛应用于各类网络融合领域，推动了继计算机、互联网之后的信息产业的第三次浪潮。与其说物联网是一个网络，不如说它是围绕用户需求的业务和应用创新的集合，因此物联网发展的核心在于应用创新，尤其是以用户体验为核心的创新。

物联网不仅是互联网的延伸，还包括了互联网上所有资源的整合。与传统互联网不同，物联网中的所有设备、资源和通信元素都具有个性化和私有化的特点。物联网的主要特征表现在信息感知、信息传输和智能应用等方面。

首先，物联网广泛部署了各种感知技术，通过大量不同类型的传感器实时收集环境信息。这些传感器作为信息源，能够以定时和周期的方式采集数据，并持续更新。

其次，物联网的核心基础仍然是互联网，它依赖有线和无线网络与互联网融合，将传感器采集到的信息实时传输至其他设备。由于信息量庞大，传输过程中必须应对各种异构网络和协议，确保数据的准确性与实时性。

最后，物联网不仅提供了传感器连接，还具备智能处理能力。通过将传感器与智能处理相结合，利用云计算、模式识别等技术，从海量数据中提取有意义的信息，进而满足不同用户的需求，推动新的应用场景和模式的发展。

物联网是新一代信息技术的重要组成部分，标志着“信息化”时代的发展新阶段。如今，人们的日常生活受益于物联网技术的广泛应用。例如，在公共交通领域，智能电子站牌能实时显示公交车的到站情况，公交公司通过调度系统可以精确地掌握每辆公交车的位置、速度及线路，而人们只需通过手机即可方便地查看公交车的实时信息，这些都得益于物联网技术的支持。

3.7.2　物联网的关键技术

物联网是一个通过连接物与物的网络，借助二维码、射频识别（radio frequency identification, RFID）标签、传感器等技术，赋予物体独特身份标识并采集相关信息的系统。通过结合多种网络连接技术，物联网实现了人和物、物与物之间的信息流通。因此，物联网的核心技术涵盖了识别与感知、网络与通信、数据挖掘与融合等多个方面。

1. 识别与感知技术

二维码是一种在物联网中非常重要的自动识别技术，它是在一维条形码的基础上发展而来的。常见的二维码形式是矩阵二维码，这种二维码通过在矩阵中的黑白像素排列组合来进行编码。在矩阵的每个位置上，通过出现不同形状的点（如方点、圆点等）来代表二进制的“1”，而点的缺失则表示二进制的“0”。这些点的排列方式决定了二维码的具体信息。二维码具有高信息容量、广泛的编码范围、较强的容错能力、高可靠性、低成本和易于制作等优点，已经广泛应用于各个领域。

RFID 技术是一种可以实现物体无接触自动识别的技术，适用于静止或移动的物体。RFID 具备全天候工作、无须接触、多物体同时识别等特点。它在日常生活和生产中得到了广泛应用，推动了物联网的快速发展。生活中常见的公交卡、门禁卡和校园卡等都内嵌了 RFID 芯片，可以实现高效的数据交换。RFID 系统通常由两个部分组成：RFID 读写器和 RFID 标签。标签由天线、耦合元件和芯片等组成，用于传输和响应信息；RFID 读写器同样由天线、耦合元件和芯片组成，主要用于读取或有时写入 RFID 标签中的数据。例如，当市民用公交卡刷卡时，公交卡作为 RFID 标签与公交车上的读卡设备（RFID 读写器）进行无线通信，实现无接触数据交换。

传感器是能够感知物理量并将其转换成可以利用的信号的设备或装置，通常具有微型化、数字化、智能化和网络化等特点。在物联网中，传感器发挥着至关重要的作用，帮助物联网感知外部世界。常见的物联网传感器包括光敏传感器、声敏传感器、气敏传感器、化学传感器、压敏传感器、温敏传感器和流体传感器等，它们可以模拟人类的五种感官　视觉、听觉、嗅觉、味觉和触觉，从而实现对外界环境的全面感知。

2. 网络与通信技术

物联网中的网络与通信技术主要包括短距离无线通信技术和远程通信技术。短距离无线通信技术涵盖了 ZigBee、NFC、蓝牙、Wi-Fi、RFID 等，而远程通信技术则包括互联网、移动通信网络和卫星通信网络等。

3. 数据挖掘与融合技术

物联网产生了海量的数据来源，这些数据来自不同的网络和系统，种类繁多。如何高效地整合、处理和挖掘这些数据，是物联网处理层面亟需解决的重要技术问题。随着云计算和大数据技术的发展，物联网的数据存储、处理和分析得到了强有力的技术支持。借助云计算庞大的基础设施，物联网的数据可以实现低成本存储，同时利用大数据技术实现快速的数据处理与分析，以满足不同应用的需求。

3.7.3　物联网的应用

物联网技术已经在多个领域得到广泛应用，如智能交通、智慧医疗、智能家居、环保监测、智能安防、智能物流、智能电网、智慧农业和智能工业等。这些应用在促进国民经济增长和推动社会发展方面发挥了重要作用。

1. 智能交通

通过结合 RFID 技术、摄像头、传感器、导航设备等物联网元素，可以建设智能交通系统，帮助人们实时了解城市道路状况、停车场车位信息和公交车位置等。这不仅提高了出行效率，还能帮助人们更合理地规划出行。

2. 智慧医疗

在智慧医疗领域，医生通过智能手机、平板电脑等设备连接各种诊疗仪器，能够随时获取病人的生理数据，进而为患者制定科学的治疗方案。远程诊疗也变得可行，为偏远地区的患者提供了更多医疗服务。

3. 智能家居

物联网技术提升了家庭的安全性、便利性和舒适度。通过智能手机，用户能够远程控制家中的电器设备，如空调、门锁等，甚至能够根据环境条件自动调节。此外，还能实现环保节能，创造更加智能化的居住环境。

4. 环保监测

在环保领域，工作人员可以在重点区域布置摄像头或环境监测设备，实时监控水质、空气质量和土壤成分等，确保环境安全。一旦出现异常，系统会立刻发出警报，为及时处理提供便利。

5. 智能安防

智能安防系统利用红外传感器、监控摄像头、RFID 等技术，能够实现对小区出入口的自动识别和控制。同时，系统还能自动识别并报警突发情况，并通过智能管理提升安保巡逻的效率。

6. 智能物流

在物流行业中，通过智能技术的集成，物流系统能自主判断、学习和决策，从而选择最佳路线或装载方案。这不仅优化了物流资源的调度，也提高了整个物流过程的效率。

7. 智能电网

智能电网通过智能电表实时获取用户用电信息，避免了传统抄表工作。它能够预测用电高峰和低谷，并为电力需求响应系统的设计提供数据支持，从而实现电力资源的优化管理。

8. 智慧农业

智慧农业利用各种传感器来监控农作物的生长环境。通过远程控制设备，农民可以调整温湿度、光照和通风条件，确保作物生长在最佳环境中，从而提高产量和品质。

9. 智能工业

在智能化工业生产中，各类具备环境感知能力的设备被广泛应用，结合先进的计算模式和通信技术，提升了制造效率、产品质量，并减少了成本和资源浪费，使传统工业向智能化转型。

小　结

本章介绍网络基础概念、网络体系结构与协议、相关网络技术及应用等内容，主要知识点如下：

（1）计算机网络是计算机与通信技术的结合，通过通信设备和线路连接多台计算机，实现数据传输与资源共享，具有信息交换、资源共享、分布式处理等功能。其发展历经面向终端、分组交换网、体系结构标准化等多个阶段，未来将向智能化、高速化发展。

（2）计算机网络分类方式多样，按地理范围可分为广域网、城域网、局域网；按拓扑结构可分为总线型、环形等；按工作模式可分为客户-服务器和对等结构；按通信介质可分为有线网和无线网。

（3）计算机网络由资源子网和通信子网组成，网络体系结构有 OSI 参考模型和 TCP/IP 体系结构，其中 TCP/IP 是互联网核心，包含 IP、TCP、UDP 等重要协议。网络地址有 IPv4 和 IPv6 二种。

（4）Internet 起源于 ARPA 网，提供 WWW 浏览、电子邮件等多种服务。

（5）云计算是基于按需付费的服务模式，有 IaaS、PaaS、SaaS 三种服务模式。

（6）区块链具有去中心化、不可篡改等特点，分公有链、私有链、联盟链。

（7）物联网基于互联网，通过识别与感知、网络与通信等技术实现物物相连。

习　题

1. 简述计算机网络的概念及其功能。
2. 简述计算机网络的分类。
3. 简述网络协议。
4. 简述 OSI 参考模型和 TCP/IP 体系结构。
5. 简述 IPv4 和 IPv6。
6. 简述什么是 URL。
7. 简述云计算的概念及其服务模式。
8. 简述现实中云计算的应用场景。
9. 简述区块链的特点与类型。
10. 试述区块链的典型应用场景。
11. 简述物联网的概念及其关键技术。
12. 试述物联网的典型应用场景。

第4章 信息安全

数据是改善人们生活质量、推动科技创新、促进国家经济和社会发展的关键驱动力。在网络环境下，保护数据在存储、传输和处理等环节中，不被恶意、非法、未授权访问、修改、破坏或泄露尤其重要。信息安全包括多个方面的内容，如身份验证、访问控制、备份、加密、网络安全等。信息安全是任何个人和企业必须关注的重要问题。通过采取必要的保护措施，保护信息安全，可以提高个人和企业的安全性、保障公民权利，同时保护国家安全。

学习目标

（1）了解网络与信息安全相关概念及相关法律法规，了解信息安全相关技术。

（2）了解网络常见的恶意攻击及其防范。

4.1 信息安全概述

4.1.1 相关概念

20世纪80年代，美国作家威廉·吉布森（William Ford Gibson）首次提出“网络空间”这一概念，他将其描述为现实与虚拟世界的交汇点，虚拟世界通过网络空间影响现实世界。尽管这一定义具有科幻色彩，但人们一直在不断探索如何远程获取和处理数据、交换信息并实现信息共享。

网络空间可以认为是一个由可交换信息的电磁设备构成的虚拟空间，这些设备包括互联网、通信网、广电网、物联网、社交网络、计算系统等。网络空间的社会主体建立在信息通信技术基础设施之上，通过互联网、通信网等媒介进行信息交换，使用终端的用户在其中扮演社会实体的角色，能够进行信息的创造、修改、保存与删除等操作。网络空间就像现代社会的另一个战场，它的安全不仅对国家至关重要，也直接影响到每个人的日常生活。

网络安全不仅涵盖了网络传输和信息存储的安全，还包括硬件、软件，以及系统中数据的生成、传输和使用过程中的安全。网络安全确保了网络中数据的保密性、完整性、可用性、真实性和可控性，同时，数据安全也是网络安全中不可或缺的关键组成部分。

数据安全指的是在数据存储、传输和处理过程中，确保数据不被未经授权地访问、篡改、破坏或泄露。它涵盖了多个方面，包括身份认证、访问控制、数据备份、加密技术和网络安全等。数据安全对于企业和个人都至关重要，通过实施各种安全防护措施，保障数据安全不仅能够提升个人和企业的整体安全性，还能够保护公民的隐私权利，同时维护国家的安全。

数据具有爆发性增长、海量集聚和源源不断的特点，是数字经济的核心要素。通过采取必要的保护措施，确保数据在有效保护和合法使用的状态下运行，并具备确保其持续安全的能力。数据安全不仅包括数据存储、处理的安全，还涉及所使用技术和基础设施的安全，以及数据权属相关的安全问题。数据安全与内容安全、网络安全、信息安全、系统安全，以及信息物理系统安全紧密相连。因此，需要解决数据获取、存储和使用过程中的安全问题，实现全方位、多层次的数据安全防护，确保国家的安全。

信息安全（information security）通常是指保护信息系统的硬件、软件及其存储、传输和处理的数据，使其免受未授权访问、泄露、篡改、破坏或中断，确保信息的保密性（confidentiality）、完整性（integrity）、可用性（availability）（简称 CIA 三元组），同时兼顾真实性、可控性和不可否认性等目标。信息安全主要关注特定系统或组织内部信息的保护，包含两个方面：一是数据本身的安全，通过现代加密算法对数据进行积极保护；二是数据防护的安全，通过现代信息存储手段对数据进行主动防护。信息安全保护不仅包括对数据的保护，还涵盖了所有有价值的信息。

计算机系统安全涉及信息在整个生命周期中的管理和保护，主要是指在系统生命周期内，通过应用系统安全工程和系统安全管理方法，确保系统的整体安全性。这一过程涵盖了数据安全的整个生命周期。由于数据在系统运行中至关重要，数据安全也成为系统安全的核心组成部分。

目前，网络安全、数据安全、信息安全及计算机系统安全的概念尚无统一定义，且核心部分内涵有所重叠，因此，本书后续不刻意区分它们，皆以信息安全指代。

4.1.2 相关攻击事件

根据中国网络空间安全协会《网络安全态势研判分析报告》，我国网络安全整体态势不容乐观。近年来，针对中国的网络信息安全攻击事件频发，例如：

2020 年，SolarWinds（美国 IT 管理软件公司）的软件更新被植入恶意代码，导致全球包括中国的数千家企业和政府机构受到影响，攻击者通过该漏洞窃取了大量敏感数据，影响了全球网络安全。

2021 年，多个黑客组织利用微软 Exchange 服务器的零日漏洞，对中国和其他国家的数万台服务器发起攻击。攻击导致大量邮件数据泄露，影响了政府、企业和个人的信息安全。

2021 年，中国多家企业和机构遭受勒索软件攻击，攻击者利用漏洞入侵系统并加密数据，勒索赎金。攻击导致业务中断和数据丢失，部分企业支付了高额赎金。

2022 年，中国多个关键基础设施领域（如能源、交通、通信）遭受网络攻击，攻击者试图破坏系统运行。攻击虽未造成重大破坏，但暴露了基础设施的脆弱性，促使中国加强网络安全防护。

2023 年，中国多家互联网公司发生大规模数据泄露，涉及大量个人信息和敏感数据。攻击者利用漏洞窃取用户数据并在暗网出售。泄露事件影响了数百万用户，引发了对数据保护的广泛关注。

2024 年 8 月起，我国某先进材料设计研究单位遭疑似美国情报机构网络攻击。攻击者利用境内某电子文档安全管理系统漏洞，入侵软件升级管理服务器，向 270 多台主机投放控制木马，窃取商业秘密和知识产权信息。

2024 年 8 月，勒索软件组织 Ransom House 称窃取了中国某 A 股上市建筑公司 2.3 TB 敏感数据，并威胁若不支付赎金就公布数据。

2024 年 6 月，香港中文大学专业进修学院遭受黑客入侵，20 870 名学生、教职员工和校友的个人信息遭泄露。

2024 年 10 月，国家安全机关发现某境外公司与我国境内公司合作，以汽车智能驾驶研究为掩护，在国内非法测绘并窃取测绘数据。

2025 年 1 月 28 日凌晨，DeepSeek 官网连续发布 2 条公告称，DeepSeek 线上服务受到大规模恶意攻击。

针对我国的网络信息安全攻击事件通常有以下特点：

（1）攻击手段多样：包括 DDoS（distributed denial of service，分布式阻断服务）攻击以消耗网络资源使服务不可用，钓鱼攻击通过伪造方式骗取敏感信息，还有恶意软件攻击、零日攻击利用未知漏洞，以及 APT 攻击长期潜伏窃取信息等。

（2）攻击目标明确：攻击事件常以关键信息基础设施、重要工业企业、互联网企业等为目标，如能源、交通、金融等领域，旨在造成重大经济损失、影响社会稳定或获取关键数据。

（3）隐蔽性与溯源难：攻击者利用先进技术隐藏攻击路径和身份，如使用加密通信、匿名网络等，使攻击具有很强的隐蔽性，增加了追踪溯源的难度。

（4）产业链成熟：网络攻击形成了从工具开发、漏洞利用到数据售卖等完整的黑色产业链，攻击门槛降低，攻击者可通过购买服务或工具实施攻击。

（5）与国际形势关联：在国际局势紧张或存在争端时，网络攻击事件可能增多，一些攻击背后可能有境外势力的支持或参与，具有政治、经济等多重目的。

这些事件凸显了中国在网络信息安全领域面临的严峻挑战。为应对这些威胁，中国正在加强网络安全法律法规，提升技术防护能力，并推动国际合作，共同应对网络攻击。

4.1.3 相关法律法规

信息安全技术、法律法规和标准是保障信息安全的三大支柱。在法律层面，信息安全的各项工作通过法律规范得以实施。通常，信息安全涉及三种法律关系：一是行政法律关系，主要解决政府部门在依法管理网络方面的职责；二是民事法律关系，主要解决运营者和使用者、运营者之间，以及使用者之间的民事纠纷；三是刑事法律关系，主要处理与网络犯罪相关的问题。

1994 年 2 月 18 日发布了《中华人民共和国计算机信息系统安全保护条例》；1997 年 12 月 30 日公安部发布了《计算机信息网络国际联网安全保护管理办法》；2017 年 6 月 1 日实施了《中华人民共和国网络安全法》；2021 年 6 月发布了《中华人民共和国数据安全法》，以上法规旨在维护网络秩序，保护计算机信息网络安全，维护网络空间的主权和国家安全，保障社会公共利益，保护公民及其他组织的合法权利，并推动经济社会信息化健康发展。

4.1.4　信息安全的重要性

随着大数据、云计算、物联网、人工智能等技术的快速发展，数据的数量和质量都在发生巨大的变化，这也带来了前所未有的数据安全挑战，令数据安全的重要性达到了前所未有的高度。数据安全不仅涉及到公民个人隐私的保护，还关系到企业的长期发展和国家的整体安全。在全球合作日益增强的背景下，保障数据安全对于维护隐私、增强用户信任，以及促进数字经济的增长起着至关重要的作用。

大数据的应用在政治、经济、军事、科研等重要领域，以及人们的日常生活、工作、学习和社交活动中产生了深远影响，已经成为国家战略资源。通过大数据分析，能够预测国家经济走势、分析生产状况、展示贸易状况、推动科研创新，并且能够在舆论引导、社会思潮和政治动态等方面发挥作用。

随着数据量和数据质量的提升，其所蕴含的价值也在增加，这使得数据安全在保障数字产业发展的过程中扮演着关键角色。产业数字化已经成为全球数字经济发展的主流方向，而我国数字产业发展的关键在于推动数字技术的广泛应用，促进各行业数字化转型，催生新的产业、新的商业模式和新的业态，进而释放数据产业的经济活力。

产业数字化不仅对数据的安全感知、安全存储、安全传输和安全处理提出了更高要求，还带来了数据治理、服务平台和应用平台等方面新的安全需求。为了构建完善的数据产业生态系统，建设新型数据基础设施显得尤为重要，这有助于提高数据获取效率，打通数据流通的渠道，提升数据分析能力，并为行业用户提供一站式服务，从而激活数据资产，帮助各行各业挖掘数据的深层价值，实现转型与创新的融合发展。

尽管大数据在当今世界的作用愈加突出，但许多国家对于大数据的安全管理依然缺乏明确的法律和规定。对大数据在采集、传输、存储、共享、应用和交易等方面的权责划分尚不清晰，尤其是在数据的所有权、使用权、运营权和安全责任等问题上常常模糊不清。这种模糊性往往导致数据开发者和使用者在操作过程中处于法律灰色地带。举例来说，广泛应用的共享单车、网约车及个人电子设备所产生的个人信息，虽然表面上看似是单一的数据点，但通过大数据技术进行关联分析后，实际上能揭示出大量涉及个人生活、消费、位置、交通等方面的隐私信息。如果这些信息没有得到有效的管理和保护，一旦泄露，后果不堪设想。当前，个人信息滥用、买卖、泄露的现象时有发生，凸显出在大数据时代，每个人都可能成为“透明人”。

对国家而言，数据作为一种新型的生产要素，其安全性直接影响到经济发展和社会稳定。在互联网企业为人们带来便利的同时，其在数据采集、传输、存储等环节中也潜藏着一定的技术和管理风险。这就要求人们加强对关键数据资源的保护，推动法规和制度的建设，并提升国民对大数据安全的认知和意识。

4.2　物 理 安 全

网络空间的物理安全风险主要源于网络周围环境及其物理特性，可能导致网络设备和线路无法正常运行，从而使网络系统无法使用。物理安全是保障整个网络与信息安全的基础，涉及保护各种硬件设备、设施和其他媒介免受自然灾害如地震、水灾、火灾等的影响，也包括防止人为操作失误、人员管理不当，以及各种计算机犯罪行为造成的损害。物理安全可以分为两大类：芯片安全和设备安全。

4.2.1 芯片安全

以 CPU 为代表的计算机芯片，体积虽然微小，但却是计算机极其重要的基础部件之一。随着科技的迅速发展，芯片已广泛应用于各个领域，从智能手机、计算机、汽车等日常消费产品，到高铁、航空、电力系统及国防等关键基础设施，甚至包括大数据、云计算等高新技术领域，都离不开芯片产业的支持。其安全性直接关系到各行各业的稳定运行、国家经济的发展及国家的安全保障。

当前，芯片所面临的安全威胁主要可以分为两大类：硬件植入木马和物理攻击。

1. 硬件植入木马

这类威胁可能发生在芯片的设计、制造、封装或二次开发的任何阶段。硬件植入木马是指在芯片原始电路中隐秘植入的恶意冗余电路，这些电路在特定条件下被激活，进而可能篡改数据、破坏电路功能、泄露信息，甚至导致系统崩溃。由于硬件中的木马通常在休眠状态下，只有在特定条件下才会被触发，因此难以被及时发现。现阶段，通常采用物理检测、逻辑测试、旁路信号分析等技术来检测木马，但由于芯片内部集成度不断提高，且木马的种类繁多、功能复杂，如何高效、精确地检测木马是一个重要且亟待解决的问题。

2. 物理攻击

物理攻击指的是攻击者通过精密仪器对芯片进行测量，获取其物理特征（如功耗、时钟信号、电压波动、电磁辐射等），或者通过破坏性手段（如解剖芯片、进行物理克隆等）来窃取芯片内部的敏感信息。物理攻击可进一步细分为侵入式攻击、半侵入式攻击及非侵入式攻击，攻击者通过这些方式试图突破芯片的安全防护措施，获取其隐私或加密数据。

此外，芯片漏洞与后门威胁，也是需要特别考虑的安全问题。

例如，2021 年，高通的 5G 芯片被曝出存在“Modem 漏洞”，这个漏洞可以让攻击者进行未授权访问或破坏系统，甚至窃取短信和通话记录。2024 年以来，英特尔 CPU 先后曝出 GhostRace、NativeBHI、Indirector 等漏洞在产品质量、安全管理方面存在的重大缺陷。

10 月 16 日，中国网络空间安全协会（以下简称“网安协会”）发表题为《漏洞频发、故障率高 应系统排查英特尔产品网络安全风险》的文章，指出英特尔产品存在安全漏洞问题频发、可靠性差、监控用户、暗设后门等问题。使用英特尔产品，给国家安全带来了严重隐患。

4.2.2 设备安全

网络设备包括网络中的服务器、PC，以及集线器、路由器、交换机等设备。设备安全一方面要关注设备本身的安全，防止设备遭到盗窃和破坏；另一方面还要关注外部环境、通信线路、电源和电磁等方面的安全。

外部环境安全：保护设备所在环境的安全，涉及灾害预警、灾害防护和灾后恢复等功能。同时，需要控制设备工作环境的温度和湿度，确保其在安全范围内运行。

通信线路安全：防止网络通信线路遭到拦截和干扰，主要措施包括：防止线路被截获（确保截获设备无法正常工作）；检测并报警截获行为；定位截获设备的具体位置；避免对抗截获设备的影响，阻止其有效工作。

电源安全：为设备提供稳定的电力支持，确保电源在允许的偏差范围内稳定工作。常见措施包括使用不间断电源、设置备用电源系统，以及安装稳压器和过电压保护设备。

电磁安全：通过接地技术减少外界电磁干扰，确保电源线与通信线缆的隔离，避免相互干扰，保护系统内部信息安全。同时，应防止电磁信息泄露，通过使用屏蔽材料（如屏蔽双绞线和光纤）来提高敏感信息的安全性。

当前，物理设备主要面临以下安全问题：身份认证和安全鉴别能力不足，恶意攻击者可通过伪装冒充合法用户，进而进行非法访问；缺乏数据的保密性和完整性保护，攻击者能通过截获数据获取敏感信息；访问控制能力不足，导致未授权访问的风险；安全审计功能较弱，难以追踪安全事件；系统存在安全漏洞且修复困难；容易受到拒绝服务攻击，影响系统的实时性；存在不必要的端口和服务，增加了系统的攻击面。

4.3　信息安全技术

4.3.1　加密技术

加密技术是网络信息安全领域的重要技术之一，具有悠久的历史，并在网络攻击与防御中发挥着关键作用。尽管网络信息安全是现代技术的产物，但加密技术的根基早在古代就已深植，其历史可以追溯到古罗马时期，最早的加密技术之一就是凯撒密码——一种简单且广泛流传的替换加密方式。凯撒密码通过将每个字母按固定的偏移量进行移位，进而转换成密文。例如，若偏移量为 1，则“ABC”这个明文就会被加密为“BCD”。

随着时间的推移，加密技术不断演进，尤其在文艺复兴时期得到了显著发展。当时，人们提出了通过使用不同的密码对消息的不同部分进行加密的方法，这标志着多字符加密法的诞生。

1467 年左右，意大利学者莱昂·巴蒂斯塔·阿尔伯蒂（Leon Battista Alberti）提出了多表密码的概念，他发明了一种金属密码盘，用于切换密码表，虽然该系统的转换方式有所限制。

到了 1508 年，约翰尼斯·特里特米乌斯（Johannes Trithemius）在其著作 *Steganographia*（《隐写术》）中创立了表格法（tabula recta），这成为了后来维吉尼亚密码的基础之一。不过，当时这一方法的密码表切换还比较简单且可预测，这种加密技术也被称为特里特米乌斯密码。

吉奥万·巴蒂斯塔·贝拉索（Giovan Battista Bellaso）于 1553 年发布了《吉奥万·巴蒂斯塔·贝拉索先生的密码》一书，其中首次提出了基于密钥的加密方法。这一方法建立在特里特米乌斯的表格法基础上，引入了密钥的概念，意味着每个字母都可以通过密钥加密，且加密与解密都依赖于该密钥。

1585 年，法国外交官维吉尼亚（Vigenère）在《论密码》一文中发展了这一思想，提出通过一个约定的字母作为起始密钥，并依此逐一对每个密文进行解密。此方法最早由贝拉索提出，但因为维吉尼亚的推广，后来人们误以为他是这一方法的创立者，因此这一加密技术被称为“维吉尼亚密码”。维吉尼亚密码因其便利性在战争中得到了广泛应用。例如，在美国南北战争期间，南军使用了黄铜密码盘来生成维吉尼亚密码。此外，密钥的引入改变了密码学的格局，将密码学从“系统隐藏”转变为“密钥隐藏”。这意味着即使系统公开，如果没有密钥，信息也无法被解读。这一转变有效地克服了基于频率分析破解密码的威胁。

在 20 世纪，恩尼格玛密码机的发明标志着密码学的技术突破。恩尼格玛密码机在第二次世界大战期间的德军中得到了广泛应用。其密码设置包括转子排列顺序、初始位置及接线板的连线，这些都需要通过密码本来设定。由于这些设置需要严格统一，若不知道线路配置，其密码的可能组合多达数万亿种，按当时的技术来说，几乎无法破解。第二次世界大战成为了加密与解密之间的激烈较量，双方顶尖的数学家、密码学家和计算机专家纷纷投入战斗。直到 1941 年，盟军通过捕获德国 U-110 潜艇，获得了恩尼格玛密码机和密码本，这一重要线索为盟军破解德军密码提供了关键突破。

在 1863 年，弗里德里希·卡西斯基（Friedrich Kasiski）提出了一种破解维吉尼亚密码的方法，称为卡西斯基试验。该方法利用了维吉尼亚加密的特点，即通过打乱字母分布来使密文的统计特性变得随机。尽管维吉尼亚密码的设计意图是让密文看似随机，但完全的随机性很难实现，因此密文中会存在一些模式，这些模式成为破解的弱点。卡西斯基试验正是利用这一点，揭示了破解的途径。至于恩尼格玛密码，它最初在 1932 年由波兰的密码学家根据其工作原理被破译。波兰政府在 1939 年将这一信息提供给英国，使得盟军能够利用截获的密码本和密码机进行解密。

1949 年，克劳德·艾尔伍德·香农（Claude Elwood Shannon）发表了《保密系统的通信原理》一文，为密码学的发展奠定了科学基础，被认为是密码学的转折点。

与古典密码学中依赖于加密算法的保密性不同，现代密码学强调的是密钥的保密性，并将加密分为对称加密和非对称加密两大类。

视 频

对称加密与非对称加密

对称加密是一种加解密过程中使用相同密钥的加密方式，密钥需保密，通信双方必须在传输加密信息时交换密钥。置换和替换是对称加密算法的基本原理之一，其特点是加密速度较快且操作简单。

非对称加密（也称公开密钥加密）则依赖于一对密钥：公钥和私钥。公钥可以公开，任何人都可以获取，而私钥必须由用户严格保密，绝不泄露给任何人。通信双方使用公钥进行加密，私钥进行解密。通过这一机制，非对称加密确保了更高的安全性。

如今，密码学的挑战变成了加密密钥的复杂性和计算能力之间的竞赛。从理论上讲，任何密钥都可能受到暴力破解的威胁，密钥越复杂，破解所需的时间就越长。现代密码学的目标是设计出难以破解的算法，确保私钥不会被通过计算手段获得。

量子信息技术的迅速发展给当前的网络信息安全带来了巨大挑战。量子计算凭借其天然的并行计算能力，可能显著提高破解密码的效率，使得现有的加密算法面临着被突破的风险。传统的公开密钥加密算法设计依赖于庞大的计算量，按照当前的计算能力，破解这些加密方式需要几十年甚至几百年。然而，量子计算能够大幅缩短破解时间，可能将其缩短到几天、几小时，甚至几分钟。

为应对这一挑战，后量子密码学逐渐成为一个研究热点，致力于开发能够抵抗量子计算攻击的加密算法。目前，已经出现了多种新型密码技术，如基于哈希函数、纠错码和格的加密方法，这些都为未来的密码学研究提供了新的方向。

4.3.2 防火墙

防火墙（firewall）是一种出于安全或其他需求，在网络节点处部署的被动防护措施，旨在隔离网络并限制某些通信的建立。它通常安装在终端设备或局域网的进出口，是一种重要的网络防护工具。近年来，防火墙在各种联网设备中的应用变得更加普遍，许多家用路由器、物联网设备及操作系统已将其作为标准配置。

视 频

防火墙

防火墙的核心功能是实现网络隔离，将数据流限制在受保护的网络区域，从而防止恶意数据的入侵。这一措施有助于在发生灾难性事件时，将潜在的风险控制在局部区域，减少损失。专业防火墙通常指的是一种专门的网络设备，而面向普通用户的防火墙则是一些具有网络数据包过滤功能的软件，如 Windows 10 的 Windows Defender 或 Ubuntu 的 Gufw。根据其工作层级的不同，防火墙可以分为网络层防火墙、应用层防火墙、电路级网关防火墙，以及下一代防火墙。

1. 网络层防火墙

网络层防火墙工作于 TCP/IP 模型的网络层，又被称为包过滤防火墙。它根据管理员预设的策略和默认规则来处理数据包，允许（accept）符合规则的封包通过，而对于不符合规则的封包，则会选择丢弃（drop）或拒绝（reject）它们。网络层防火墙主要采用两种过滤机制：静态包过滤和动态包过滤。此外，下一代防火墙（next generation firewall, NGFW）提供了更为高级的功能，超越了传统的包过滤技术。

静态包过滤（static packet filter）防火墙通过分析网络封包的 IP 头部和 TCP（UDP）头部，提取通信协议、源 IP 地址、目标 IP 地址和端口号等信息。它遵循“最小特权原则”，即仅允许管理员明确指定的数据流通过，其余的访问请求则一律被拒绝或丢弃。因此，除了像 HTTP 的 80 端口和 FTP 的 21 端口等常见服务外，其他的连接请求通常会被拒绝或丢弃。这样做的优点是防火墙能够快速做出决策，但相应地，设置过滤规则时会比较复杂，且灵活性较低。

动态包过滤（dynamic packet filter）防火墙通过分析 IP 数据包的内容，动态调整源和目标的 IP 地址、端口号等匹配条件，以实现通信控制。这种方式属于基于连接状态的检测机制。与静态包过滤不同，动态包过滤模式不需要对每个匹配的条目进行明确授权，它只对连接的首个数据包进行过滤检查。如果首包符合规则并成功建立连接，则后续数据包会被直接转发，无须再经过过滤检测。该策略依赖于对源的完全信任，从而提升了防火墙的处理效率。然而，由于不检查应用层数据，动态包过滤无法完全识别网络数据包中的潜在威胁。

2. 应用防火墙

应用层防火墙，又称为应用层网关（application gateway），工作在 TCP/IP 模型的应用层。用户在使用浏览器时所产生的网络流量正属于这一层。应用层防火墙能够拦截所有进出特定应用程序的网络数据包，并拒绝其他不符合规定的数据包。理论上，这种防火墙可以完全阻止外部的数据流进入受保护的系统。它通过对所有网络封包的检查，识别并拦截不符合安全规则的数据，从而防止蠕虫病毒、木马程序等恶意软件的入侵。然而，软件种类繁多，应用层防火墙的设计也较为复杂，导致其普及和实施较为困难。

3. 电路级网关防火墙

电路级网关（circuit level gateway）工作在 OSI 模型的会话层（对应 TCP/IP 模型的传输层），为内部网络提供一个“安全”的访问通道。它通过监控设备间的 TCP 握手过程或 UDP 数据包，检查这些信息是否符合安全规则。当数据包被判定为合法时，电路级网关会将外部请求中的 IP 地址和端口号替换为内部网络的地址，并将通信结果返回给外部。SOCKS 网关是其中一种较为流行的电路级网关，由 IBM 公司发明。然而，电路级网关也存在一些缺点，如设计较为复杂且容易受到 IP 欺骗攻击等安全威胁。

4. 下一代防火墙

下一代防火墙不仅具备传统防火墙的基本功能，还集成了多种其他安全功能，如网站过滤、SSL/SSH 检测、入侵防御系统、应用层监控与控制等，从而为应对各种网络威胁提供更加全面的保护。它能够在网络的各个层次上运行，并且具备更高的处理效率，成为一种高性能的安全防护措施。

4.3.3 入侵检测系统

入侵检测系统（intrusion detection system, IDS）是用于监控和分析系统或网络中发生的事件，能够识别非法入侵行为（如非法端口扫描、口令攻击或违反内部规定的行为等），并及时通知管理员的安全系统。与传统防火墙依赖静态规则匹配网络流量不同，防火墙通过限制网络访问来保护系统，通常不关注内部的攻击行为。而入侵检测系统则专注于监控内部攻击，通过分析网络通信来识别常见攻击模式，并发出警告。

视 频

入侵检测系统

由于入侵检测系统需要防范针对自身的攻击，它通常应部署在具有防火墙保护的内网环境中，避免与不受信任的网络直接连接，以防止拒绝服务攻击或其他非法入侵。入侵检测系统通常包括四个主要部分：事件产生器、事件分析器、响应单元和事件数据库。入侵检测的工作流程为：由事件产生器收集终端环境中的事件并传递给系统的其他组件，事件分析器负责分析并判断这些数据，决定是否触发响应单元，响应单元在触发后根据情况发出警报，事件数据库则保存所有事件的相关数据。

除了及时向管理员发出警报与记录信息外，入侵检测系统还可以调动系统进行主动反应，如中断当前会话、增加过滤管理规则、对文件权限进行修改等。

当入侵检测系统决定中断当前会话时，它会首先识别并记录潜在的攻击行为，然后通过伪装成会话的另一端，伪造一份报文来强制中断会话，从而阻止攻击的继续。在切断会话后，许多入侵检测系统会在一定时间内封锁来自攻击者 IP 地址的所有通信，以进一步防止攻击。

这种中断会话的措施在应对持续较长时间的攻击时非常有效。然而，当面临“泪滴攻击”（一种拒绝服务攻击，攻击者在短时间内发送大量重复或大流量的IP包，导致目标系统瘫痪）时，入侵检测系统通过中断会话的方式无法有效应对此类攻击。入侵检测系统（IDS）在面对攻击时，能够通过修改路由器或防火墙的过滤规则来有效应对持续性攻击。这些系统会根据情况限制攻击者与目标之间的部分或全部通信，在极端情况下甚至会阻止攻击者与目标所在网段的所有通信。与直接中断会话相比，这种方式能减少不必要的传输。然而，修改过滤规则可能导致拒绝服务的情况，并且无法有效应对来自内网的攻击。

自入侵检测系统概念提出以来，虽然其在网络安全领域做出了重大贡献，但也暴露了许多缺陷，如对数据的检测不足及自身防护的脆弱性。随着网络的迅速发展，网络传输速率显著提高，从百兆到千兆的网络已成为主流，这对入侵检测系统造成了较大的压力。与此同时，入侵检测系统在面对攻击活动时，可靠性逐渐下降，表现为虚警率较高。同时，入侵检测系统在应对针对自身的攻击时，可能会忽视对其他传输的检测。

近年来，许多研究将机器学习等技术与入侵检测相结合，衍生出了新一代的自动入侵检测系统。自动入侵检测系统与传统的入侵检测系统各有优缺点，具体使用时需要根据实际情况来选择。

4.4　恶意攻击及防护

4.4.1　黑客

黑客一词源于英文 hacker，本无褒贬之意。最早的黑客出现于麻省理工学院及贝尔实验室，他们大多是程序员，对计算机技术和网络技术非常精通，了解系统的漏洞及其原因所在，喜欢非法闯入并以此作为一种智力挑战而沉迷其中。世界著名的黑客有：凯文·米特尼克（Kevin itnick，被称为世界头号电脑黑客）、丹尼斯·里奇（Dennis M Ritchie，C 语言之父，UNIX 之父）、李纳斯（Linus Benedict Torvalds，Linux 之父）、理查德·马修·斯托曼（Richard Matthew Stallman，自由软件运动的精神领袖、GNU 计划及自由软件基金会创立者）、米切尔·卡普尔（Mitch Kapor，电子边疆基金会创始人，Lotus 公司的总裁）、罗伯特·泰潘·莫里斯（Robert Tappan Morris，首个网络蠕虫的制造者）等。

随着时代的发展，网络上出现部分黑客，他们以计算机网络的非法入侵者姿态出现。使用扫描器到处乱扫，使用 IP 炸弹非法入侵破坏，造成网络瘫痪，有害于网络的安全，其行为无益于电脑技术的发展，给人们带来巨大的经济和精神损失。为此，世界各国纷纷出台相关的法律法规对此行为予以约束。

4.4.2　恶意软件

1. 计算机病毒

在《中华人民共和国计算机信息系统安全保护条例》中，计算机病毒（简称病毒）被定义为一组能够自我复制的计算机指令或程序代码，这些指令或代码通常被编写或插入到计算机程序中，具有破坏计算机功能、损坏数据及影响计算机正常使用的能力。计算机病毒通常包括四个主要模块：引导模块、触发模块、病毒感染模块和病毒破坏模块。引导模块的作用是启动计算机病毒的运行；触发模块负责判断是否满足特定的触发条件，一旦条件符合，便会激活病毒感染模块。病毒感染模块则会决定是否启动病毒破坏模块，后者负责对系统造成破坏。计算机病毒具有以下几个特点：

1）触发性

计算机病毒可以附着在各种文件类型上，或寄生在存储设备中，但并不会在一开始就立即执行。病毒若要引发严重的破坏，通常具备一套触发机制，控制其感染和破坏的时机。当病毒运行时，它会检查触发机制的条件是否已被满足。如果条件满足，病毒便会启动感染或破坏过程；如果条件不满足，病毒则会继续保持潜伏状态。病毒的触发条件可以多种多样，可能是特定的时间，或是所附着文件的运行等。病毒拥有的触发条件越多，其感染范围和破坏程度通常也越大。

2）隐蔽性

计算机病毒具有极强的隐蔽性，有些病毒可以被反病毒软件识别出来，而有些则根本无法被发现。这是因为反病毒软件一般只能检测到一些常见的、普通的病毒，而那些设计巧妙、变化多端的病毒则非常难以捕捉。这些病毒可能在用户毫无察觉的情况下，迅速传播并感染数百万台计算机，从而造成巨大破坏。病毒的隐蔽性通常体现在两个方面：首先是感染的隐蔽性，精巧的病毒往往体积很小，只有几百到几千字节，能够快速复制到正常程序中，并且不会在外部表现出任何异常；其次是存在的隐蔽性，病毒感染的最终目的是夺取系统的控制权，但在初期，计算机的所有程序仍然能正常运行，直到病毒代码自我繁殖到一定程度，才会导致系统崩溃。

3）传染性

计算机病毒具有独特的自我复制和传播能力，能够主动传播，一旦发生传播，其速度往往非常迅猛，难以防范。计算机病毒实际上是一段由人编写的程序代码，当这段代码进入计算机并执行时，它会自动寻找符合传播条件的程序或存储设备。一旦找到目标，病毒程序就会进行自我复制并将自身插入目标中，从而成功实现传播。

4）潜伏性

许多计算机在感染病毒后并不会立即表现出异常，因为计算机病毒具有潜伏特性。它们能够在几周甚至几年内隐藏在正常的文件中，悄无声息地感染其他文件和系统，而不被察觉。病毒的设计越为精密，其潜伏性就越强，带来的危害也越为严重。

5）破坏性

“人工设计的特制程序”是计算机病毒的基本特征，这也是病毒形式多样且不断变化的原因，导致其对计算机系统的影响程度各不相同。病毒的破坏力取决于其创作者的意图，有些病毒旨在监听或窃取信息，而另一些则主要用于破坏，可能使正常程序无法运行、使文件删除，或造成不同程度的损坏，通常表现为增删改动或移动文件。

对于网络环境来说，计算机病毒就像一颗定时炸弹，没人能预知它何时会引发灾难，因此没有绝对安全的系统。然而，网络中的大多数安全漏洞源于使用不当，特别是未按安全标准进行防护。因此，人们需要具备一定的网络安全知识，优先通过主动防范来减少风险，避免事后处理。鉴于当前病毒种类已达数万种且不断增加，最好的策略是阻止病毒的入侵，防止它们造成更大的损害。

防范计算机病毒的关键措施包括以下几点：

（1）指定专人负责计算机管理和维护。

（2）避免随意使用移动存储设备。

（3）对所有系统盘和工具盘启用写保护功能。

（4）对外部软件进行病毒扫描和检测。

（5）使用正版软件，避免使用来源不明的软件。

（6）安装防火墙并进行操作系统安全设置，如禁用自动脚本执行等。

防范病毒的挑战在于如何快速、准确地识别新型病毒。大多数反病毒软件基于已有病毒的特征进行检测，这使得它们对采用新设计理念的病毒往往无效。因此，计算机用户应时刻关注系统的异常表现，尽可能在病毒萌芽阶段就将其消除。

2. 特洛伊木马

视 频

特洛伊木马

特洛伊木马，简称木马，是一种能够绕过软件安全防护并获取系统访问权限的后门程序。它通常用于窃取个人信息、破坏系统导致瘫痪、秘密远程监控或控制目标设备等。木马与计算机病毒相似，具有极强的隐蔽性，难以被发现。

木马本质上是一种客户端 - 服务器架构的程序。其中，服务器端被植入受害设备，而客户端程序则安装在攻击者的主机上。攻击者通过客户端向受害服务器发送指令，利用木马程序在后台打开端口，并通过网络协议将窃取的个人信息发送到客户端或其他指定位置。木马的攻击过程通常包括以下几个步骤：首先，木马通过伪装手段（如文件绑定等）隐藏在目标设备中，以避免被察觉；接着，通过软件下载或邮件等方式进行传播，用户在下载正常软件或接收普通邮件时，木马会悄然安装；然后，木马在绑定文件启动后自动运行，并且会随系统的开关机自动启动；最后，攻击者通过客户端发送指令，操控受害者的计算机。

一旦木马植入并成功运行，整个系统的信息将暴露给攻击者，带来严重的后果，例如，产生大量垃圾广告，用户的敏感信息（如网银、网游、股票账户等）被盗，甚至企业或政府机密文件遭窃取，常用网站也可能遭到攻击。为了防止木马带来的危害，用户应增强安全意识，在日常使用中采取防范措施，如安装可靠的反病毒软件、定期更新病毒库、避免访问不明网站、谨慎打开含有附件的陌生邮件、不轻易下载未知来源的软件、及时更新操作系统等。

网页木马，也称为网页挂马，是攻击者通过利用 Web 服务器的漏洞进行入侵，目的是增加网站的访问量、窃取用户信息或破坏网站数据库等。网页木马主要有两种表现形式：第一种是攻击者在网页代码中植入恶意脚本，利用浏览器或操作系统的漏洞，在用户浏览网页时自动从服务器下载并在本地设备上悄然安装和运行木马；第二种是通过某些网络技术，将网页中的恶意链接隐蔽地覆盖在用户常单击的位置。当用户单击这些位置时，就会无意中访问攻击者精心设计的恶意网站，从而导致主机感染木马。

网页木马已经形成了一个完整的利益链条，涉及专业人员制作木马、开发漏洞利用工具集，并且还有专门的人为客户打造高仿网站或将木马植入存在漏洞的网站，以此来获取经济收益。网页木马的恶意行为主要包括：

（1）强制安装未经用户同意的软件。

（2）植入挖矿程序，导致用户的网络带宽被大量占用，计算机运行变得缓慢。

（3）截取在线交易信息，利用木马将用户的资金转入攻击者指定的账户。

（4）利用木马下载远程控制程序，对用户的计算机进行长时间的控制。

网页木马本质上是一个含有木马植入工具的 HTML 网页。攻击者在网页中嵌入特制的脚本，一旦用户访问该页面，脚本便会利用浏览器或其插件的漏洞，在后台自动下载并安装攻击者预先存放在服务器上的木马程序，或其他恶意程序，如病毒和密码窃取工具。整个过程无须用户的任何操作，所有行为均在后台进行。

为了防范网页木马，首先要提高用户和开发者的安全意识。网站开发人员应对涉及下载、上传等功能的网页进行身份认证，并确保操作人员具备一定的防范知识；其次，应定期更新网页程序和软件，并对数据库及重要文件进行频繁备份；最后，对于关键网站，应设置多重防火墙并定期扫描修复系统漏洞，以增强安全性。

3. 僵尸网络与后门

僵尸网络是通过多种传播方式，使大量计算机主机感染僵尸程序，并在攻击者与被感染主机之间形成一种一对多的控制网络。僵尸程序是攻击者利用来构建僵尸网络的平台，借助该程序，攻击者能够对成千上万的被感染主机进行集中控制，执行统一的恶意行为。这些行为可能导致大规模的网络瘫痪，影响基础设施和关键应用系统，同时也可能窃取个人隐私、机密信息或进行网络诈骗。僵尸程序的类型包括互联网中继聊天（internet relay chat, IRC）僵尸程序、HTTP 僵尸程序，以及对等网络（P2P）僵尸程序等。

僵尸网络攻击主要包括DDoS攻击、发送垃圾邮件、窃取信息、滥用计算资源，以及通过僵尸网络进行加密货币挖矿等。构建僵尸网络的过程通常始于攻击者入侵脆弱的计算机系统，并植入僵尸程序，这一过程被称为僵尸程序的传播或僵尸网络的招募。早期，僵尸程序通过远程漏洞攻击、弱口令扫描、文件共享漏洞或USB驱动器传播。

僵尸网络的运作过程通常分为三个阶段：第一阶段是传播阶段，攻击者利用系统漏洞、恶意邮件、即时通信软件、恶意网站脚本和木马等方式传播僵尸程序；第二阶段是加入阶段，被感染的主机会将僵尸程序加入到僵尸网络，并与指定的控制服务器建立连接，等待攻击者的命令；第三阶段是控制阶段，攻击者通过控制中心向被感染主机发送指令，执行恶意操作。

为了防范僵尸网络的威胁，可以采取以下措施：使用Web过滤服务、禁用浏览器脚本、及时升级浏览器和插件、部署防火墙和入侵检测系统，以及使用应急修复工具等。这些防护手段有助于减少僵尸网络的传播和攻击风险。

后门是指一种恶意程序，它能绕过系统的正常安全机制，允许攻击者以非授权的方式访问系统。通过后门，攻击者能够获得系统控制权，执行恶意操作。技术上，后门可分为不同类型，例如，网页后门、线程插入后门、拓展后门和客户端-服务器后门等。后门与木马有相似之处，也存在显著差异。两者的共同点在于，它们都潜伏在系统中，并向外发送信息，且都具备一定的权限，允许远程计算机对本机进行控制。不同之处在于，木马通常是一个完整的软件，而后门则更小巧，功能更为单一。

常见的后门技术或工具包括IRC后门（具备恶意功能）、Netcat（常被称为“瑞士军刀”）、VNC（用于远程控制）、Login后门、Telnetd后门、TCP Shell后门、ICMP Shell后门、UDP Shell后门，以及Rootkit等。后门的危害在于它能够与其他恶意代码结合，形成功能强大的恶意软件，增加攻击者控制目标系统的能力。

4.5 面临的挑战与应对

4.5.1 面临的挑战

随着信息安全及相关要求的逐步完善，信息安全建设的动力不断增强。尽管各行业的企业在制定建设方案、推动分类分级等关键问题上取得了一定进展，但在管理和技术层面仍然面临一些挑战。

目前，我国的数字经济正处于迅速发展的阶段，越来越多的行业加速进行数字化转型。推动新型基础设施建设（简称新基建）是我国数字经济高速发展的重要策略。在新基建的实施过程中，产业升级与技术进步也带来了数据安全的新挑战。例如，人工智能、数据中心、工业互联网及金融等领域，均面临不同程度的数据安全风险。

1. 人工智能领域

人工智能的快速发展，核心依赖于算法和数据，数据的规模和质量对人工智能决策的结果起着至关重要的作用。因此，数据安全风险已成为影响人工智能安全发展的关键因素。与此同时，随着人工智能技术的不断进步，其应用也给数据安全带来了更大的挑战。在数据管理和数据挖掘的过程中，数据安全风险更容易被引入。综合来看，人工智能领域涉及关键数据安全的挑战主要有以下几种：

1）人工智能应用引发的数据安全风险

人工智能的应用可能导致个人数据被过度收集。例如，智能穿戴设备、视频监控设备等能够直接获取个人的敏感信息，如人脸识别和指纹数据等。如果信息保护措施不到位，可能会导致个人隐私泄露。因此，人工智能的使用可能加剧了隐私数据泄露的风险。

2）人工智能应用引发的数据滥用风险

通过收集用户的地理位置、消费习惯、行为模式等碎片化数据，并结合人工智能技术进行深度分析和挖掘，能够预测用户的偏好和习惯，从而提高日常生活的便利性和改善生活质量。然而，这也带来了“杀熟”现象和隐私追踪等问题，引发了公众和政府对数据滥用的担忧。

3）人工智能应用加剧的数据治理风险

人工智能的应用不仅提高了数据资源的价值，还使得数据所有权的问题更加突出。随着互联网公司业务的全球化，全球范围内的搜索引擎、定位服务和即时通信等软件的推广，导致了数据跨境流动的风险增加。这种数据流动可能会涉及违规行为，进而对国家安全造成威胁。

2. 数据中心领域

根据 IDC 的调研报告，目前约 50% 的企业数据存储在自有的数据中心或租用的第三方数据中心，另外 22% 的数据存放在云服务商的数据中心，19% 的数据存储在边缘数据中心，剩余 9% 的数据则存储在其他地方。随着我国数据中心的使用逐渐增多，数据中心的高能耗和低效率问题也愈加显现。同时，随着数据交换的频率增加，核心业务数据和个人隐私数据的保护面临着更大的安全风险。

1）业务中断与数据丢失风险

数据中心设备种类繁多且高度集成，自动化程度较高，长期运行时可能面临系统故障的风险，进而导致业务中断。为确保业务的持续性，需要采取容灾措施（如两地三中心）进行备份。此外，恶意攻击或非恶意操作也可能导致数据丢失，因此，应提前进行数据的本地或异地备份，以保障数据的完整性与可用性。

2）数据破坏或泄露风险

数据中心作为企业的核心资源，为企业提供了大量应用与服务，但这也使其成为黑客攻击的重点目标。如果数据中心遭遇恶意攻击，可能会导致大量数据被破坏、盗取或泄露，这对企业、个人甚至社会经济都会带来严重后果。

3）高能耗引发的风险

随着数据量的剧增，数据中心的总体能耗较大，2024 年我国数据中心总用电量约 3 000 亿千瓦时，全球范围内的数据中心能耗问题同样严峻。能源是保障数据中心安全和持续运营的关键资源，随着数据量的不断攀升，数据存储所需的能耗也在急剧增加。如何利用技术创新降低数据计算和存储的能耗，成为数据中心节能增效的重要课题。

3. 工业互联网领域

工业互联网正在成为提升制造业生产力、竞争力和创新力的关键驱动力，许多发达国家已经将其作为发展先进制造业的核心战略。然而，随着工业互联网的快速发展，数据安全风险也日益严重。根据《工业和信息化部关于工业大数据发展的指导意见》，工业数据已成为黑客攻击的主要目标。数据显示，我国约 1/3 的互联网工业设备存在高危漏洞，且这些设备的厂商、型号、参数等信息经常遭到恶意嗅探。

在全球数据安全形势日益严峻的背景下，工业互联网的数据，特别是来自制造业等领域的数据，已经成为网络攻击的重点对象。目前，工业数据安全责任体系正在逐步建立，但随着云计算、大数据、人工智能、5G 等新技术的快速发展，工业数据安全的隐患也愈加复杂，给工业互联网的安全防护带来了前所未有的挑战。

1）数据泄露风险

随着工业控制系统与互联网、大数据平台的广泛连接，工业领域的开放性不断增加。这种趋势使得传统的工业环境变得更加开放，从而扩大了网络攻击面，增加了外部威胁侵入工业环境的风险。这可能导致重要的工业数据被泄露、受到勒索攻击等严重后果。

2）数据全生命周期管理风险

由于不同行业和企业之间的差异，数据接口的规范性和通信协议的统一性不足，这使得在数据采集过程中容易出现过度采集和隐私泄露等问题。在数据传输环节，由于工业互联网数据对实时性的要求较高，传统的加密传输技术往往难以适应。同时，工业互联网的数据在传输过程中可能涉及多路径和跨组织流动，增加了数据追踪和溯源的难度。

在数据存储阶段，缺乏完善的分类、分级、隔离措施及授权访问机制，使得存储中的数据容易受到非法访问、窃取或篡改的威胁。在数据使用环节，工业互联网中的数据通常是多维度、异构和碎片化的，传统的数据清洗、解析和深度分析方法在处理此类数据时效果不佳。整体来看，数据全生命周期的各个环节都面临着不同的安全挑战。

4. 金融领域

金融作为现代经济的核心，直接关系到国家的竞争力。在金融业务中，对实时性的要求极高，且业务的数字化和信息化程度非常高。数据安全对于金融企业而言至关重要，直接影响其生存和发展。企业遭遇过各种类型的网络安全事件，客户资料泄露和企业重要业务数据泄露频繁发生。可以看出，关键数据的安全问题已成为持续困扰金融科技企业的主要网络安全风险，面临的挑战包括多个方面。

1）数据丢失的风险

金融大数据反映了人们的金融交易和互动信息，属于个人隐私数据。因此，金融系统必须确保数据存储的可靠性，并具备完善的灾备系统以保障数据安全。不论是自然灾害、系统故障还是人为损坏，金融核心数据必须实时备份，以防止可能导致的严重金融损失。

2）数据泄露的风险

随着金融业务全球化、移动互联网和金融科技的快速发展，线上服务变得更加便捷和丰富。不法分子对金融机构的攻击越来越频繁，因此，如何确保数据的安全使用和保护用户的个人隐私信息，已成为金融领域面临的一个重大安全挑战。

3）数据完整性的风险

全球金融体系中金融稳定性的重要性日益突显，如何保障金融机构数据的安全性，已经成为各国和国际组织的关注重点。金融交易记录等数据通常需要具备有效的追溯性和防抵赖能力，这种高安全要求成为金融行业在数据安全方面的显著特点。

随着新基建的推进，各行各业对数据的感知、存储、传输和处理能力提出了更高要求。同时，数据的特点也在持续演变，具体表现在以下几个方面：首先，数据环境呈现出多样化和复杂化，生成、存储和使用的非结构化数据（如文本、图片和视频）急剧增加；其次，数据的实时处理需求愈发迫切。随着新一代信息技术的迅猛发展，社会运行效率不断提升，企业在新的业务场景中对数据实时性的需求越来越高；最后，随着云计算、物联网、大数据、人工智能、区块链、边缘计算和 5G 等新型数字技术的广泛应用，催生各行业产生海量数据，这些数据的多元化处理成为一个重要问题。所有这些都对数据中心如何高效、安全地支撑这些新技术提出了挑战。

4.5.2　应对策略

为了保障信息安全，应从管理、技术等多个维度着手，提升数据信息安全性和隐私保护能力，确保数据在其生命周期的各个阶段都能得到有效保护和控制，切实维护数据的安全性和隐私性。从管理角度考虑，应完善相关法律法规政策，使其作为社会治理体系重要组成部分。同时，强化数据安全监管，构建数据安全标准规范体系。从技术角度考虑，应从如下几方面入手。

1. 受隐私保护与安全约束的新型计算范式

结合边缘计算与去中心化分布式数据存储，依托分布式数据安全管理方案，可以实现有效的用户隐私保护及高效的安全服务，进而构建一种符合隐私保护与安全要求的新型计算模式。该模式的主要特点包括：分布式数据存储、去中心化管理、高度的数据隐私保护、敏感信息匿名化处理、严格的权限控制、快速的数据传输、迅速的服务响应，以及完善的数据溯源追踪功能。这些特性使得系统在保障数据安全和隐私的同时，也提供了卓越的性能。

2. 基于数据托管与国家监管的计算范式

由国家安全机关统一规划和管理的分布式数据中心，通过结合数据加密、信息匿名化、分布式存储和计算等技术手段，能够实现用户隐私保护及高效的安全服务，进而构建一种以数据托管和国家监管为基础的计算模式。该模式的关键特点包括：受国家监管、拥有法律法规政策保障、数据托管服务、分布式存储架构、敏感数据筛查能力、隐私保护措施、敏感信息匿名化处理，以及严格的权限管理等。

3. 保障数据全生命周期安全

数据生命周期包括数据生产、存储、传输、访问、使用和销毁六个阶段，每个阶段都需确保数据安全。在此过程中，数据生产的重点是分类隔离，存储阶段的关键是加密备份，传输环节的核心是授权加密，访问阶段的关键是授权认证，使用阶段的重点是合法使用，销毁阶段的核心是注销和删除。

1）数据生产保护

在数据生产与采集阶段，由于数据量大、种类繁多、来源复杂，其准确性、真实性、公平性和安全性往往难以确保。为应对这些问题，可以采取以下措施：根据不同的安全需求，建立数据分级和分类管理体系，对不同级别的数据实施差异化的保护和管控；利用区块链、数字水印等技术，对数据来源进行身份认证和记录，防止采集到未经授权的或非法的数据，同时防止数据在数据库中遭到恶意篡改；针对可能存在的偏差样本、伪造样本、对抗样本、异常样本等问题，设计相应的检测算法，以实现对恶意数据的有效过滤。

2）数据存储防护

计算机及其他设备通常通过存储介质来保存数据，但在此过程中可能面临未经授权的访问、数据篡改或破坏等安全风险。为应对这些问题，可以采取以下措施：采用高效的加密技术对数据进行加密，以确保数据在静态存储和动态传输过程中的安全性；通过存储复制、数据冗余和硬盘保护等多种策略，增强数据对不可抗力因素导致的破坏的抵御能力，从而保障数据的安全性。

3）数据传输防护

数据传输涉及通过信息传输通道实现点对点或点对多点的通信过程，需要采用信息安全措施来确保数据的机密性、完整性和准确性。为解决这些问题，可以采取以下策略：建立完整的数据基因体系，确保数据在传输过程中的可追溯性、可追踪性和可关联性，从而保证传输数据的准确性；采用加密传输方式，并使用安全的传输协议等技术手段，以提高数据传输过程中的安全性。

4）数据访问防护

在数据访问环节中，恶意攻击和解密算法种类繁多，容易导致数据遭遇非法访问，从而引发泄露、窃取和滥用等严重后果。为应对这些问题，可以采取以下措施：采用基于区块链、信任关系或动态属性变化等新型机制，对用户身份进行有效验证，并为其分配相应的访问权限；结合两种或更多认证方式对用户身份进行验证和授权，从而大幅提高身份验证的安全性；通过加密算法生成密钥对，对用户访问权限进行保护，确保无法通过公钥推算出私钥，有效防止暴力破解密码带来的数据恶意访问风险。

5）数据使用防护

在以数据流动和合作为基础开展生产活动时，为确保数据仅在授权范围内访问和处理，并防止数据窃取、隐私泄露等安全问题，可以采取以下措施：采用匿名化技术，使得个人信息无法与特定自然人关联，从而保护用户隐私；数据脱敏是通过对敏感数据进行变换或处理，生成脱敏后的数据，以保护个人隐私并允许安全使用；计算环境安全是构建健全的数据计算环境安全机制，防止硬件故障、集群断电、程序漏洞或恶意攻击等原因导致的数据损坏或丢失，确保数据计算过程的安全性。

6）数据销毁防护

常见的数据销毁方法可能无法完全消除数据内容，容易被恶意恢复，从而引发数据泄露等严重的安全隐患。为应对这些问题，可以采取以下措施：通过去除或匿名化用户信息，断开用户与数据之间的联系，使得用户信息无法再被查询、访问或检索；利用数据覆盖等软件技术手段，彻底销毁或擦除数据；采用物理或化学方法直接破坏存储介质，从根本上销毁或擦除存储在其中的数据。

小　　结

本章主要介绍了信息安全的概念、相关法规、重要性，阐述了物理安全、信息安全技术、恶意攻击及防护，分析了面临的挑战与应对策略，主要的知识点如下：

（1）信息安全涵盖网络、数据、信息等多方面安全，与个人隐私、企业发展、国家安全紧密相关。我国出台多项法规保障信息安全，在大数据时代，其重要性愈发凸显，数据安全影响着各领域发展。

（2）物理安全是网络与信息安全基础，包括芯片安全和设备安全。芯片面临硬件植入木马和物理攻击威胁；设备安全涉及环境、通信线路、电源和电磁等方面安全，当前物理设备存在身份认证、数据保密等安全问题。

（3）信息安全技术中，加密技术历史悠久，从古典加密到现代对称、非对称加密，再到后量子密码学应对量子计算挑战；防火墙是重要网络防护工具，分网络层、应用层等多种类型；入侵检测系统监控网络，能识别非法入侵，但存在缺陷，机器学习技术推动其发展。

（4）恶意攻击包括黑客非法入侵、恶意软件威胁。计算机病毒有触发性、隐蔽性等特点；特洛伊木马是后门程序；僵尸网络和后门危害网络安全。

（5）人工智能、数据中心等领域面临数据泄露、滥用等安全挑战。应对策略包括完善法律法规，强化监管，构建新型计算范式，保障数据全生命周期安全，在各阶段采取加密、认证、销毁等防护措施。

习　题

1. 简述网络空间的概念。
2. 简述信息安全的内涵。
3. 简述物理安全的含义。
4. 简述加密技术。
5. 简述防火墙的作用。
6. 简述恶意攻击包括哪些。
7. 简述计算机病毒、木马、僵尸网络和后门的危害。
8. 简述信息安全应对策略。

第 5 章
程序设计基础

中文的“算法”一词最早出自《周髀算经》。而英文的 algorithm 源于 9 世纪波斯数学家 Al-Khwarizmi，他在数学上提出了 algorism 这个概念，在 18 世纪，algorism 演变为 algorithm，含义也从算术中的运算规则演变为解题方案的准确而完整的描述，成为“一系列解决问题的清晰指令”的代名词，代表着用系统的方法描述解决问题的策略机制。20 世纪中期，随着计算机的出现，算法被广泛地应用于计算机的问题求解，被认为是计算机的灵魂。程序设计是算法的具体实现，是一项系统化的工程活动。它涉及软件开发生命周期的各个阶段，包括需求分析、系统设计、编码实现、测试验证及维护更新。程序员或软件工程师利用编程语言，如 Java、C# 或 Python，将复杂的问题分解为可管理的算法和数据结构，进而转化为计算机可执行的指令。在程序设计中，应注重代码的可读性、可维护性、效率和安全性，遵循编码标准和最佳实践。

学习目标

（1）理解结构化程序设计思想，了解算法的概念和特性，掌握算法的描述工具。

（2）了解数据结构、线性表、堆栈、队列、树与图等基本概念。

（3）了解 Python 基础语法。

（4）理解软件工程思想。

5.1 计算机语言

程序是用计算机语言来描述的指令序列。文档是指用自然语言或者形式化语言所编写的用来描述程序的内容、组成、功能规格、开发情况、测试结构和使用方法的文字资料和图表。软件是指计算机系统中的各种程序。程序是软件的主体，具有目的性和可执行性，文档则是对程序的解释和说明。

计算机语言是人与计算机交流的一种工具，这种交流被称为计算机程序设计。程序设计语言按其发展演变过程可分为三种：机器语言、汇编语言和高级语言，前二者统称为低级语言。

机器语言（machine language）是直接由机器指令（二进制）构成的，因此由它编写的计算机程序不需要翻译就可直接被计算机系统识别并运行。这种由二进制代码指令编写的程序最大的优点是执行速度快、效率高，同时也存在着严重的缺点：机器语言很难掌握，编程烦琐、可读性差、易出错，并且依赖于具体的机器，通用性差。

汇编语言（assembly language）采用一定的助记符号表示机器语言中的指令和数据，是符号化了的机器语言，也称作“符号语言”。汇编语言程序指令的操作码和操作数全都用符号表示，大大方便了记忆，但用助记符号表示的汇编语言，它与机器语言归根到底是一一对应的关系，都依赖于具体的计算机，因此都是低级语言。同样具备机器语言的缺点，如：缺乏通用性、烦琐、易出错等，只是程度上不同罢了。用这种语言编写的程序（汇编程序）不能在计算机上直接运行，必须首先被一种称之为汇编程序的系统程序“翻译”成机器语言程序，才能由计算机执行。任何一种计算机都配有只适用于自己的汇编程序（assembler）。

高级语言又称为算法语言，它与机器无关，是近似于人类自然语言或数学公式的计算机语言。高级语言克服了低级语言的诸多缺点，它易学易用、可读性好、表达能力强（语句用较为接近自然语言的英文字来表示）、通用性好（用高级语言编写的程序能使用在不同的计算机系统上）。但是，对于高级语言编写的程序仍不能被计算机直接识别和执行，它也必须经过某种转换才能执行。

高级语言种类很多，功能很强，常用的高级语言有：面向过程的 Basic、用于科学计算的 Fortran、支持结构化程序设计的 Pascal、用于商务处理的 COBOL 和支持现代软件开发的 C 语言；现在又出现了面向对象的 VB（Visual Basic）、VC++（Visual C++）、C#、Delphi、Java、Python 等语言，使得计算机语言解决实际问题的能力得到了很大的提高。

语言处理程序的功能是将除机器语言以外，利用其他计算机语言编写的程序，转换成机器所能直接识别并执行的机器语言程序的程序。可以分为三种类型，即汇编程序、编译程序和解释程序。通常将汇编语言及各种高级语言编写的计算机程序称为源程序（source program），而把由源程序经过翻译（汇编或者编译）而生成的机器指令程序称为目标程序（object program）。语言处理程序中的汇编程序与编译程序具有一个共同的特点，即必须生成目标程序，然后通过执行目标程序得到最终结果。而解释程序是对源程序进行解释（逐句翻译），翻译一句执行一句，边解释边执行，从而得到最终结果。解释程序不产生将被执行的目标程序，而是借助解释程序直接执行源程序本身。

应该注意的是，除机器语言外，每一种计算机语言都应具备一种与之对应的语言处理程序。程序设计语言及其开发平台是构建软件应用的基石，常用的高级编程语言及其开发平台介绍见表 5-1。

表5-1　常用的高级编程语言及其开发平台

编程语言	简　介	开发平台
Java	Java 是一种广泛使用的面向对象编程语言，它的跨平台特性使其成为企业级应用和 Android 应用开发的首选	Eclipse、IntelliJ IDEA、NetBeans
Python	Python 以其简洁的语法和强大的库支持，在数据科学、人工智能、网络开发和自动化脚本等领域中占据重要地位	PyCharm、Jupyter Notebook、Visual Studio Code

续上表

编程语言	简　介	开发平台
C/C++	C/C++ 是一种高性能的编程语言，适用于系统软件、游戏开发、实时系统和嵌入式系统等对性能要求极高的领域	Microsoft Visual Studio、Code Blocks、Eclipse CDT
C#	C# 是微软开发的一种现代编程语言，广泛用于开发 Windows 应用程序、游戏（通过 Unity 引擎）和 Web 服务	Microsoft Visual Studio、MonoDevelop
JavaScript	JavaScript 是构建动态网页和前端开发的核心技术，随着 Node.js 的出现，它也成为了服务器端编程的流行选择	WebStorm、Visual Studio Code、Atom
Swift	Swift 是苹果公司推出的编程语言，用于开发 iOS 和 macOS 应用，它以其现代、快速和安全的特点受到开发者青睐	Xcode
Ruby	Ruby 是一种简洁高效的脚本语言，以 Ruby on Rails 框架闻名，适合快速开发复杂的网站	RubyMine、Sublime Text、Atom
Go	Go 语言由 Google 开发，以其并发处理能力和简洁的语法，适用于云计算和微服务架构	GoLand、LiteIDE、Visual Studio Code

5.2 编程思想

5.2.1 面向过程程序设计

面向过程（procedure oriented）是一种以过程为中心的编程思想。在面向过程程序设计中，问题被看作一系列需要完成的任务，分析出解决问题所需要的步骤，然后用函数（泛指例程、函数、过程）把这些步骤逐一实现，使用的时候依次调用函数即可。解决问题的焦点在于编写函数，其中函数是面向过程的，即它关注如何根据规定的条件完成指定的任务。

结构化程序设计（structured programming, SP）在 20 世纪 60 年代开始发展，1966 年，Bohra 和 Jacopini 提出了以下三种基本结构作为良好算法的基本单元：顺序结构、选择（也称分支）结构和循环结构。1968 年，荷兰计算机科学家 E.W.Dijikstra 发表了著名的论文 *Go To Statement Considered Harmful*。此后，结构化程序设计开始盛行。

结构化程序设计即面向结构的程序设计方法，是过程式程序设计的一个子集，是面向过程的程序设计（procedure oriented programming, POP）的改进。它是一种进行程序设计的原则和方法，即从结构上将软件系统划分为若干功能模块，各模块按要求单独编程，再将各模块连接，组合构成相应的软件系统。结构化程序设计采用自顶向下、逐步求精的设计方法，各个模块通过基本控制结构进行连接，并且只有一个入口、一个出口。

（1）自顶向下是指程序设计时，应先考虑总体，后考虑细节；先考虑全局目标，后考虑局部目标。不要一开始就过多追求众多的细节，先从最上层总目标开始设计，逐步使问题具体化。

（2）逐步细化是指对复杂问题，应设计一些子目标作为过渡，逐步细化。

（3）模块化是把程序要解决的总目标分解为相对简单的子目标，再进一步分解为具体的小目标，并将每一个小目标称为一个模块。

按照这种原则和方法，通过使用逻辑结构可设计出结构清晰、容易理解、容易修改、容易验证的程序（注意程序书写规范，强调程序可读性第一，效率第二）。

结构化程序设计目的在于使程序具有一个合理结构，以保证和验证程序的正确性，从而开发出正确、合理的程序。使程序执行效率提高，程序的出错率和维护费用大大减少。

按照结构化程序设计思想，任何算法功能都可以通过由程序模块组成的三种基本程序结构的组合来实现。

顺序结构表示程序中的各操作是按照它们出现的先后顺序执行的。

选择结构表示程序的处理步骤出现了分支，需要根据某一特定的条件选择其中的一个分支执行。选择结构有单选择、双选择和多选择三种形式。

循环结构表示程序反复执行某个或某些操作，直到某条件为假（或为真）时才可终止循环。循环结构的基本形式有两种，即当型循环和直到型循环。当型循环先判断条件，当满足给定的条件时执行循环体，并且在循环终端处流程自动返回到循环入口；如果条件不满足，则退出循环体直接到达流程出口处。因为是“当条件满足时执行循环”，即先判断后执行，所以称为当型循环。直到型循环从结构入口处直接执行循环体，在循环终端处判断条件，如果条件不满足，返回入口处继续执行循环体，直到条件为真时再退出循环到达流程出口处，是先执行后判断。因为是“直到条件为真时为止”，所以称为直到型循环。

5.2.2　面向对象程序设计

面向对象程序设计（object oriented programming, OOP）是以类和对象为核心，将对象作为组成程序的基本模块，程序由一系列对象组成。其定义公式为：OOP = 对象 + 类 + 继承 + 多态 + 消息。

其中，类是对现实世界的抽象，包括表示静态属性的数据和对数据的操作，对象是类的实例化，对象间通过消息传递相互通信，来模拟现实世界中不同实体间的联系。

在面向对象程序设计中，采用类和对象来组织代码，类是对象的模板，对象是类的实例；代码通过定义类和创建对象来实现，对象之间通过消息传递进行交互；通过继承和多态性提高代码的可重用性，子类可以继承父类的属性和方法；封装特性使得代码更易于维护，修改一个类的实现不会影响到其他类；为更适应需求的变化，可以通过添加新的类或修改现有类来适应变化；在性能上可能略逊 POP 一筹，但现代编程语言和编译器的优化使得这一差异变得不那么显著。

相对而言，OOP 更适合复杂、大型、需要高度可重用和可维护的软件系统，而 POP 则适用于简单、小型、性能要求较高的程序。在实际开发中，开发者可以根据项目需求和特点选择合适的编程范式。

5.3　算法基础

5.3.1　算法概念与特点

算法就是为解决某一个问题而采取的方法和步骤，它被称作程序的灵魂。算法可以理解为由基本运算及规定的运算顺序所构成的完整的解题步骤，或者看作是按照要求设计好的、有限的、确切的计算序列，并且这样的步骤和序列可以解决一类问题。

著名的计算机科学家沃斯（N.Wirth）曾提出过一个经典的公式：程序＝数据结构＋算法。

该公式是对面向过程程序的概括，说明一个程序主要由两个部分组成。

（1）数据的描述。程序中数据的类型和数据的组织形式，即数据结构（data structure）。

（2）操作的描述。即操作步骤，是对问题解决方案完整的描述，也就是算法。

解决同一问题可能有很多种算法，但它们的效率可能相差很多。因此，选择高质量的算法，有助于提升算法乃至整个程序的效率。

著名的计算机科学家 Kunth 曾把算法的特征归纳为如下五点。

1. 有穷性

算法的有穷性（finiteness）是指算法必须能在执行有限个计算步骤之后终止。算法的有穷性也指合理的执行时间，如果一个算法需要执行远超预期的时间年限，显然无实用价值。

例如，数学上的无穷级数，在计算机中只能求有限项，即计算的过程是有穷的。

2. 确定性

算法的确定性（definiteness）是指算法的每一个步骤必须是确定的，不能存在歧义。例如，“如果 $k \leqslant 1$，则输出 1；如果 $k \geqslant 1$，则输出 0”就存在歧义，当 k 值等于 1 时，既应该输出 1，又应该输出 0，于是便出现了不确定性。

3. 输入项

算法的输入项（input）是指算法有 0 个或多个输入。所谓 0 个输入是指算法本身已给出了初始条件。

4. 输出项

算法的输出项（output）是指算法有一个或多个输出，没有输出的算法是毫无意义的。

5. 可行性

算法的可行性（effectiveness），也称为有效性，是指算法中的任何计算步骤都能有效地执行，且能得到确定的结果。

算法的设计是为了在某一个特定的计算工具上解决某一个实际的问题，因此，它总是受到计算工具的限制。例如，计算机的数值有效位是有限的，计算往往会因为有效位数的影响产生误差，在设计算法时，必须考虑可行性，根据具体的系统调整算法，否则是不会得到满意结果的。

注意： 算法不等于程序，也不是计算方法。算法是对逻辑层面上解决问题方法的一种描述，一个算法可以被很多不同的程序实现，但程序通常还需考虑很多与方法和分析无关的细节问题，这是因为程序运行受到计算机系统运行环境的限制。算法可以被计算机程序模拟出来，但程序只是一个手段，让计算机去机械式地执行，算法才是灵魂，告诉计算机“怎么”去执行。程序的编制不可能优于算法的设计，算法并不是程序或者函数本身。程序中的指令必须是机器可执行的，而算法中的指令无此限制。

5.3.2 算法描述

算法有多种描述方法，常用的有自然语言、传统流程图、N-S 流程图、伪代码、计算机语言等。

1. 自然语言

自然语言就是人们日常生活中所用的语言，描述算法时可以使用汉语、英语和数学符号等。自然语言描述的算法通俗易懂，但比较容易产生歧义，且语句比较麻烦、冗长，因此，一般不用自然语言来描述算法。

2. 传统流程图

传统流程图也称一般流程图，是一种常用的算法表示方法，采用一些图框、文字说明和流程线来直观地描述算法的处理过程。美国国家标准协会（American national standards institute，ANSI）规定了常用流程图符号，详见表 5-2。

表5-2　传统流程图中的常用符号

符号名称	符号形状	功　能
起止框		表示算法的开始和结束
输入 / 输出框		表示算法中的输入或输出操作
一般处理框		表示算法中的各种处理操作
判断框		表示算法中的条件判断
流程线		表示算法的执行方向
连接点		表示流程图的延续

基本控制结构的传统流程图画法如图 5-1 所示。

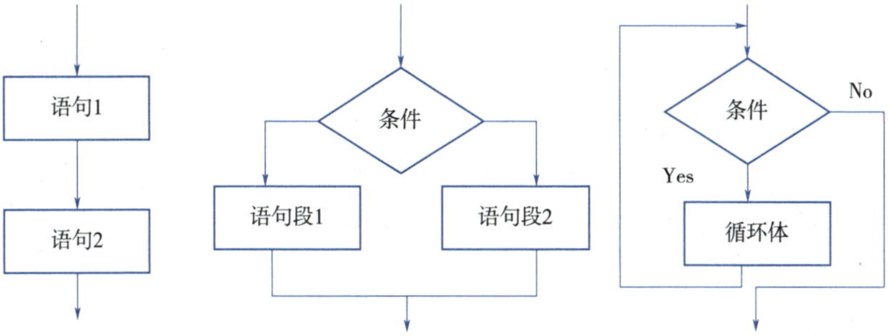

（a）顺序结构　（b）分支结构　（c）循环结构

图 5-1　控制结构传统流程图

传统流程图描述的算法清晰、形象，不会产生歧义，但这种描述方式所占的篇幅较大，有时流程线的任意转向会降低程序的可读性和可维护性。例如，描述 $sum=1^2+2^2+3^2+4^2+\cdots+100^2$ 算法的传统流程图，如图 5-2 所示。

3. N-S 流程图

N-S 流程图是 1973 年美国学者 I.Nassi 和 B.Shneiderman 提出的一种新的流程图形式，其名称来源于两位学者名字的首字母。在这种流程图中，去掉了带箭头的流程线，全部算法写在一个矩形框内，在该框内还可以包含其他的矩形框。N-S 流程图没有流程线，避免了算法流程的任意转向，使算法只能够按照自上而下的顺序执行，保证了程序的质量。这种流程图作图简单，占用篇幅小，形象直观，适于结构化程序设计。N-S 流程图表示的结构化程序设计的三种基本结构如图 5-3 所示。

（1）顺序结构。顺序结构如图 5-3（a）所示，其先执行 A 操作，再执行 B 操作，两者是顺序执行的关系。

（2）选择结构。选择结构如图 5-3（b）所示，其根据表达式 P 的真与假来选择执行一种操作。如果 P 的值为真，则执行 A 操作；如果 P 的值为假，则执行 B 操作。

（3）循环结构。循环结构如图 5-3（c）所示，分为当型循环结构和直到型循环结构两种。当型循环结构表示当条件 P 为真时，反复执行 A 操作，直到条件 P 为假时结束循环。直到型循环结构表示，反复执行 A 操作，直到条件 P 为真结束。

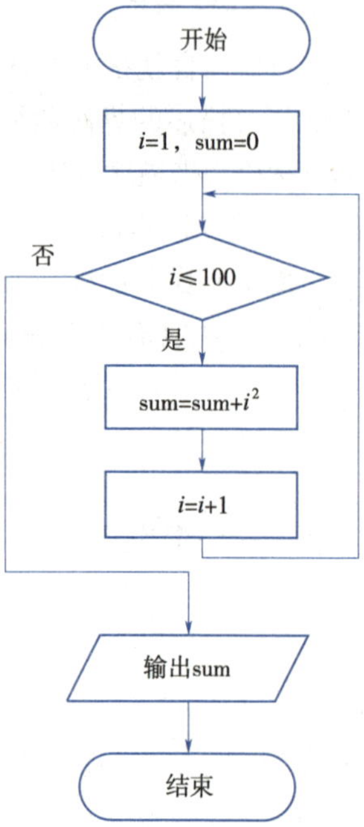

图 5-2　求解 1~100 平方和算法传统流程图

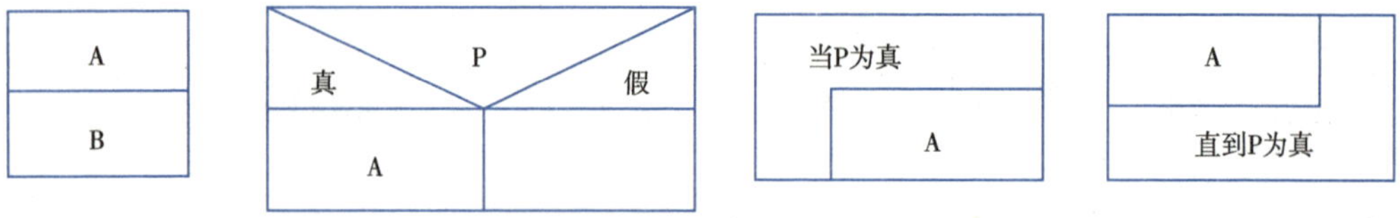

（a）顺序结构　（b）选择结构　（c）当型循环结构　（d）直到型循环结构

图 5-3　N-S 流程图表示三种基本结构

例如，描述 $sum=1^2+2^2+3^2+4^2+\cdots+100^2$ 算法的 N-S 流程图如图 5-4 所示。

4. 伪代码

伪代码（pseudo code）用介于自然语言和计算机语言之间的文字和符号来描述算法。这种描述方式不用图形符号，每行（或几行）表示一个基本操作，修改方便，格式紧凑，容易看懂，便于向计算机程序转换。用伪代码书写算法无固定、严格的语法规则，中文、英文都可以使用，只要把意思表达清楚，便于书写和阅读即可。

5. 计算机语言

算法最终都要通过计算机语言描述出来，并在计算机上执行。这些计算机语言是人与机器“对话”的语言，也就是我们常说的“程序设计语言”。先分析问题、描述算法，然后再编写代码，是良好的程序设计习惯。

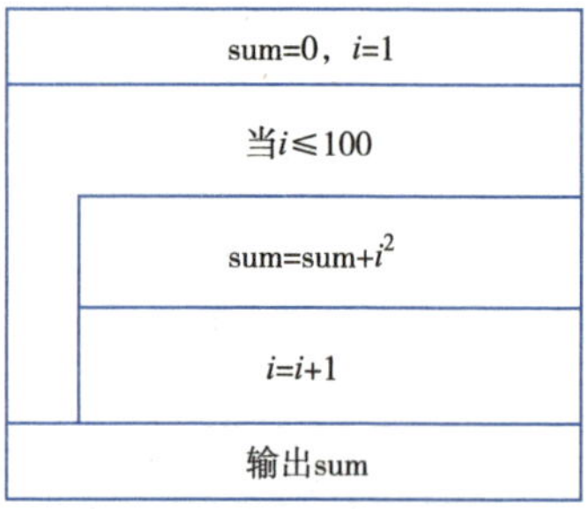

图 5-4　求 1~100 平方和算法的 N-S 流程图

算法描述语言的选择取决于具体的使用需求和使用场景，

每种语言都有其独特的优势和适用范围，选择合适的描述语言对于算法的有效传达和实现至关重要。相对而言，以上几种描述算法的方法中，传统流程图和 N-S 流程图比较容易被初学者掌握。

5.4　Python 基础

视　频

Python语言简介

Python 是一种解释型、面向对象、动态数据类型的高级程序设计语言。其语法简洁明了，代码可读性高，非常适合初学者入门。Python 具有丰富的标准库和第三方开源库，被广泛使用于人工智能应用开发中。

5.4.1　Python 的安装与运行

在开始编程之前，需要先安装 Python。可以从 Python 官方网站下载最新版本的 Python 安装包。安装过程较为简单，按照安装向导的提示逐步进行即可。安装完成后，可以通过在命令行中输入 python --version 来验证 Python 是否安装成功，若成功安装，会显示 Python 的版本号。

可以在任何文本编辑器（如 Notepad++、Sublime Text、VS Code 等）或集成开发环境（如 IDLE、PyCharm 等）里编写 Python 程序，文件扩展名为 .py。可以直接在集成开发环境里运行程序，也可以通过命令行方式运行程序。

5.4.2　Python 基础语法

1. 代码缩进

Python 使用严格缩进来表示代码块，而不是像其他语言（如 C、Java）使用大括号 {}。通常使用 4 个空格作为一个缩进层级。

2. 注释

单行注释：以 # 开头，从 # 到行尾的所有内容都会被视为注释。

多行注释：可以使用三个单引号或双引号（''' 或 """）来创建多行注释。

3. 语句和表达式

语句是执行特定操作的指令，例如，赋值语句、if 语句、for 语句等。

表达式是产生值的代码片段，例如，数学表达式、函数调用等。

例如：

```
x = 10                                  # 赋值语句
y = 2 + 3                               # 2 + 3是一个表达式
```

4. 变量和数据类型

Python 是动态类型语言，不需要预先声明变量类型，直接赋值即可创建变量。

Python 中常见的数据类型包括整数（int）、浮点数（float）、字符串（str）、布尔值（bool）、列表（list）、元组（tuple）、字典（dict）和集合（set）等。

例如：

```
a = 10                                  # 整数
b = 3.14                                # 浮点数
c = "Hello, World!"                     # 字符串
```

```
d = True                              # 布尔值
e = [1, 2, 3]                         # 列表
f = (1, 2, 3)                         # 元组
g = {"name": "Alice", "age": 25}      # 字典
h = {1, 2, 3}                         # 集合
```

5. 运算符

Python 支持算术运算符（+、-、*、/、%、**）、赋值运算符（=、+=、-= 等）、比较运算符（==、!=、>、< 等）、逻辑运算符（and、or、not）和位运算符（&、| 等）。

6. 控制结构

Python 中的控制结构包括条件语句（if-elif-else）、循环语句（for 和 while）和异常处理（try-except）。

例如：

```
# 条件语句示例
a = 10
if a > 5:
    print("a 大于 5")
elif a == 5:
    print("a 等于 5")
else:
    print("a 小于 5")
# 循环语句示例
for i in range(5):                    #for 循环：用于遍历可迭代对象（如列表、字符
                                       串等）。
    print(i)
while a > 0:                          #while 循环：只要条件为 True，就会一直执行
                                       循环体中的代码。
    print(a)
    a -= 1
# 异常处理示例
try:
    result = 10 / 0
except ZeroDivisionError:
    print("除数不能为零")              # 当检测到 ZeroDivisionError 时执行的代码
finally:
    print("无论是否发生异常都会执行")# 无论是否发生异常，都会执行的代码
```

7. 函数、模块与库

Python 中的函数使用 def 关键字定义，函数名后紧跟圆括号和冒号，函数体使用缩进来表示。函数可以返回值，使用 return 语句。例如，下面示例输出 Hello，Alice!

```
def greet(name):                      # 定义函数
return f"Hello, {name}!"
print(greet("Alice"))                 # 调用函数并打印返回值
```

Python 中的模块是一个包含 Python 代码的文件，文件扩展名为 .py。模块可以包含函数、类和变量，也可以包含可执行的代码。可以使用 import 语句导入模块。

例如：

```
import math                    # 导入模块
print (math.sqrt (16))         # 调用 math 模块中的 sqrt 函数计算平方根
from math import sqrt          # 导入模块中的特定函数
print (sqrt (25))              # 直接调用 sqrt 函数
```

Python 拥有庞大的标准库，提供了许多实用的模块和功能。此外，还有大量的第三方库可以通过 pip 包管理器安装，例如，在命令行中输入：pip install requests 安装第三方库 requests。

8. 文件操作

Python 提供了内置的 open() 函数来打开文件，并返回一个文件对象。文件对象提供了读写文件的方法，如 read()、readline()、write() 和 writelines() 等。

例如：

```
with open ("example.txt", "w") as file:      # 打开文件（如果文件不存在则创建）
file.write ("Hello, World!\n")               # 写入 "Hello, World!"
with open ("example.txt", "r") as file:      # 打开文件
content = file.read()                        # 读取文件内容
print (content)                              # 输出 Hello, World!
```

5.5　数据结构基础

在计算机科学中，数据结构是一种数据组织、管理和存储的格式。它是相互之间存在一种或多种特定关系的数据元素的集合。通常情况下，精心选择的数据结构可以带来更高的运行或者存储效率。数据结构往往同高效的检索算法和索引技术相关。

5.5.1　数据结构的基本术语

数据（data）是指所有能输入到计算机中去的描述客观事物的符号，包括数值型数据和非数值型数据（多媒体信息处理）。

数据元素（data element）是数据的基本单位，也称结点（node）或记录（record）。

数据项（data item）是有独立含义的数据最小单位，也称域（field）。

数据、数据元素、数据项三者之间的包容关系为：数据 > 数据元素 > 数据项。例如，学生表 > 个人记录 > 学号、姓名……。

数据对象（data object）：是相同特性数据元素的集合，是数据的一个子集。例如，整数数据对象 $N=\{0, 1, 2, \cdots\}$

数据结构（data structure）是相互之间存在一种或多种特定关系的数据元素的集合。数据结构是带“结构”的数据元素的集合，“结构”就是指数据元素之间存在的关系。

5.5.2　数据结构的研究内容

数据结构研究的是非数值计算的程序设计问题中计算机的操作对象，以及它们之间的关系

和操作，即数据的逻辑结构和数据的物理结构，以及它们之间的相互关系。只有当数据的逻辑结构、存储结构和操作三个方面的内容完全相同时，才是相同的数据结构。

数据的逻辑结构是指数据元素之间存在的逻辑关系，由数据元素的集合和定义在此集合上的关系组成。数据的逻辑结构与数据的存储无关，独立于计算机，是从具体问题抽象出来的数学模型。数据的逻辑结构由两个要素构成，分别是：数据元素的集合和关系的集合。

数据的逻辑结构在计算机中的存储表示或实现叫作数据的存储结构，也叫物理结构。数据的存储结构依赖于计算机。一般来说，一种数据结构的逻辑结构根据需要可以表示成多种存储结构，常用的存储结构有顺序存储、链式存储、索引存储和哈希存储等。数据的顺序存储结构的特点是：借助元素在存储器中的相对位置来表示数据元素之间的逻辑关系；非顺序存储的特点是：借助指示元素存储地址的指针表示数据元素之间的逻辑关系。

5.5.3 数据结构的分类

数据结构有很多种划分方式。

1. 按逻辑结构进行分类

一种方式是可以分为线性结构和非线性结构两类。

线性结构就是表中各个结点具有线性关系。例如，线性表就是典型的线性结构，栈、队列和串等也属于线性结构。

线性结构具有如下几个特点：线性结构是非空集；线性结构有且仅有一个开始结点和终端结点；线性结构所有结点都最多只有一个直接前驱节点和一个直接后继节点。

非线性结构就是表中各个结点之间具有多个对应关系。在实际应用中，数组、广义表、树结构和图结构等数据结构都属于非线性结构。

非线性结构具有如下几个特点：非线性结构是非空集；非线性结构的一个结点可能有多个直接前驱结点和多个直接后继结点。

另一种划分方式可以将逻辑结构分为：集合、线性结构、树状结构和图形结构，如图 5-5 所示。

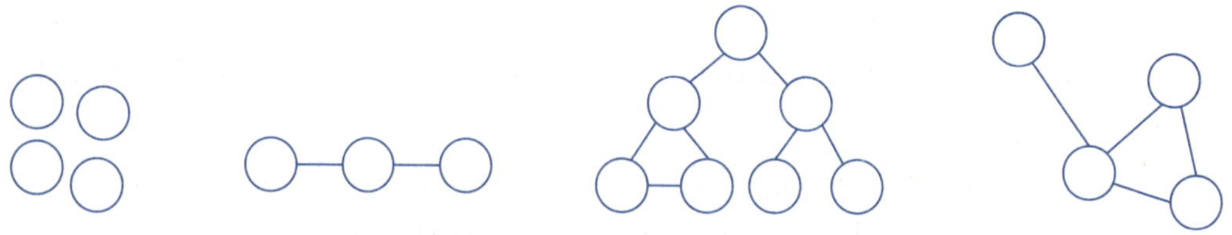

图 5-5 集合、线性结构、树状结构和图形结构示意图

其中，集合数据结构中的元素之间除了“同属一个集合”的相互关系外，别无其他关系；线性结构数据结构中的元素存在一对一的相互关系，如线性表、栈、队列；树形结构数据结构中的元素存在一对多的相互关系，如树；图形结构数据结构中的元素存在多对多的相互关系，如图。

2. 按存储结构分类

按存储结构分类，分为顺序存储结构和链式存储结构。

顺序存储结构借助元素在存储器中的相对位置来表示数据元素间的逻辑关系，如图 5-6 所示。

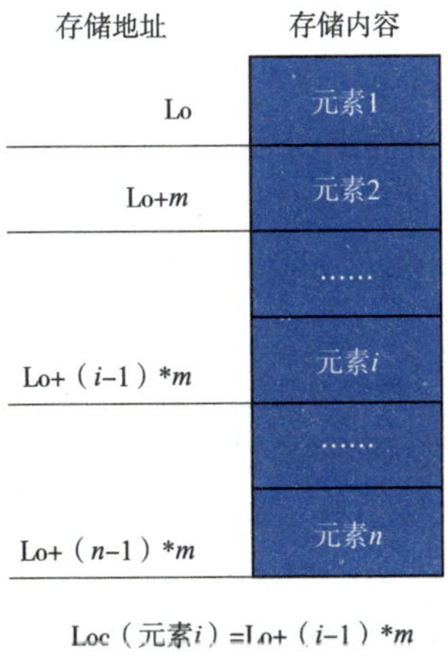

图 5-6　顺序存储结构示意图

链式存储结构借助指示元素存储地址的指针表示数据元素间的逻辑关系，链式存储结构示意图如图 5-7 所示，各结点信息表见表 5-3。

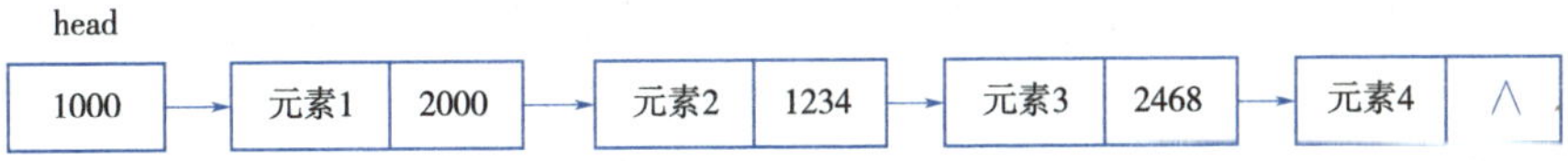

图 5-7　链式存储结构示意图

表5-3　链式存储结构各结点信息表

存储地址	存储内容	指　针
1000	元素 1	2000
2468	元素 4	∧
……	……	……
2000	元素 2	1234
……	……	……
1234	元素 3	2468

3. 常见数据结构

在程序设计中，常用的数据结构主要包括如下几种。

1）数组

数组（array）是一种聚合数据类型，它是将具有相同类型的若干变量有序地组织在一起的集合。数组是最基本的数据结构，在各种编程语言中都有对应。一个数组可以分解为多个数组元素，按照数据元素的类型，数组可以分为整型数组、字符型数组、浮点型数组、指针数组和结构数组等。数组还可以有一维、二维及多维等表现形式。

视 频

数据结构

2）堆栈

堆栈（stack）是一种特殊的线性表，又称为栈。它只能在表的固定端进行数据结点的插入和删除操作。栈按照先进后出、后进先出的原则来存储数据，也就是说，先插入的数据将被压入栈底，最后插入的数据在栈顶，读出数据时，从栈顶开始逐个读出。栈在汇编语言程序中，经常用于重要数据的现场保护。栈中没有数据时，称为空栈。

3）队列

队列（queue）和栈类似，也是一种特殊的线性表。和栈不同的是，队列按照先进先出的原则来存储数据。队列只允许在表的一端进行插入操作，而在另一端进行删除操作。一般来说，进行插入操作的一端称为队尾，进行删除操作的一端称为队头。队列中没有元素时，称为空队列。

4）链表

链表（linked list）是一种数据元素按照链式存储结构进行存储的数据结构，这种存储结构具有在物理上非连续的特点。链表由一系列数据结点构成，每个数据结点包括数据域和指针域两部分。其中，指针域保存了数据结构中下一个元素存放的地址。链表结构中数据元素的逻辑顺序通过链表中的指针链接次序实现。

5）树

树（tree）是典型的非线性结构，它是由 n（n>0）个有限结点组成的一个具有层次关系的集合。在树结构中，有且仅有一个根结点，该结点没有前驱结点。在树结构中的其他结点都有且仅有一个前驱结点。

6）图

图（graph）是另一种非线性数据结构。图的数据结构包含一个有限的集合作为结点集合，以及一个无序对（对应无向图）或有序对（对应有向图）的集合作为边的集合。如果两个结点之间存在一条边，那么就表示这两个结点具有相邻关系。

7）堆

堆（heap）是一种特殊的树状数据结构，一般讨论的堆都是二叉堆。堆的特点是根结点的值是所有结点中最小的或者最大的，并且根结点的两个子树也是一个堆结构。

8）散列表

散列表（hash）源自散列函数（hash function），其思想是如果在结构中存在关键字和 T 相等的记录，那么必定在 F（T）的存储位置可以找到该记录，这样就可以不用进行比较操作而直接取得所查记录。

数据操作是指对数据结构中的数据元素进行运算或处理。数据操作定义在数据的逻辑结构上，每种逻辑结构都需要一组对其数据元素进行处理以实现特定功能的操作，如创建、插入、删除、查找、修改、遍历等。数据操作的实现依赖于数据的存储结构。

5.6 软件工程思想

5.6.1 软件的认识

软件不等于程序。程序是计算机为完成特定任务而执行的指令的有序集合。根据编程思想不同，程序可以简单表述为以下几种形式：

视 频

软件工程

（1）面向过程的程序 = 算法 + 数据结构。

（2）面向对象的程序 = 对象 + 消息。

（3）面向构件的程序 = 构件 + 构架。

而软件的最新形式定义为：软件 = 程序 + 数据 + 文档 + 知识。其中，“程序”是对计算机任务的处理对象和处理规则的描述。“数据”是软件系统赖以运行的初始化数据。“文档”是为了理解程序所需的详细描述性资料。“知识”是指各种各样的相关行业领域的专业知识。实际上，知识只是外在表现，程序、数据、文档才是内在实质。即知识是通过程序、数据、文档来实现的。

在软件开发前期，首先要考虑编写相关文档，而非直接写程序。软件工程大师 Roger S Pressman 曾说：“越早开始写代码的人，就是越迟完成代码的人”。

5.6.2　软件的认识过程

20 世纪 50 年代，软件就等于程序，软件系统就是程序系统。

20 世纪 60 年代，软件等于程序加文档。这里的文档，是指软件开发过程中的分析、设计、实现、测试、维护文档，还不包括管理文档。

20 世纪 70 年代，软件需要管理。软件等于程序加文档再加数据（数据不仅包括初始化数据、测试数据，而且包括研发数据、运行数据、维护数据，也包括软件企业积累的项目工程数据和项目管理数据中的大量决策原始记录数据）。

20 世纪 80 年代，软件管理是一个过程管理，或是一个管理过程。

20 世纪 90 年代及以后，人们研究了软件过程管理的具体内容与方法，并将软件开发和管理中产生的各种文档叫作“软件工作产品”，而将最后交付给用户使用的软件工作产品叫作“软件产品”。软件管理文档称为“管理制品”，软件开发文档称为“技术制品”，两者合称为“制品（artifact）”。

5.6.3　软件工程概述

软件工程是研究软件开发和管理的工程科学，源于软件危机（指计算机软件开发与维护过程中出现一系列严重问题的现象）。主要目标为了高效开发高质量软件，降低开发成本。软件工程的内容包括市场调研、正式立项、需求分析、项目策划、概要设计、详细设计、编程、测试、试运行、产品发布、用户培训、产品复制、实施、系统维护及版本升级等。

美国著名的软件工程专家 B.W Boehm 于 1983 年提出了如下七条原理，作为软件工程的基本原理。

（1）用分阶段的生命周期计划严格管理软件开发。阶段划分为计划、分析、设计、编程、测试和运行维护。

（2）坚持进行阶段评审。上一阶段评审不通过，就不能进入下一阶段开发。

（3）实行严格的产品版本控制。

（4）采用现代程序设计技术。

（5）结果应能清楚地进行审查（即对文档要有严格要求）。

（6）开发小组的成员要少而精。

（7）承认不断改进软件工程实践的必要性。

习惯上，人们常常把软件工程的方法（开发方法）、工具（支持方法的工具）、过程（管理过程）称为软件工程三要素。其中，方法是完成软件开发各项任务的技术，回答“如何做”；工具是为方法的运用提供自动或半自动软件支撑环境，回答“用什么做”；过程是为获得高质量的软件要完成的一系列任务的框架，规定完成各项任务步骤，回答“如何控制、协调、保证质量”。

随着软件工程的发展及技术的不断进步，软件工程开发方法从人们分析问题的角度和方式的不同，可以笼统地分为传统的和面向对象的两种。

传统结构化开发方法是一种静态的思想。其特点为：

（1）将软件开发过程划分为若干个阶段，并规定每个阶段必须完成的任务，各阶段之间具有某种顺序性。

（2）体现出对于复杂问题“分而治之”的策略，但主要问题是缺少灵活性，缺少应对各种未预料变化的能力，这些变化却是在实际开发中无法避免的。

（3）当软件规模比较大，尤其是开发的早期，需求比较模糊或者经常变化的时候，这种方法往往会导致软件开发得不成功或维护困难。

5.6.4 软件生命周期与开发过程

软件生命周期（software life cycle, SLC）是软件的产生直到报废或停止使用的生命周期。软件生命周期内有问题定义、可行性分析、总体描述、系统设计、编码、调试和测试、验收与运行、维护升级到废弃等阶段，也有将以上阶段的活动组合在内的迭代阶段，即迭代作为生命周期的阶段。

软件开发过程（software development process）或软件过程（software process），是软件开发的开发生命周期（software development life cycle），其各个阶段均实现了软件的需求定义与分析、设计、实现、测试、交付和维护。软件过程是在开发与构建系统时应遵循的步骤，是软件开发的路线图。可重复的、可预测的过程能够提升软件生产的效率和质量。

通常，生命周期模型要更一般化，而软件开发过程则更为具体化；生命周期是软件开发的宏观上的框架，软件过程则涉及软件开发的流程等管理细节，要在框架稳定的前提下允许对软件过程进行裁剪。

软件生命周期有顺序式、迭代式、增量式及敏捷式四种不同类型。软件生命周期的模型主要有瀑布模型、快速原型模型、增量模型、喷泉模型、螺旋模型和迭代模型等。其中最常用的是瀑布模型和快速原型模型，其次是增量模型，相对较难掌握的是迭代模型。

软件开发过程主要采用“分而治之”的思想，将整个软件的生命周期划分成软件定义、软件开发和运行维护等几个主要的时期，每个时期再细分为具体的阶段。

1. 可行性分析

可行性分析可以认为是较高层次的需求分析和设计，其目的是用最小的代价在尽可能短的时间内确定该软件项目是否能够开发、是否值得开发，最后给决策者提供做与不做的依据。

其任务包括确定项目的规模和目标，确定项目的约束和限制；进行简要的需求分析，抽象出逻辑结构，建立逻辑模型；从逻辑模型出发，经过压缩的设计，探索出若干种可供选择的主要解决办法。描述所提出的解决方案和方案的可行性（每种解决方案都要从技术可行性、经济可行性和社会可行性等方面研究其可行性），并拟定开发计划，包括对费用、时间、进度、人员组织、硬件配置、软件开发环境和运行环境配置等进行说明和规划。

2. 需求分析

在确定软件开发可行的情况下，对目标软件未来需要完成的功能进行详细分析。需求分析是软件开发后续阶段的基础，直接关系到整个系统开发的成功与否。由于用户的需求随着项目的进展和理解处在不断的变化之中，因此需要对需求进行变更管理。应充分理解和掌握用户对目标软件的期望，除功能需求外还要对系统设计有影响的非功能性需求加以识别和分析。

此阶段的输出是“需求规格说明书”文档。

3. 软件设计

软件设计是在需求分析的基础上寻求系统求解的框架，如系统的架构设计、数据设计等。软件设计既是定义一个系统的体系结构、组件、接口和其他特征的过程，又是这个过程的结果。软件设计方案是软件实现的蓝图，应综合考虑软件的性能、扩展、安全等因素，合理规划系统模块的结构，充分考虑未来变化的可能性并预留空间，尽可能保证系统设计结构在整体上的稳定性。

软件设计可分为概要设计和详细设计，对应的输出分别为“概要设计说明书”和“详细设计说明书”。

4. 软件构造

软件构造是指通过编码、验证、单元测试、集成测试和排错工作，具体创建一个可以工作的、有意义的软件。其中，软件编码是将软件设计的结果翻译成某种计算机语言，实现程序代码的过程，因此软件编码要忠于设计。在程序编码中必须要制定统一的如何编码的标准规范，尽量提高程序的可读性、易维护性，提高程序的运行效率。

5. 软件测试

程序编码后需要对代码进行严密的测试，以发现软件在整个设计过程中存在的问题并加以纠正。软件产品与其他产品最大的不同是其复杂性，而发现并修正软件缺陷的成本特别大。

软件测试是按照规定的测试规程，使用人工或自动的手段来运行或测定某个软件系统，发现软件缺陷的过程。其基本原理是根据用户需求的满足情况判断软件的质量情况。目的是检验软件是否满足规定的需求或弄清预期结果与实际结果之间的差别。

为此，可以根据不同的需求准备一系列的测试，让其以某种形式运行起来以实现对系统的检测。因为测试数量是有限的，测试的通过并不能证明整个系统是正确的，测试内容的选择通常是对系统可能的缺陷进行分类并有针对性地让其表现出来，并不能代表全部可能的情况。软件测试是在有限测试用例集合上，根据期望的行为，对程序的行为进行的动态验证。其测试用例实际上是从无限的执行域中适当选择出来的。

通常，越早发现缺陷，其修复成本越低，因此，应尽可能早地发现软件缺陷。另外，软件测试经常被误认为是开发后期的一次性活动，但实际上，软件测试与整个开发流程是紧密一体的。

根据划分标准不同，软件测试主要有以下几种划分方式：

（1）根据测试阶段不同，软件测试可以分为单元测试、集成测试、系统测试、验收测试等。

单元测试是指对软件系统的各个单元进行逐一测试的过程，是软件测试中最早开展的一项实践，多由开发者本人按照质量保证相关规范进行执行。

集成测试是在单元测试完成之后执行的测试，是测试不同单元间相互作用的一种测试手段。

系统测试则是指对应用系统上所有组成部分都进行测试，以验证整个系统的功能和性能，主要是在应用上线之前完成。

验收测试是以用户需求为目标，测试软件系统是否符合用户要求，并判断是否可以交付用户使用。一般由客户主导，主要是将系统测试中的工作在用户现场重复执行，并在此基础上加入一些客户自己的测试愿望，如采用完全真实的现场数据。

（2）按照测试包含的内容，软件测试可以分为功能性测试和非功能性测试（界面测试、性能测试、兼容性测试、安全测试等）。

功能测试主要是验证软件功能是否符合需求规格说明书，是否能达到用户期望的功能要求。

界面测试，简称 UI 测试，测试用户页面布局是否合理、整体风格是否一致、界面文字是否正确、命名是否统一、页面是否美观，以及文字、图片组合是否完美等。

性能测试是对系统的各项性能指标进行测试，需要模拟实际用户负载来测试系统，包括反应速度、最大用户数、系统最优配置、软硬件性能及处理精度等。性能测试一般结合压力测试、负载测试等手段。

兼容性测试是测试系统与其他软件、硬件兼容的能力。

安全测试是测试该系统防止非法入侵的能力。

（3）根照测试对象是否运行可划分为静态测试和动态测试。

静态测试主要指不运行代码进行的测试（如代码走读）。

动态测试则是通常意义上的测试，是指代码在运行中进行的测试。

（4）按照不同的测试手段划分为手工测试和自动化测试。自动化测试替代手工，通过工具或者程序进行测试。

（5）根据测试关注对象不同可以划分为白盒测试和黑盒测试。

白盒测试也称为结构测试，主要用于检测软件编码过程中的错误。程序员的编程经验、对编程软件的掌握程度、工作状态等因素都会影响到编程质量，导致代码错误。

黑盒测试又称为功能测试，主要检测软件的每一个功能是否能够正常使用。在测试过程中，将程序看成不能打开的黑盒子，不考虑程序内部结构和特性的基础上，通过程序接口进行测试，检查程序功能是否按照设计需求，以及说明书的规定能够正常打开使用。

另外，测试过程需要建立详细的测试计划、编写测试用例、记录并分析测试结果，以保证测试过程实施的有效性，避免测试的随意性。

6. 软件维护

软件一旦投入运行，就可能出现异常情况，其运行环境也可能发生改变，用户也会提出新的需求。软件维护是为软件能够持续适应用户的要求延续软件使用寿命的活动。其生命周期从软件交付时开始，是软件生命周期中持续时间最长的阶段。软件维护可以分为：

（1）改正性维护：诊断和改正在使用过程中发现的软件错误。

（2）适应性维护：修改软件以适应环境的变化。

（3）完善性维护：根据用户的要求改进或扩充软件使它更完善。

（4）预防性维护：修改软件为将来的维护活动预先做准备。

7. 软件配置管理

软件配置是为了系统地控制配置的变更和维护在整个系统生命周期中的完整性及可追踪性。

8. 软件工程管理

处理软件工程的管理与度量，软件工程管理涵盖软件项目的计划、实施、评审与评价、关闭及软件工程度量等工作。

小　　结

本章主要介绍了程序设计语言、编程思想、算法、Python 基础语法、数据结构、软件工程等知识，主要的知识点如下：

（1）程序设计语言分为机器语言、汇编语言和高级语言。语言处理程序有汇编、编译、解释程序三种类型，可将相应的程序转换为机器语言。

（2）编程思想包括面向过程和面向对象。面向过程以过程为中心，结构化程序设计是其改进，采用顺序、选择、循环三种基本结构。面向对象以类和对象为核心，具有封装、继承、多态等特性，更适合大型复杂软件系统开发。

（3）算法是解决问题的方法和步骤，具有确定性、有穷性等特点。算法描述方法有自然语言、伪代码、流程图等。

（4）数据结构是数据的组织、管理和存储格式，研究数据的逻辑结构、存储结构及操作。逻辑结构分线性和非线性结构，存储结构有顺序存储和链式存储等。常见数据结构有数组、堆栈、队列、图等，不同结构有不同特点和适用场景。

（5）软件工程源于软件危机，目标是高效开发高质量软件。其基本原理包括分阶段管理、阶段评审等。软件生命周期包含多个阶段，软件开发过程遵循特定步骤，软件测试可按多种标准划分，软件维护能延长软件使用寿命，软件配置管理和工程管理保障软件项目顺利进行。

习　　题

1. 什么是程序？主要的编程语言有哪些？
2. 简述编译与解释的区别。
3. 简述面向过程和面向对象的编程思想。
4. 简述结构化程序设计的三种基本结构。
5. 什么是数据结构？常见的数据结构有哪些？
6. 什么是算法？算法的特征是什么？
7. 什么是软件？什么是软件危机？
8. 简述软件工程的基本原理。
9. 简述软件的生命周期。
10. 简述软件的开发过程。
11. 简述软件测试的概念及其分类。
12. 简述软件维护的概念及其分类。

第 6 章
数据管理与分析

数据管理是指对各种类型的数据进行收集、整理、组织、存储、处理、传输和检索等一系列操作。它是计算机应用领域中的一个重要环节，其核心目的是从海量的原始数据中提取、推导出对用户有意义的信息，为决策和行动提供依据。同时，数据管理还通过计算机技术科学地存储和管理复杂的、大量的数据，确保信息资源的高效利用。

进入大数据时代，数据量急剧增长，种类也日益多样化，这对数据管理提出了更高的要求。因此，新的数据管理技术应运而生。尽管关系型数据库曾是IT建设时代的数据管理基础，但在大数据时代，数据管理的范围已经扩展，涵盖了大规模并行处理数据库、分布式数据库、分布式文件系统、云计算平台、互联网技术及可扩展存储系统等多个方面，构成了新的数据管理基础。

学习目标

（1）了解数据管理及数据库的相关概念。

（2）了解专家系统的基本结构和开发过程。

（3）了解大数据的概念、特征及处理过程。

（4）了解数据分析的概念、关键环节及应用。

6.1 计算机数据管理

早期的计算机主要用于科学计算。然而，随着计算机硬件和软件技术的不断进步，人们逐步将计算机应用于数据管理领域。计算机数据管理经历了三个主要阶段：人工管理阶段、文件系统阶段和数据库系统阶段。

6.1.1 人工管理阶段

20世纪50年代中期之前，在计算机硬件方面，外部存储设备仅限于纸带、卡片和磁带，尚未出现像硬盘那样能够随机访问和直接存取数据的存储设备；而在软件方面，也没有操作系统和专门的数据管理软件。

这一阶段的数据处理具有以下特点：

（1）数据不被保存：用户将应用程序和数据同时输入计算机内存，应用程序对数据进行处理并输出结果，任务完成后，数据和应用程序一同从内存中释放，数据没有持久化存储。

（2）数据与程序缺乏独立性：数据由应用程序管理，程序不仅要定义数据的逻辑结构，还要指定数据在内存中的存储位置。当数据发生变化时，相应的应用程序也必须做出调整。

（3）数据无法共享：同一应用程序中的数据不能被其他应用程序所使用，不同程序之间无法共享数据，导致大量数据重复存储，这种现象被称为数据冗余。

6.1.2　文件系统阶段

20 世纪 50 年代后期至 60 年代中后期，随着计算机硬件和软件的快速发展，计算机逐渐进入了数据管理的文件系统阶段。在这一阶段，硬件方面，磁盘成为了主要的外部存储设备，能够支持数据的长期存储与快速检索；软件方面，高级语言和操作系统的出现使得计算机能够更高效地进行任务管理和数据操作。文件系统阶段的特点反映了数据存储和管理方式的转变，但也存在一些不足之处。

文件系统阶段数据处理的主要特点有：

（1）数据长期保存：在这一阶段，数据被存储在磁盘中的文件里，并且可以长期保存。数据项通常以记录的形式存储，每个文件包含若干记录，用户可以反复读取和更新这些数据。这使得数据的持久化得到了保证，避免了早期计算机中数据处理完成后即丧失的情况。

（2）程序与数据有一定的独立性：在文件系统阶段，程序与数据之间的依赖性有所降低。应用程序和数据文件是分开存储的，应用程序通过文件名访问数据文件，不需要关心数据存储的具体位置或输入 / 输出的方式。这种方式提高了程序的灵活性和可维护性。

（3）数据独立性低：尽管程序与数据在一定程度上独立，但数据的逻辑结构和存取方法还是紧密地依赖于应用程序。当数据的结构发生变化时，相关的应用程序也必须修改。这意味着，如果数据结构需要更新，程序也需要调整，数据和程序的独立性依然较低。

（4）数据共享性差，存在数据冗余和不一致：文件系统阶段的数据共享性较差。通常，每个应用程序都有自己的数据文件，如果多个程序需要使用相同的数据项，它们通常会创建各自的副本，这导致了数据冗余的发生。更为严重的是，当一个程序更新了数据文件中的某个数据项，而其他程序中的数据文件没有及时更新时，便会产生数据不一致的问题。这不仅增加了数据维护的难度，也影响了数据的准确性和可靠性。

文件系统阶段虽然解决了数据长期保存和程序与数据分离的问题，但由于数据冗余、共享性差等问题，随着计算机应用的深入，数据管理的需求变得更加复杂，促使了数据库管理系统的出现。

6.1.3　数据库系统阶段

20 世纪 60 年代后期，随着大容量和高速存储磁盘的问世，计算机的数据管理能力得到了显著提升，数据量迅速增长。随着多用户、多程序环境下对数据共享的需求不断增加，传统的文件系统已无法满足这些需求，从而推动了数据库技术的出现。

在数据库系统阶段，数据管理呈现出以下特点：

（1）高数据共享性，低冗余性：数据库的设计采用全局视角，组织数据以便多个用户和应用程序可以共享数据。这种结构有效减少了数据冗余。

（2）特定的数据模型：数据库中的数据根据一定的逻辑结构存储，这些结构由数据库管理系统提供支持的特定数据模型决定。目前，大多数数据库管理系统都基于关系模型。

（3）高数据独立性：数据与应用程序之间相互独立。即使数据的存储格式或结构发生变化，也无须对应用程序进行调整。

（4）统一的数据管理：数据库由数据库管理系统统一管理，该系统负责控制数据的并发访问、完整性和安全性等方面，确保数据的高效和安全操作。

6.1.4 数据文件格式

数据文件是计算机系统中常见的文件类型之一，本质上是用于存储数据的任何形式的文件。这些文件可能是纯文本文件、经过加密的文件或二进制格式文件。不同的应用软件可以创建不同类型的数据文件，这些文件通常使用特定的格式来存储信息。以下是几个常见的数据文件格式的介绍。

1. CSV 格式

CSV 是一种通用、简单的文件格式，广泛应用于商业和科研领域。CSV 文件可以通过记事本等文本编辑器打开，也可以用 Excel 等电子表格软件查看。CSV 文件具有以下特点：

（1）纯文本格式，使用字符集如 ASCII、Unicode、EBCDIC 或 GB 2312 等。

（2）由记录组成，通常每行代表一条记录。

（3）每条记录的字段通过特定的分隔符分开，常见的分隔符包括逗号、分号和制表符。

（4）每条记录的字段顺序一致。

2. JSON 格式

JSON（JavaScript 对象表示法）是一种与编程语言无关的、轻量级的数据交换格式。它最初源自 JavaScript，但因其易于阅读、编写并能够轻松地被程序解析和生成，逐渐成为一种标准的数据存储格式，并被广泛应用。

JSON 格式的文件遵循以下规则：

（1）数据采用“键：值”的形式表示，也称为键值对，其中键是表示列的名称，值是该列对应的具体数据。例如，年份 2025 可以表示为 year：2025。

（2）键值对的集合使用大括号（{}）包围，表示一条记录的各个字段。

（3）不同的键值对之间使用逗号（,）分隔，例如，同一记录的字段通过逗号隔开，不同的记录（集合）也通过逗号分隔。

（4）如果数据是一个集合（如数组），则使用方括号（[]）来表示。

通过这些简单的规则，JSON 能够清晰地组织和表达数据，方便程序处理和理解。

3. XML 格式

XML（可扩展标记语言）是一种基于 HTML 的、用于数据存储和交换的语言。XML 格式的文件遵循以下几个基本规则：

（1）XML 声明：XML 文档的开头必须包含一个声明，通常格式如下：

```
<?xml version="1.0" encoding="utf-8"?>
```

（2）根元素：每个 XML 文档必须有一个根元素，根元素是文档的第一个元素，其他所有元素都是根元素的子元素。根元素要在所有其他元素之前开始标记，并在所有元素结束标记之后结束。

（3）标记对称：在 XML 中，所有元素标签都必须成对出现。每个开始标签用尖括号（如 <year>）表示，结束标签则是以斜杠（</year>）结尾。数据位于这两个标签之间。

（4）数据冗余与一致性问题：XML 格式的数据通常难以共享，因此容易产生数据冗余和一致性问题。在许多情况下，每个应用程序会有自己的数据文件，如果不同应用程序处理相同的数据项，它们通常会各自创建文件，这样就会导致冗余。当一个文件中的数据项更新后，其他文件中的相同数据项没有更新时，可能会引发数据不一致的问题。

6.2　数 据 库

6.2.1　数据库系统的组成

数据库系统（database system, DBS）是一种采用数据库技术的计算机系统，旨在实现大量相关数据的有序存储与动态管理，并且是一种提供数据处理与信息共享的有效手段。数据库系统一般由五个主要部分构成：硬件系统、数据库、数据库管理系统、相关软件和工作人员。

1. 硬件系统

硬件系统指的是数据库系统所依赖的计算机硬件，包括中央处理器（CPU）、内存、外部存储、输入输出设备等。由于数据库系统需要运行操作系统、数据库管理系统的核心程序及各种应用程序，因此要求计算机具备足够大的内存。同时，由于数据库、系统软件和应用程序都存储在外部存储设备中，数据库系统对外存储容量的要求也很高。此外，若是网络数据库系统，还需要配备网络通信设备以支持数据传输。

2. 数据库

数据库（database, DB）可以看作是数据的存储仓库。它是指存储在计算机外部存储设备上的、结构化的相关数据集合。数据库不仅包含了描述事物的原始数据，还包括了不同数据之间的关联信息。数据以文件的形式保存在外部存储中，用户通过数据库管理系统来实现对这些数据的统一管理和控制。

3. 数据库管理系统

数据库管理系统（database management system, DBMS）是一个专门用于管理数据库的系统软件，是数据库系统的核心组件。它在操作系统的基础上运行，主要帮助用户建立、使用和维护数据库，确保数据的安全性、完整性，以及其他控制机制。当前常见的数据库管理系统有 Oracle、SQL Server 和 MySQL 等。

数据库管理系统的主要功能包括：

1）数据定义

数据库管理系统通过数据定义语言（data definition language, DDL）提供数据的创建、修改和删除功能。用户可以利用 DDL 来定义数据库对象，如表、视图、索引等。

2）数据操作

通过数据操作语言（data manipulation language, DML），数据库管理系统支持对数据的基本操作，包括查询、插入、删除和更新等。这些操作使得用户能够对数据库中的数据进行管理和使用。

3）数据控制

数据控制涉及安全性控制、完整性控制和并发性控制等方面：

（1）安全性控制：通过授权机制来管理数据库用户的权限。数据库管理系统允许管理员设置访问权限，确保只有授权用户能够执行特定操作。

（2）完整性控制：保证数据的正确性与有效性。数据库可以定义约束条件，例如，确保成绩字段的值在 0 到 100 之间，这样，在数据输入时系统会自动检查并拒绝不符合条件的数据。

（3）并发性控制：当多个用户同时对同一数据进行操作时，DBMS 会采取措施避免数据冲突。比如，在多人同时购票时，系统会通过加锁机制来确保同一票务数据在一个用户操作期间无法被其他用户修改。

4）数据库维护

数据库维护包括对数据库进行备份与恢复、数据转换、性能监控与优化等工作。DBMS 负责确保数据库在运行过程中处于最佳状态，并能及时恢复因故障丢失的数据。

4. 相关软件

在数据库系统中，除了数据库管理系统外，还需要一些相关软件来提供支持，包括数据库应用系统、数据库开发工具和操作系统等。

数据库应用系统是由开发人员根据特定领域的需求，利用数据库系统资源并配合开发工具，开发出的供一般用户使用的应用软件。这些应用系统可以涵盖多个领域，如图书管理系统、学籍管理系统、商品进销存系统等。

数据库开发工具是开发人员在编写数据库应用系统时所使用的软件平台，主要可以分为两类：

（1）基于客户端 / 服务器（C/S）架构的开发工具，如 Visual Basic、Visual C++、Delphi 等。

（2）基于浏览器 / 服务器（B/S）架构的开发工具，如 ASP、JSP、PHP 等。

在 C/S 模式的数据库系统中，服务器节点存储数据并执行数据库管理任务，而客户端则安装应用程序。当客户端用户发出请求时，这些请求会被发送到服务器进行处理，处理结果再返回到客户端。

随着互联网的普及，基于浏览器 / 服务器（B/S）模式的数据库系统得到了广泛的应用。在B/S模式的数据库系统中，客户端只需要安装浏览器，用户通过输入URL向Web服务器发出请求。Web 服务器接收到请求后，运行相应的脚本程序，并向数据库服务器发送数据请求。数据库服务器处理完请求后，将结果返回给 Web 服务器。然后，Web 服务器根据这些结果生成网页文件，客户端接收到网页文件后，通过浏览器展示出来。

5. 工作人员

数据库系统还包括了各种负责设计、构建、管理和使用数据库的工作人员。

1）数据库管理员

数据库管理员是负责全面管理和维护数据库系统的技术专家。他们参与数据库的规划、设计和搭建工作，负责数据库管理系统的安装和升级；制定并执行数据库的备份和恢复策略；负责数据库的安全性管理，控制和监控用户的访问权限；监督和记录数据库的运行状态，进行性能分析，并优化系统性能。

2）开发人员

开发人员主要负责分析应用系统的需求，设计系统功能，并使用开发工具实现这些功能。

3）最终用户

最终用户通过运行数据库应用程序来处理数据，无须了解数据库的设计、维护和管理等方面的技术细节。

6.2.2　关系型数据库

数据库中存储和管理的数据来源于现实世界中的各种实际事物。例如，在图书管理系统中，涉及的对象包括图书和读者；在教学管理系统中，则是学生、教师和课程；在销售管理系统中，包括商品、客户和员工等。由于计算机无法直接处理这些具体的事物，因此需要将它们转化为计算机能够管理的数据。通常，这一转化过程分为两个阶段：首先，将现实世界的事物转化为信息世界中的表示，建立概念模型；然后，将信息世界的表示转化为数据世界中的结构，建立数据模型。

视频

关系型数据库

1. 概念模型

概念模型是对现实世界中事物及其相互关系的抽象反映，这一反映经过分析、归纳和抽象，最终形成了信息世界。它是在信息世界中建立的抽象模型，用以表示现实世界中的各种事物和关系。概念模型作为用户与数据库设计人员之间交流的工具，应具备两个特点：一方面，它应能够清晰地表达应用中涉及的各类语义信息，另一方面，它需要简单易懂，便于用户理解。目前，实体联系模型是表示概念模型的常用方式。模型的主要元素包括实体、实体属性、实体型、实体集，以及实体间的联系等。

1）实体

实体是指那些客观存在且能够相互区分的事物。这些实体可以是具体的事物，如读者、图书、学生、教师、课程等；也可以是抽象的事件，如借书、选课、订货等行为。

2）实体属性

实体属性指的是用来描述实体特征的各个方面。每个实体通常有多个属性来进行详细描述。例如，学生实体可以通过学号、姓名、出生日期、性别等属性来表征；而课程实体则可以通过课程编号、课程名称、开课学院、学分、是否为必修课、学时和简介等属性来描述。

3）实体型与实体集

由实体名称及其相关属性构成的同类实体的集合称为实体型。实体型表示了同一类实体的共性。

4）实体间的联系

实体间的联系是指不同实体集之间的关系。实体之间的联系可以分为三种类型：一对一、一对多和多对多。

2. 数据模型

数据模型是在建立了概念模型的基础上，为了将其转换为计算机能够管理和处理的数据而进行的建模。它从计算机系统的视角出发，描述数据库中数据的逻辑结构，并通过一套严格的语法和语义规则来定义和操作数据库中的数据。数据模型包含三个核心组成部分：数据结构、数据操作和数据完整性约束。数据结构指的是数据库中存储的对象类型集合，它描述了数据库中各类对象及它们之间的联系；数据操作则包括了对数据库中不同数据实例进行的操作，如插入、删除、更新和查询等，规定了如何对数据进行有效处理；数据完整性约束则是指在数据模型中，为了确保数据的正确性和一致性，所必须遵守的一系列规则。这些规则保证了数据库数据的准确性和一致性，避免了数据的错误和不一致情况的出现。

任何数据库管理系统都基于某种数据模型。在 20 世纪 70 年代至 80 年代初，广泛使用的数据库管理系统是基于层次和网状数据模型的。层次模型采用树状结构来表示实体之间的关系，而网状模型则通过网状结构来表达这些关系。

如今，关系模型已成为最常用的数据模型，它以二维表的形式来表示实体之间的联系。在关系模型中，关系代数是其操作的基础，操作对象和结果都是二维表，即关系。当前流行的数据库管理系统，如 Oracle、SQL Server 和 MySQL，都是基于关系模型的数据库管理系统。在关系模型中，二维表作为基本的数据结构，用来表示实体之间的联系，数据被视为表中的元素，所有的操作和结果均围绕二维表展开。

3. 关系术语

1）关系

一个关系就是一张二维表，每个关系都有个关系名。对关系的描述被称为关系模式，其格式为：关系名（属性 1，属性 2，…，属性 n）。

2）元组

二维表的一行被称为关系的一个元组，即数据表中的一条记录。

3）属性

二维表的一列被称为关系的一个属性，即数据表中的一个字段。

4）域

属性的取值范围被称为域，即不同元组对同一个属性的取值所限定的范围。

5）关键字

能唯一标识元组的属性或属性的组合的字被称为关键字。在数据表中，能标识记录唯一性的字段或字段的组合，被称为主关键字或候选关键字。

6）外部关键字

如果关系中的某个属性不是本关系的关键字，而是另一关系的关键字，那么这个属性就被称为外部关键字。

4. 关系的特点

在关系模型中，每个关系模式必须满足一定的条件，并具备一系列特点。

首先，关系必须规范化，其中最基本的要求是每个属性必须是不可分割的数据单元。也就是说，每个属性不能再细分为几个更小的属性，这确保了数据的原子性。

其次，在一个关系中，不能出现相同的属性名。换句话说，同一个数据表中不能有两个或多个字段具有相同的名称，这有助于避免数据混淆和保证数据的准确性。

此外，在关系模型中，一个关系不能出现完全相同的元组，即每一行数据必须是唯一的。如果有重复的记录，表明数据存在冗余或错误。

关系模型还规定，元组的次序是无关紧要的。也就是说，数据表中的行可以任意交换位置，交换后不会改变数据的实际含义。这使得关系模型具有较强的灵活性。

最后，关系模型中属性的次序也是无关紧要的。即使变换数据表中列的位置，也不会影响数据的含义或结构。这与传统的二维表格结构有所不同，强调了数据的逻辑结构而非物理排列顺序。

6.2.3　数据库设计

要成功地建立一个符合用户需求的数据库，就一定先要进行数据库的设计。一般来说，数据库设计的基本步骤如下。

1. 了解用户需求

需求分析是开发数据库应用系统的首要且至关重要的步骤，准确的需求分析通常决定着系统的成功与否。在此阶段，开发人员需要与系统的最终用户进行沟通，收集当前人工处理的报表，理解现有的工作流程。这些信息有助于确定系统需要输入的数据格式、解决的问题、所需的统计分析数据，以及各类报表的类型。

2. 确定数据库所需的表

如果将所有数据项集存放在一个数据表中，会导致数据冗余的问题。因此，合理划分数据表是必不可少的。

3. 设计表结构

每个数据表都需要进行结构设计，包括定义字段名称、数据类型、字段长度等细节。

定义字段名称：字段名称应当能够反映该字段存储数据的性质，并且在同一个表内，每个字段的名称必须唯一。

定义数据类型：字段的数据类型决定了该字段能存储数据的类型、是否可以进行算术运算、所能存储数据的范围及数据的精确度等特性。

4. 确定主键

在关系型数据库中，每个数据表都需要设置一个主键，用于唯一标识每一条记录。有时，单个字段就能够唯一地标识记录。

5. 确定表之间的关系

在进行数据处理或查询时，可能需要从多个数据表中获取相关的数据。因此，需要明确各个数据表之间的关系，以便于高效地查询和处理。

6.2.4　SQL 概述

SQL（结构化查询语言）由 IBM 公司 Boyce 和 Chamberlin 于 1974 年提出，基于关系型数据库的 12 条准则数学定义，并以简单的关键字语法表达出来。1979 年，IBM 推出的关系型数据库管理系统 System R 实现了 SQL。由于 SQL 具备多种优势，各大数据库厂商都将 SQL 纳入其数据库管理系统中。经过多年发展，SQL 已经成为关系型数据库的标准语言。

SQL 具有以下特点：

1）综合统一

SQL 集成了数据定义、数据操作、数据查询和数据控制等多种功能，语法结构统一，可以独立完成数据库管理生命周期中的各种操作：

（1）数据定义：用于创建、修改和删除表、视图及索引。

（2）数据操作：用于插入、删除、更新数据等。

（3）数据查询：用于数据查询、统计、分组和排序等操作。

（4）数据控制：用于授权和事务控制等功能。

2）高度非过程化

用户仅需描述“要做什么”，无须关心“如何做”。SQL 系统会自动根据命令执行操作，而无须用户了解数据存储格式、存取路径或命令执行的具体过程，这减轻了用户的负担，提高了数据独立性。

3）简洁易学

SQL 功能强大，且其核心命令仅包括九个：

（1）数据定义：CREATE、DROP、ALTER。

（2）数据操作：INSERT、UPDATE、DELETE。

（3）数据查询：SELECT。

（4）数据控制：GRANT、REVOKE。

另外，SQL 语法简单且接近自然语言，易学易用。

4）两种使用方式

SQL 既可以通过交互式命令执行，也可以嵌入到高级语言程序中。无论采用哪种方式，SQL 的语法结构保持一致。

6.3 大 数 据

视 频

大数据

6.3.1 大数据的概念

21 世纪是数据信息飞速发展的时代，移动互联网、社交网络、电子商务等技术的兴起极大地拓展了互联网的应用场景，导致各类数据迅速膨胀。如今，互联网（包括社交媒体、搜索引擎、电商平台、微博）、物联网（如传感器、智慧地球）、车联网、GPS、医学影像、安全监控、金融（银行、股市、保险）、电信（通话、短信）等领域正持续产生海量数据。根据国际数据公司的统计，到 2025 年，全球数据量预计将达到 163 ZB（ZB 表示十万亿亿字节），其中中国的贡献约占全球的 23%。

随着信息技术的不断进步和数据量的急剧增加，传统数据库已逐渐无法满足人们的需求，从而催生了“大数据”这一概念。大数据，也被称为海量数据、巨量数据或大资料，是指无法在短时间内通过人工或计算机捕捉、管理和处理的庞大数据集合。它需要采用新的处理方法，才能有效支持决策、洞察和流程优化。与传统数据库相比，大数据具有显著的区别。首先，传统数据库的数据规模较小，通常以 MB 为单位，且种类相对单一，而大数据的规模庞大，通常以 GB、TB、PB 甚至 EB、ZB 为单位，且数据类型多样。其次，传统数据库在数据存储前通常需要定义模式，而大数据则难以预先设定模式，甚至模式可能会随着数据量的增大而变化。最后，传统数据库将数据作为处理对象，而大数据则视数据为一种宝贵的资源，助力分析和解决各个领域的问题。

从 2003 年到 2006 年，谷歌的工程师们先后发表了关于谷歌核心技术“三驾马车”（谷歌文件系统、MapReduce 和 BigTable）的学术论文，引发了广泛关注，吸引了大量互联网公司关注这些技术。在各大互联网公司技术的推动下，Hadoop 系统应运而生，并于 2008 年 6 月达到了相对成熟的阶段。2011 年 5 月，在 EMC World 2011 会议上，EMC 首次提出了“大数据”这一概念，并以“云计算相遇大数据”为主题，标志着大数据技术的广泛传播和应用。

6.3.2 大数据的特性

大数据具有 5V 特性，即 volume、velocity、variety、value、veracity。

volume（数据量大）：大数据的最显著特性就是数据量庞大，并且随着云计算等技术的发展，数据的增量也不断加速。数据的存储规模已经从 GB、TB 提升至 PB，甚至达到 EB 和 ZB。

velocity（高速）：指的是数据生成和处理的速度非常快。社交媒体、定位系统等应用的普及，使得数据能够快速、大量地产生。同时，数据处理的速度也必须加快，才能更有效地利用这些信息。数据传输速度可用 TB/s 或 PB/s 来衡量。为了实现这种速度，通常需要多个网络连接并行工作，而单一连接无法达到如此高的处理速率。

variety（多样性）：大数据涉及的数据格式和来源极为多样，包含结构化、半结构化和非结构化数据，甚至还包括一些不完整或有错误的数据。数据来源包括网页日志、电子邮件、传感器、智能手机等多种途径，形式上则涵盖了文本、图片、视频、音频和数字等多种类型。

value（价值低密度）：尽管大数据的量巨大，但其中包含的有价值的信息相对较少。因此，需要采用特定技术对数据进行处理和挖掘，提取出最有价值的信息，从而实现对数据的高效利用。

veracity（真实性）：大数据中可能存在大量不准确的数据，这可能会影响分析和决策的精准性。为了保证数据的可靠性和质量，必须利用先进的大数据技术进行清洗和处理，确保数据的真实性，从而让它更好地服务于实际应用。

6.3.3　大数据处理

大数据的处理过程通常可以分为四个主要步骤：数据获取、数据存储与管理、数据集成及数据分析与挖掘。

1. 数据获取

数据的来源极其广泛，可能来自物联网设备、互联网、各种传感器等。数据的形式也非常多样，包括数字、文本、声音、图片、视频等多种类型。中国工程院李德毅院士指出，大数据的主要来源有三个方面：机器生成的数据、生命和生物相关的大数据，以及社交大数据。

（1）机器生成的数据：通常通过各类传感器收集，如智能设备、工业设备等。

（2）生命和生物的大数据：主要来源于基因组学、蛋白质组学、代谢组学等领域的生物学研究数据。

（3）社交大数据：主要来自人类的社会活动，而互联网是其传播和承载的主要平台。

由于大量用户可能同时进行并发访问和操作，因此需要采用专门的采集方法来获取数据。常见的采集方法包括以下三种：

（1）系统日志采集：企业的业务平台每天都会产生大量的日志数据，日志收集系统的任务是将这些日志数据收集起来，为在线和离线的分析系统提供数据支持。日志系统要求具备高可用性、高可靠性和可扩展性等特性。

（2）网络数据采集：通过网络爬虫或利用网站开放的 API 接口，从互联网上获取数据。这些数据通常是非结构化或半结构化的，需要从网页中提取并转化为结构化的数据，以便存储和分析。该方法不仅适用于文字数据，还支持图片、音频、视频等多种类型的数据采集。

（3）数据库采集：很多企业使用传统的关系型数据库（如 MySQL、Oracle）存储数据，此外，NoSQL 数据库（如 Redis、MongoDB）也常被用于数据采集。此类方法通常会在采集端部署多个数据库，开发人员需要合理设计负载均衡和分片方案。

由于来自不同来源的数据可能具有不同的结构和格式，例如，文件、XML、关系型数据表、Web 页面等，这种异构性使得数据整合变得更加复杂。因此，需要对这些异构的数据进行集成处理，包括数据清洗、整理和转换，以生成一个统一的数据集，为后续的查询和分析提供支持。

2. 数据存储与管理

在大数据的存储与管理领域，由于数据类型的多样性，传统的关系型数据库已经无法满足大数据的需求。为了应对这些挑战，出现了多种新型的存储技术和架构，主要可以分为三种类型：

1）MPP（大规模并行处理）架构的新型数据库集群

采用 MPP 架构的新型数据库系统，尤其适用于行业大数据。其特点是采用了 Shared Nothing 架构，即每个节点都有自己的存储和计算资源，不与其他节点共享，从而避免了数据竞争，提高了处理速度。这些数据库集群通常使用列存储和粗粒度索引等技术，以提高大数据的存取效率。MPP 架构特别适合分析类应用，尤其是在处理海量数据时，能够充分利用分布式计算的优势，从而具有很高的性能和扩展性。这种架构一般运行在低成本的 PC Server 上，是目前企业数据分析领域的主流选择。

2）基于 Hadoop 的技术扩展与封装

Hadoop 作为开源的分布式计算框架，因其优秀的扩展性和分布式处理能力，在处理非结构化和半结构化数据时，发挥了重要作用。基于 Hadoop 的存储系统，通常结合 HDFS（Hadoop 分布式文件系统）用于大规模存储，能有效处理大数据的 ETL（extract，transform，load）流程，并支持复杂的数据挖掘和计算模型。Hadoop 特别适合互联网公司和社交网络等产生大量非结构化数据的场景，如日志数据、图片和视频数据等。

3）大数据一体机

大数据一体机是软硬件结合的产品，专为大数据分析与处理设计。它通常由一组集成的服务器、存储设备、操作系统、数据库管理系统，以及用于数据查询和分析的预装优化软件组成。这种一体机具备高稳定性和纵向扩展能力，能够在一定程度上简化大数据平台的搭建与维护。适用于大规模数据处理的场合，能够实现高效的数据存储、处理和分析。

随着大数据应用的不断发展，新型存储技术逐渐与 Hadoop 生态系统结合，形成了多层次、多维度的存储与管理方案。特别是通过基于列存储和 MPP 架构的新型数据库，能够处理 PB 级别的结构化数据，并支持丰富的 SQL 查询和事务处理能力。而通过 Hadoop HDFS 则能有效应对半结构化与非结构化数据的存储需求。这种双重架构能够同时满足不同类型数据的处理需求，为大数据的存储与管理提供了高效的解决方案。

3. 数据集成

在许多涉及大数据的组织和企业中，计算环境通常由上百到上千台分布式且不断变化的计算机系统构成。这些系统有的自行搭建，有的采购，或通过其他途径获得。这些系统产生的数据需要被有效整合，以便进行深入的数据分析。对信息技术团队来说，如何高效地管理不同系统间的数据传输，并将所需数据集成，成为一个关键挑战。

有效的大数据集成不仅需要处理海量数据的问题，还需要兼顾结构化数据与非结构化数据的集成需求。非结构化数据包括邮件、文本、图片、视频等类型。由于数据量巨大且种类繁多，进行大数据集成时通常需要将处理过程分布到数据源处进行并行计算，仅在最终结果阶段进行数据集成，这样可以避免因提前合并数据而导致的存储和处理开销。

在集成结构化和非结构化数据时，需要在这两类数据之间建立一定的联系。这些联系通常表现为数据库中的主数据或键值，以及非结构化数据中的元数据标签或嵌入的信息。例如，当需要将结构化数据与存储在文档、电子邮件、社交媒体、音视频文件中的非结构化数据进行集成时，常常需要依靠与非结构化数据关联的键值或标签。这些非结构化数据通常包含着客户、产品、员工或其他主数据的信息。通过对包含文本信息的非结构化数据进行分析，可以将这些数据与具体的客户或产品关联起来。例如，一封电子邮件可能提到某个客户和产品，通过分析邮件文本中的相关信息，就能为邮件打上相应的标签，并与客户和产品建立联系。同样，某段视频也可能包含客户信息，可以通过将视频中的客户图像与数据库中的客户数据匹配，打上标签，从而与客户信息关联。

在这种结构化与非结构化数据集成的过程中，元数据和主数据是非常重要的概念。存储在数据库外部的数据，如文档、邮件、音视频文件等，可以通过与客户、产品、员工等主数据相关的引用进行索引和搜索。主数据引用作为元数据标签，附加在非结构化数据上，进而支持这些数据与其他数据源和数据类型的集成。

大数据集成通常分为批处理数据的集成与实时数据的集成。

1）批处理数据集成

批处理方式对于处理大规模数据仍然非常有效，尤其适用于数据转换、将数据快照加载到数据仓库等场景。通过系统优化，可以提高数据接口的处理速度，确保在大数据量的情况下高效完成加载。这类数据接口通常被视为紧密耦合的，因为源系统和目标系统需要达成一致的文件格式，并且只有当两个系统都发生变更时，文件格式才能顺利修改。为了确保在变化发生时接口不会被破坏或无法正常工作，必须小心地管理这些紧密耦合的系统，协调多个系统之间的变化，确保同步实施。

2）实时数据集成

实时数据集成是指在事务处理过程中，数据需要实时地贯穿多个系统的接口。通常，这类接口传输的数据量较小，一般以消息形式进行传送。多数实时接口仍然采用点对点的方式，即发送系统与接收系统之间有紧密的耦合关系，因为它们需要对数据格式进行特殊约定。任何变动必须同步实施在两个系统之间。实时接口也被称为同步接口，因为在事务处理中，发送方和接收方必须等待各自的处理过程完成，才能继续后续操作。

4. 数据分析与挖掘

大数据处理技术的核心在于对数据进行分析与挖掘，只有通过这些过程，才能提取出智能化、深入且具有价值的信息。随着越来越多的应用场景涉及大数据，这些数据的特点，如数量庞大、处理速度快、多样化等，使得大数据的复杂性不断增加。因此，针对大数据的分析方法在大数据领域尤为关键，甚至可以说，它是决定大数据能否发挥价值的关键因素。

6.4 数 据 分 析

6.4.1 数据分析的概念

大数据处理技术的核心在于对数据进行分析，因为只有通过分析，才能从中提取出大量有价值的、智能化的和深入的见解。大数据分析可以被定义为一系列高效存储、处理海量数据，并实现多种分析目标的工具和技术的集合，即一整套用于从大数据中发现知识的方法。通过数据分析和挖掘，原本复杂的数据能够被转化为非专业人士也能理解的有意义的结论和洞察。

6.4.2 数据分析的关键环节

数据分析通常包括数据采集、数据处理、数据分析、数据挖掘及数据可视化几个关键环节。

1. 数据采集

数据采集是根据特定的数据分析框架，收集相关信息的过程，为后续的数据分析提供基础素材和依据。数据的来源多样，可以通过互联网技术收集、查阅公开出版物中的权威数据、进行市场调研获取，或者依赖第三方平台提供的数据等方式获取。

根据采集的方式，数据采集可分为线上采集和线下采集两种类型。线上采集是指利用互联网技术进行自动化的数据获取，比如，企业内部通过埋点技术收集数据，再将这些数据存储在数据库中。另外，通过爬虫技术抓取网页数据，或使用第三方工具收集网络数据也属于线上采集的一部分。一般来说，互联网公司倾向于通过线上采集来获取用户行为数据。相对而言，线下采集则更为传统，通常依赖人工或实地收集的方式。

从数据来源的渠道来看，数据采集又可分为内部采集和外部采集。内部采集是指获取的数据来自单位的内部数据库，如公司内部的财务数据、销售数据、客户数据、运营数据等。而外部采集则是通过其他渠道收集的数据，如从公开出版物获取的权威数据、通过市场调研获得的数据等。外部数据通常具有碎片化、零散的特点，因此，数据分析人员需要进行数据清洗和整合，才能够进一步开展分析工作。

2. 数据处理

数据处理指的是对收集到的数据进行建模、组织和管理，以使其适用于数据分析，并确保数据的一致性和有效性，便于后续使用。这一过程是数据分析的先决条件。数据处理的主要方法包括数据清洗、数据转换、数据抽取和数据整合。

1）数据清洗

数据清洗涉及对数据的重新审查与校验，目的是删除冗余信息，纠正错误，确保数据一致性。常见的一致性检查包括根据变量的合理取值范围和逻辑关系，检查数据是否符合预期。此外，由于调查、编码和录入过程可能产生误差，数据中往往会存在无效值或缺失值，处理这些数据有以下几种常见方法：

（1）估算：用某个变量的均值、中位数或众数来替代缺失值，这种方法简单，但可能存在误差。另一种方法是通过相关性分析或逻辑推理来估算，比如，根据收入推测某个产品的拥有情况。

（2）整例删除：直接删除包含缺失值的整条记录。

（3）变量删除：如果某个变量缺失值过多，且该变量对研究问题不重要，则可以删除该变量。

（4）成对删除：采用特殊码（如 9、99、999 等）标记缺失值或无效值，并保留其余变量和记录。

2）数据转换

数据转换是指将数据转换或归并成一种更适合处理的形式。它包括以下几种常见的操作：

（1）平滑处理：用于去除数据中的噪声，常用方法有 Bin 方法、聚类方法和回归方法。

（2）合计处理：通过对数据的汇总，进行合计操作，比如，将每日数据合计成月度或年度数据。

（3）数据泛化：将低层次的数据转换为更高层次的抽象概念。例如，街道层级可以泛化为城市或国家层级；年龄数据可以映射为“青年”、“中年”和“老年”等更为广泛的分类。

（4）规格化处理：将属性值映射到一定的范围内，例如，将工资收入映射到［0，1］之间。

（5）属性构造：通过现有数据集构建新的属性，用于辅助分析过程。

3）数据抽取

数据抽取指从不同数据源中提取所需的数据。通常，数据源以关系型数据库为主。常见的抽取方法有以下两种：

（1）基于查询的方法：通过查询源数据库或表格中的数据来提取。这类方法包括触发器方式、增量字段方式和时间戳方式等。

（2）基于日志的方法：通过收集系统日志，提取已经提交的事务数据，不处理尚未提交的事务，从而实现数据抽取。

4）数据整合

数据整合是将来自不同数据源的数据进行收集、整理、清洗和转换，最终将其加载到一个新的数据源，并为用户提供统一的数据视图。这一过程旨在确保不同数据源的数据能够高效、协调地汇集并进行分析。

3. 数据分析

数据分析是应用合适的分析方法和工具，对已收集的数据进行深入分析，提取有用的信息并得出有效结论的过程。数据挖掘则是从大量数据中发现潜在的、未被显现的、有价值的关系、模式和趋势。这些“隐性”信息将被用来构建决策支持模型，辅助未来的预测性决策。

1）数据分析策略

常见的数据分析策略包括描述性统计分析、探索性统计分析和推断性统计分析。

①描述性统计分析。

描述性统计分析侧重于对数据的总体情况进行总结，主要目的是概述和归纳数据的基本特征。具体包括对数据的集中趋势、离散程度和分布形态进行分析。

描述性统计常用的指标包括均值、中位数、众数、极差、四分位数、方差与标准差、标准分、峰度和偏度，各指标含义如下。

均值：所有数据值的总和除以数据个数，表示数据的平均水平。

中位数：将数据按从小到大的顺序排列时，位于中间位置的数据。若数据总数为奇数，则中位数是中间的数；若为偶数，则为中间两数的平均值。

众数：数据集中出现次数最多的数值，能够显示数据的集中特征。众数可以有多个，并且适用于数值型和非数值型数据。

极差：数据中的最大值与最小值之间的差，反映数据的分散程度。极差对异常值敏感，可能误导分布状态的判断。

四分位数：将数据按大小排序后分为四等份的数值，通常分为上四分位数（第 75 百分位），下四分位数（第 25 百分位）和中位数（第 50 百分位）。四分位数帮助识别数据的分布和异常值，箱线图常基于四分位数绘制。

方差与标准差：方差是每个数据与均值差异的平方的平均数，标准差是方差的平方根。这些指标描述数据的波动程度。方差较小表示数据更集中，波动性小；方差较大则表明数据较为分散，波动性大。标准差有助于在同一体系内比较数据，但跨体系比较时需使用标准分。

标准分（Z 分数）：对数据进行标准化后，使其符合正态分布，均值为 0，标准差为 1。标准分表示一个数据值相对于数据集平均值的偏离程度，以标准差为单位。

峰度：衡量数据分布的尖峭程度。峰度系数大于 0 时，数据两侧极端值较少，分布较尖锐；小于 0 时，数据两侧极端值较多，分布较平缓。

偏度：衡量数据分布的对称性。偏度系数为 0 时，数据呈对称分布；偏度系数大于 0 时，数据右尾较长，表现为正偏态；小于 0 时，数据左尾较长，表现为负偏态。

②探索性统计分析。

探索性统计分析是统计学家图基提出的一个概念，指的是在没有明确假设或假设很少的情况下，通过对数据的描述性统计、可视化展示、特征计算和方程拟合等手段，探索数据的结构和潜在规律的分析方法。

③推断性统计分析。

推断性统计分析是基于概率论的原理，利用随机样本中的统计信息推测总体的特征，并对总体的参数进行有可靠性的估计或假设检验。

这三种统计分析方法提供了数据分析的总体思路和方向。在实际分析中，首先需要运用这些方法的基本策略来概括和理解数据所呈现的现象与问题，然后再通过具体的统计分析方法进行深入探讨。

2）常用分析方法

常见的分析方法包括对比分析、分组分析、预测分析和漏斗分析等。

①对比分析。

对比分析是一种常用且有效的数据分析方法，它通过将两个或多个数据进行比较，识别其中的差异，从而揭示这些差异背后事物的发展趋势和规律。常见的对比标准有：

时间标准：如与去年同月（同比）或前一阶段（环比）进行对比，或与历史最好时期进行对比。

空间标准：如与同级部门、单位或地区进行对比，或与行业内的标杆企业、行业平均水平作比较。

特定标准：包括通过历史数据总结的标准，或者是通过理论推导得到的标准，如使用恩格尔系数衡量某一地区的生活质量，或者与计划目标对比。

②分组分析。

分组分析是一种通过将数据划分为不同组别，分析各组间差异及内在联系的分析方法。分组的目的是根据研究的目标和数据的特点，按照某些标准将总体划分为若干组，使得组内差异尽量小，组间差异尽量大。通过对各组的特征、性质及其关系进行进一步分析，可以帮助揭示事物的规律，做出更精确的判断和决策。

③预测分析。

预测分析是通过对已知数据的分析，推测事物未来特征或发展趋势的一种方法。预测分析通常分为定量分析和定性分析：

定量分析：通过历史统计数据，结合预测变量之间的关系（如时间、因果或结构关系），运用数学模型（如指数平滑法、回归分析法等）进行预测。

定性分析：基于调查研究，依赖专家的经验和知识进行判断，得出未来的预测结论。实际应用中，定性和定量分析常常结合使用。

④漏斗分析。

漏斗分析是一种通过分析用户从起点到终点过程中各个阶段的转化情况，评估用户行为的重要分析方法。它广泛应用于用户行为分析、流量监控和产品目标达成等领域，能够清晰地反映出不同阶段的转化率，是帮助分析和优化数据运营过程中的关键环节。

4. 数据挖掘

1）数据挖掘的步骤

数据挖掘的生存周期规范化步骤可以定义为六个阶段。

①业务需求分析。

在项目的初始阶段，重点是理解业务目标和需求，明确数据挖掘的实际任务，进而提炼出清晰的数据挖掘问题，并设定解决目标。

②数据探索与理解。

数据理解阶段从数据收集开始，经过一系列的处理，逐步熟悉数据的结构和特性，发现数据质量问题，识别数据的潜在模式，并通过分析数据子集形成可能的隐性信息假设。

③数据预处理与准备。

数据准备阶段涵盖了从原始数据到最终数据集的所有活动。这个阶段的任务包括选择数据表、记录和属性，进行数据清洗和转换，确保准备好的数据能够作为后续建模工具的输入。数据准备任务没有固定顺序，可能会反复执行。

④模型构建与选择。

在建模阶段，选取合适的建模技术并进行应用，根据实际情况调节模型的参数以达到最佳效果。有些技术适用于解决相似类型的数据挖掘问题，而有些技术则对数据要求较高，因此可能需要返回数据准备阶段进行调整。

⑤模型评估。

评估阶段的核心任务是在构建高质量模型后，进行全面评估，确保模型能准确地完成预定的业务目标。在部署模型前，需确保模型的设计和流程没有遗漏重要的业务需求，确认是否需要进一步调整或补充。此阶段结束时，需要决定是否将模型应用于实际数据挖掘任务。

⑥模型部署与应用。

模型部署阶段通常标志着项目的最终实施阶段，并不代表结束。此时，将模型生成的知识以适合用户使用的方式展示，可能是通过简单报告，或者实现自动化、可重复的挖掘流程。通常，这一阶段的部署工作由客户来执行，而非数据分析人员。

2）数据挖掘的基本任务

数据挖掘的核心任务包括分类与预测、聚类分析、关联规则挖掘、时序模式识别等。

①分类与预测。

分类任务是通过构建分类模型，根据输入样本的特征值预测对应的类别，从而将每个样本归类到预定义的类别中。分类模型依赖于已标注的数据集进行训练，模型在训练数据上的准确率可以直接评估，因此分类是有监督学习的一种形式。

预测是基于已知变量之间的相互关系，构建一个函数模型，用于对未来或未观测数据进行预测或控制。这种方法可以处理两个或更多变量之间的依赖关系。

常用的分类与预测算法如下。

回归分析：回归分析是确定预测属性与其他变量间相互依赖的定量关系最常用的统计学方法，包括线性回归、非线性回归、Logistic 回归、岭回归、主成分回归、偏最小二乘回归等方法。

决策树：决策树采用自顶向下的递归方式，在内部结点进行属性值的比较，并根据不同的属性值从该结点向下分支，最终得到的叶结点是学习划分的类。

人工神经网络：人工神经网络是一种模仿大脑神经网络结构和功能的信息处理系统，是表示神经网络的输入和输出变量之间的关系的模型。

贝叶斯网络：贝叶斯网络又称信度网络，是贝叶斯分析方法的扩展，是目前不确定知识表达和推理领域非常有效的理论模型之一。

支持向量机（support vector machine, SVM）：支持向量机是一种通过某种非线性映射，把低维的非线性问题转化为高维的线性问题，在高维空间进行线性分析的算法。

②聚类分析。

聚类分析是一种在没有预先定义类别标签的情况下，根据数据之间的相似性或差异性对样本进行分组的技术。该方法属于无监督学习，聚类模型不依赖于标签数据进行训练。输入数据为一组未标注的样本，聚类算法通过计算样本之间的距离或相似度，将样本划分成多个组。划分的目标是使同一组内的样本彼此相似，而不同组之间的样本差异尽可能大。常用的聚类分析算法包括：

K 均值聚类：K 均值聚类也叫快速聚类，可在最小化误差函数的基础上将数据划分为预定的类数。该算法原理简单并便于处理大量数据。

K 中心点聚类：K 中心点聚类不采用簇中对象的平均值作为簇中心，而选用簇中离平均值最近的对象作为簇中心。

系统聚类：系统聚类也叫多层次聚类，分类的单位由高到低呈树状结构，且所处的位置越低，其包含的对象就越少，这些对象的共同特征也就越多。

③关联规则挖掘。

关联规则挖掘是数据挖掘领域中的一种重要且广泛研究的方法，其目标是在数据集中发现不同项之间的隐含关系，这些关系通常在原始数据中并没有显式呈现出来，常用的关联规则算法如下。

Apriori 算法：Apriori 算法是最常用的也是最经典的挖掘频繁项集的算法，其核心思想是通过连接产生候选项及其支持度，然后通过剪枝产生频繁项集。

FP-Tree 算法：FP-Tree 是针对 Apriori 算法固有的需要多次扫描数据集的缺陷所提出的裁剪数据集的方法。

Eclat 算法 ：Eclat 算法是一种深度优先算法，采用垂直数据表示形式，在概念理论的基础上利用基于前缀的等价关系将搜索空间划分为较小的空间。

灰色关联算法：灰色关联算法的目标是分析和确定各因素之间的影响程度或是若干个子因素对主因素的贡献度。

④时序模式识别。

时序模式指的是描述基于时间或其他序列维度中经常出现的规律或趋势，并对这些规律进行建模。常用的时序模式算法包括：AR 模型、MA 模型、ARMA 模型、ARIMA 模型。

与回归分析相似，时序模式也使用历史数据来预测未来的数值，区别在于这些数据是按时间顺序排列的。时序模式结合了关联规则和时间序列模式，重点关注数据在时间维度上的相互关系。时序模式包括时间序列分析和序列发现，具体含义如下：

时间序列分析是基于已有数据预测未来趋势。在这种分析中，数据的属性值随时间变化。与回归分析不同，回归关注数据间的关系而不关心时间顺序，而时间序列分析则需要特别考虑时间的特性，尤其是时间周期的层次（如天、周、月、年），以及特殊的时间因素，如节假日等。

序列发现用于识别数据中与时间相关的序列模式。这些模式类似于在数据或事件中发现的关联规则，但它们专注于数据的时间相关性。

5. 数据可视化

数据可视化是指将大型数据集中的数据以图形图像形式表示，并利用数据分析和开发工具发现其中未知信息的处理过程。主要旨在借助于图形化手段，清晰有效地传达与沟通信息。

数据可视化技术的基本思想，是将数据库中每一个数据项作为单个图元元素表示，大量的数据集构成数据图像，同时将数据的各个属性值以多维数据的形式表示，可以从不同的维度观察数据，从而对数据进行更深入的观察和分析。

数据可视化与科学数据可视化、信息可视化、信息图形，以及统计图形等技术密切相关，主要涉及如下几方面的研究。

1) 科学数据可视化

科学数据可视化的研究主要集中在如何有效展示带有空间坐标和几何信息的数据，如医学影像、三维空间测量数据、流体力学模拟数据等。其核心问题是如何快速识别数据中蕴含的集合、拓扑结构、形状特征及演变规律。科学数据可视化广泛应用于物理、化学、气象气候、航空航天、医学、生物等自然科学领域，帮助研究人员理解、操作和处理数据模型，进而发现数据中的模式、特点、关系及异常情况。举例来说，计算流体力学在飞机、汽车及高速列车设计中得到了广泛应用，其数据分析通常需要借助可视化技术。

2) 信息可视化

信息可视化处理的是抽象的非结构化数据，关注高维数据、数据间关系的展示、用户交互与可视化效果的评估等。其主要研究方向源自统计图形学，并与信息图形学、现代视觉设计技术密切相关，通常以二维空间呈现。信息可视化的核心问题在于如何通过有限的展示空间，以直观的方式有效传达大量的抽象信息。

3) 大数据可视化

大数据可视化致力于将庞大、复杂且潜在隐晦的数据通过视觉手段呈现出来。这一过程采用多种表现方式，包括结合三维建模、统计图表、地理信息系统、时空态势展示等形式，帮助人们更加直观地理解和分析海量数据。

4) 数字孪生 3D 可视化

数字孪生技术侧重于通过模拟、建模、分析及决策支持，对物理世界中的对象进行再现、分析与决策。3D 可视化则是将这些数据呈现为真实、立体的可视形式，并为决策提供支持。随着云计算、大数据分析和物联网技术的发展，数字孪生与 3D 可视化已广泛应用于智慧工厂、智慧气象、智慧园区、智慧交通等领域。多个国家如中国、德国和新加坡，已经启动基于数字孪生的智慧城市建设项目，推动开源数字孪生城市开发体系的建设。

以 5G、物联网、云计算、大数据和人工智能为代表的新一代信息技术正在迅猛发展，并深刻影响着城市的各个运作层面，推动城市管理向数字化、网络化和智能化转型。在这一过程中，数据可视化技术在智慧医疗、智能制造、数字新闻、气象预报等多个领域得到了广泛应用，逐渐成为这些领域中不可或缺的重要部分。

6.4.3 数据分析软件

常见的数据分析工具包括 Excel、编程类统计软件及数据可视化工具。

1.Excel 软件

Excel 是微软 Office 套件中的重要组成部分，广泛应用于管理、财务、金融等领域，具备强大的数据处理、统计分析和决策支持功能。在 Excel 中，可以进行基本的数据排序、筛选、分类汇总等操作，并利用公式和函数进行复杂的数值计算和数据处理。Excel 提供了 12 大类共 405 个函数，涵盖财务、日期与时间、数值、统计、查找与引用、数据库、文本、逻辑、信息等多种类型。其数据透视表功能，结合了排序、筛选和汇总的操作，可以实现交叉分析并展示不同的汇总结果。此外，用户还可以通过 VBA（visual basic for applications）编写自定义函数，自动化工作流程。

2. 编程类统计软件

编程类统计软件包括 SAS、R 语言和 Python 等工具，这些平台通常用于更为复杂的统计分析和数据处理。

（1）SAS 是一款由美国北卡罗来纳州州立大学开发的大型分析软件，提供数据存储、管理、分析、图形展示等多种功能，适用于各类复杂的统计分析任务。

（2）R 语言是一个开源平台，具有强大的数据处理和统计分析能力。其内置了丰富的数组运算、统计分析和可视化工具，并支持用户通过编程实现数据处理与功能扩展。

（3）Python 是一门流行的编程语言，提供了丰富的库用于数据分析，常用的库包括：

NumPy：提供高效的多维数组操作和快速数据处理。

SciPy：扩展了 NumPy 的功能，提供矩阵运算、最优化、信号处理等工具。

matplotlib：一款常用的二维绘图库，支持简单的三维图形。

pandas：一个强大的数据分析库，适用于数据清洗、探索和处理。

Scikit-Learn：一个全面的机器学习工具箱，支持分类、回归、聚类等任务。

Keras：用于深度学习的库，能够构建各种神经网络和深度学习模型。

3. 数据可视化软件

数据可视化软件通过图形化的方式将分析结果展示给用户，帮助更直观地理解数据。根据分析需求的不同，选择合适的图表类型是非常重要的。

视 频

数据可视化

Power BI 是微软推出的商业智能软件，用于创建交互式报告和数据可视化分析。它可以连接多种数据源，生成仪表盘并进行图形化展示。

Tableau 是一款商业智能工具，具有直观的拖放界面，能够轻松将数据转化为可视化图表，支持多数据源的集成和无编程的分析。

Echarts 是一款基于 JavaScript 的数据可视化库，提供丰富、互动、可定制的图表，广泛应用于新闻、金融、电子商务、游戏等多个领域。

这些工具各具特色，广泛应用于数据分析、统计建模和决策支持等多个领域。

6.4.4　数据分析应用场景

数据分析在金融、工业、政府、交通、零售、安防、娱乐等各个领域发挥着重要作用，为社会的进步做出了多方面的贡献，推动了各行各业更加有序和有目标的发展。大数据时代为人们创造了更加便捷、高效和高质量的生活环境，极大地改变了人们的日常生活。

下面列举一些数据分析的具体应用场景。

1. 天气预报

通过结合历史数据和气象学知识进行预测分析，天气预报的准确性和时效性将得到显著提升。预报的及时性也会大大增强。对于重大自然灾害，如台风和龙卷风，数据分析技术能够更加精确地预测其路径和危害程度，帮助人们更好地应对这些灾害，减少损失。天气预报的准确度提升和预测周期的延长有助于农业生产的规划和安排。

2. 农业与牧业

通过大数据技术，收集并分析农牧产品的来源、产量、品种、流向和销售等信息，能够为农牧产品提供指导性数据。农牧业从业人员可以根据这些分析结果，掌握市场行情和相关技术信息，从而做出更好的决策。此外，企业能够通过数据分析获取农牧产品的流通数据、消费需求和市场布局情况，为农业生产提供更专业的指导，政府可以根据大数据为农牧业提供合理的建议，平衡市场供需，避免资源浪费和不必要的经济损失。

3. 医疗与卫生

医院可以利用病人就诊数据，通过数据分析获取食品安全相关的信息，从而实现及时的监督和检查，减少不安全食品的危害；通过分析互联网上的搜索数据，可以预测某些区域和季节流行疾病的爆发趋势，并采取预防措施；基于居民健康档案和电子病历，可以迅速识别传染病，进行全面监控，并通过快速响应机制应对疫情。

4. 教育行业

教育部门可以利用数据分析技术来推动教学改革。通过分析学生的成绩、行为和心理活动等数据，教育者可以深入理解学生的个性化学习模式，并为其制定合适的教育策略，以提升学习效果。同时，可以基于数据分析将具有相似学习兴趣的学生分组，提高共同学习的效率，并为每个学生量身定制适合其自身的学习环境和个性化方案。

5. 金融行业

银行利用客户数据进行分析，对贷款申请人进行信用评分，以确定是否批准贷款及额度。同时，银行可以根据客户群体的特征进行细分，发现不同客户的需求，提供个性化的服务。通过数据挖掘技术，分析投资理财产品的组合策略，可以降低投资风险，提升资金利用效率。此外，通过优化现有投资组合模型，为投资者提供更精准的数据分析和决策支持。

6. 电商行业

电商平台的崛起使得用户不必出门便可购买商品，提升了购物便利性。移动互联网的发展让消费者随时随地都能购物，而这一切的发展都离不开大数据的支持。电商企业可以通过数据分析了解用户偏好，并进行个性化商品推荐，提高购买效率。通过分析用户反馈和评论，电商企业能对产品进行改进，提升用户满意度。

7. 制造业

通过对企业销售、利润、成本等数据的分析，制造业可以了解销售状况，并制定相应的销售策略，扩大利润。同时，分析采购和库存数据，有助于优化采购流程和库存管理，避免资源浪费。通过分析产品故障数据，可以提前识别潜在问题，优化生产工艺，降低故障率，提升产品质量。

8. 物流配送

高效的物流配送依赖于数据分析技术。通过优化资源配置和物流路线规划，能够降低成本并提高配送效率。通过数据分析，也能对物流网点的选址、交通网络的布局等做出科学的决策。此外，对车队运营数据进行分析，能有效降低运输成本，提升整体物流效率。

9. 交通出行

数据分析技术在交通管理中应用广泛。例如，通过实时分析交通密度和流量，能够优化道路使用和信号灯调度，提升交通效率。同时，打车平台和共享单车利用数据技术匹配用户需求，提供更快捷、便利的出行服务，降低能源消耗，提升出行效率。

10. 游戏产业

游戏厂商通过分析用户数据，了解用户偏好，从而主动推荐个性化的游戏，缩短用户搜索时间。通过分析平台内用户的行为数据，可以发现产品中的潜在问题并进行优化，提升用户的满意度和忠诚度。同时，通过分析市场推广渠道的数据，帮助优化工作流程，降低客户获取成本，并吸引更多优质客户。

小　结

本章介绍了计算机数据管理、数据库、大数据、数据分析应用等内容，主要的知识点如下：

（1）计算机数据管理历经人工管理、文件系统和数据库系统三个阶段。人工管理阶段数据不保存、与程序不独立且无法共享；文件系统阶段实现数据长期保存，但存在数据独立性低、共享性差等问题；数据库系统阶段具有高共享、低冗余、高独立性等优势。常见的数据文件格式有 CSV、JSON、XML 等。

（2）数据库系统由硬件、数据库、数据库管理系统、相关软件和工作人员组成。关系型数据库通过概念模型和数据模型来组织和管理数据，SQL 是其标准语言。

（3）大数据因数据量剧增和传统数据库的局限而产生，具有 5V 特性，处理流程包括数据获取、存储与管理、集成，以及分析与挖掘。

（4）数据分析是从数据中提取价值的过程，涵盖数据采集、处理、分析、挖掘和可视化等环节，有多种策略、方法和工具。

习　题

1. 什么是数据库？
2. 简述数据管理历经的三个阶段及各阶段的特点。

3. 简述常见数据文件格式。
4. 简述数据库系统组成。
5. 简述关系型数据库的概念模型与数据模型。
6. 简述大数据的概念和特征。
7. 简述大数据处理流程。
8. 什么是数据分析?
9. 简述数据分析的关键环节。
10. 数据分析的工具有哪些?
11. 简述数据分析的应用场景。

第7章 人工智能基础

当前，人工智能已经对社会、经济、生活等各个方面产生了重要影响。人工智能不仅可以创造一些新行业，也可以为传统行业赋能，从而在全世界引发了新一轮热潮。在产业界，许多信息技术企业都重点关注人工智能，各国政府也高度重视人工智能领域的发展。2019年，我国的政府工作报告将人工智能升级为“智能+”，确保我国在人工智能方面处于世界领先水平。本章将分节论述人工智能的概念与诞生、发展简史、研究学派、人工智能研究的基本内容。

学习目标

（1）了解人工智能的概念、诞生和发展简史。

（2）理解人工智能研究的三个学派和主要研究领域。

（3）掌握人工智能研究的基本内容和人工智能的三要素。

7.1 人工智能的概念

7.1.1 人工智能的理解

智能是知识和智力的总和。知识是一切智能行为的基础，智力是获取知识并应用知识求解问题的能力。

人工智能是一个涵盖广泛概念和技术的领域。人工智能是计算机科学的一个分支，它研究智能的实质，并生产出一种能以人类智能相似方式做出反应的智能机器。这些机器能够模拟人类的认知功能，如感知、推理、学习、规划、决策、语言理解和生成等，以完成各种复杂的任务。比如，能踢足球的机器人，能下棋的机器人等，如图7-1和图7-2所示。

根据智能的程度，人工智能分为“特定领域人工智能（artificial narrow intelligence, ANI）”和“通用人工智能（artificial general intelligence, AGI）”。

在人工智能发展进程中，技术所取得的进步大多源自特定领域人工智能。特定领域人工智能是在特定的场景下，依赖于特定的算法，完成特定的任务时，人工智能超过了人类。例如，AlphaGo在围棋比赛中战胜了世界冠军。但是特定领域人工智能不是通用人工智能，没有人类全

图 7-1　踢足球的机器人

图 7-2　下棋的机器人

面的思维能力创造能力。随着人工智能技术的发展，人类也许会实现强大的通用人工智能，通用人工智能能够超越人类的智慧。但是人工智能的发展过程中，需人们尤为关注的是可能产生的社会问题和伦理问题，人工智能的研究自始至终都应该秉持人工智能技术是造福人类的理念。

7.1.2　人工智能的基本特征

人工智能研究的基本出发点是模拟人类智能。人类智能具有一些基本特征，这些也是人工智能基本特征的外部体现。

（1）感知能力。感知能力是通过视觉、听觉、触觉等感觉器官感知和认识外部环境的能力。有关研究表明，视觉和听觉在人类对外界信息的感知中占有主导地位，其中约 80% 的信息通过视觉得到，10% 左右通过听觉获得，因此感知能力是智能活动的基础和前提。

（2）思维能力。思维能力是人类智能的最重要体现，思维可分为逻辑思维、形象思维和灵感思维等。逻辑思维也称为抽象思维，注重逻辑推理；形象思维也称为直感思维，注重整体理解；灵感思维也称为顿悟思维，是显意识和潜意识相互作用的高级思维方式。

（3）学习能力。学习能力是增长知识、提高能力和适应环境的能力。这种学习既可能是自觉、有意识的，也可能是不自觉、无意识的；既可以是有教师指导的，也可以是自身实践的。

（4）行为能力。行为能力是根据掌握的信息和外界环境进行动作表达的能力。如果将感知能力用于信息输入，那么行为能力则用于信息输出。

7.2　人工智能的诞生

人工智能的诞生可以追溯到 20 世纪中叶，当时的图灵测试是人工智能的早期理论基础。

1948 年，图灵发表了一篇题为《智能机器》的报告，提出了利用计算机来模拟人类智能的思想，为人工智能的诞生奠定了理论基础。1950 年 10 月，他又发表了一篇题为《计算机器与智能》的论文，首次提出机器具备思维的可能性，在其中提出了一个被称为“图灵测试”的概念，用于检测机器是否具有像人类一样的智能。

视 频

图灵测试

图灵测试的流程是，一名测试者写下自己的问题，随后将问题以纯文本的形式发送给另一个房间中的一个人与一台机器。测试者根据他们的回答来判断哪一个是真人，哪一个是机器。所有参与测试的人或机器都会被分开。如果通过一段时间的对话，参与测试的人类无法有效地判断出对方是人类还是机器，则可以认为另一个房间中的机器具有人类智能。图灵测试示意图如图 7-3 所示。

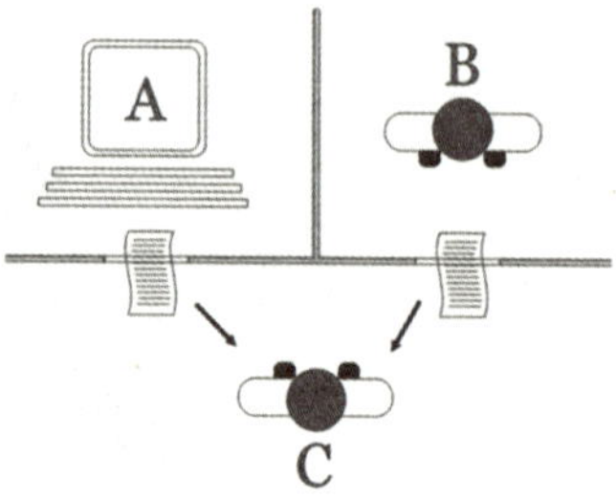

图 7-3 图灵测试示意图

现在的图灵测试的测试时长通常为五分钟，如果电脑能回答由人类测试者提出的一系列问题，且其超过 30% 的回答让测试者误认为是人类所答，则电脑通过测试。

图灵测试旨在探究机器能否模拟出与人类相似或无法区分的智能，被视为是评估人工智能智能程度的经典方法，为人工智能给出了一个完全可操作的定义。图灵测试主要是检验机器能否具有人类的思维能力，为人工智能的研究奠定了哲学基础。

1956 年的达特茅斯会议被认为是人工智能正式诞生的标志。

1956 年，约翰·麦卡锡（John McCarthy）、马文·明斯基（Marvin Lee Minsky）、克劳德·艾尔伍德·香农（Claude Elwood Shannon）等七位杰出的学者齐聚美国达特茅斯学院，如图 7-4 所示。在学术研讨会上，约翰·麦卡锡首次提出了“人工智能”这个概念，标志着人工智能学科的正式诞生。

图 7-4 达特茅斯会议上的七位杰出学者

人工智能诞生之后，进行了早期应用的探索。1966 年，美国麻省理工学院（massachusetts institute of technology，MIT）的约瑟夫·维森鲍姆（Joseph Weizenbaum）发布了世界上第一个聊天机器人 ELIZA，ELIZA 能够通过脚本理解简单的自然语言，并产生类似人类的互动。

人工智能的诞生和发展是一个逐步积累和突破的过程，从早期的理论探索到实际应用的实现，每一步都为后续的技术进步奠定了基础。

7.3 人工智能的发展

人工智能的发展历程可以分为多个阶段，每个阶段都有其独特的特点和成就。经历了三次热潮，也遇到了两次寒冬。下面给出人工智能发展的每个时期的重要研究情况。

1）起步发展期（20 世纪 50 年代年至 20 世纪 60 年代初期）

1957 年，美国心理学家弗兰克·罗森布拉特（Frank Rosenblatt）提出了“感知机”神经网络模型。

1966 年，美国科学家约瑟夫・维森鲍姆（Joseph Weizenbaum）开发了名为 ELIZA 的自然语言对话程序，这是最早的聊天机器人之一。

2）反思发展期（第一个寒冬期，20 世纪 60 年代至 70 年代初期）

1966 年至 1972 年，美国斯坦福国际研究所研制出了首台采用人工智能的移动机器人 Shakey。

20 世纪 70 年代初，由于对人工智能的期望过高，而实际进展缓慢，人工智能遭遇了第一次寒冬。一些难以解决的问题暴露出来，如自然语言理解、机器翻译、常识推理等。

例如，机器翻译的结果有很多啼笑皆非的场景。在将英文翻译为俄文，再将俄文翻译为英文时，原文“The spirit is willing but the flesh is week”（中文译为“心有余而力不足”）变成了“The vodka is good but the meat is rotten”（中文译为“伏特加酒是好的，但肉是腐烂的”）。究其原因是英文单词 spirit 有多种含义，可以翻译为“精神”，也可以翻译为“烈性酒”。至此，美国、英国中断了大部分的机器翻译项目的资助，同时神经网络的研究也陷入低潮，人工智能的寒冬来临。

3）应用发展期（第一次热潮，20 世纪 70 年代初期至 20 世纪 80 年代中期）

这个时期学者改变了人工智能研究的战略思想，从以基于推理为主的模型转向以基于知识为主的模型，开始进入专家系统与知识工程时代。

20 世纪 70 年代初期至 20 世纪 80 年代中期，专家系统作为人工智能的重要应用形式出现，模拟人类专家的知识和经验解决特定领域的问题。专家系统是将某个领域的多个人类专家提供的专门知识和经验存储在系统中，应用人工智能技术，根据存储的大量知识和经验进行推理和判断。专家系统在医疗、化学、地质等领域取得成功，推动了人工智能走向实用化。

1974 年，匹兹堡大学的鲍波尔与内科医生研制了用于诊断内科疾病的一个医疗咨询系统，这个咨询系统不断完善后发展为专家系统 CADUCEUS。

1975 年，斯坦福大学的爱德华・肖特利夫（Edward Shortliffe）等人开发了医学诊断专家系统 MYCIN，用于细菌感染疾病提供抗菌剂诊疗建议，能做出专家水平的诊断和治疗。MYCIN 是第一个结构完整、功能全面的专家系统。

1976 年，斯坦福研究所研制了一个地矿勘探专家系统 PROSPECTOR，能对勘探评价、区域资源估值、钻井位置选择等提出建议。这个专家系统首次实地分析了华盛顿某山区一带的地质资料并于 1978 年成功发现了一处钼矿。PROSPECTOR 成为第一个取得显著经济效益的专家系统。

1980 年，DEC 公司与卡内基梅隆大学合作开发了第一个成功的商用专家系统 XCON，用于自动为用户定制计算机配置。它可以按照用户的需求，为 VAX 计算机系统自动配置软硬件组件。从 1980 年投入使用到 1986 年，专家系统 XCON 一共出了 8 万多个订单，创造了巨大的经济效益。

4）低迷发展期（第二次寒冬，20 世纪 80 年代中期至 20 世纪 90 年代中期）

20 世纪 80 年代中期至 20 世纪 90 年代中期，随着人工智能应用的规模不断扩大，专家系统存在的问题逐渐暴露。由于专家系统应用领域狭窄，因此缺乏常识性知识。专家系统在获取专家的知识上存在困难，因为领域专家人数较少。当专家系统的知识库发生动态变化时，专家系统存在知识更新不及时的问题。另外，研制的专家系统的效率低但成本高，跟不上社会需求。

人工智能的商业化应用未能达到预期，1988 年美国政府取消了新的人工智能经费，专家系统走向衰落。由于资金和兴趣减少，人工智能进入了一个相对低迷的时期，人工智能的寒冬再次来临。

5）振兴发展期（第二次热潮，20 世纪 90 年代中期至 21 世纪初期）

1997 年，IBM 的“深蓝”（Deep Blue）计算机以 3.5 ∶ 2.5 的总比分击败了世界国际象棋冠军加里·卡斯帕罗夫（Garry Kasparov），标志着人工智能在特定领域的重大突破。

2002 年后，很多公司和科研机构研制了机器人，取得了成功。2002 年，美国 iRobot 公司推出了智能真空吸尘器 Roomba；2005 年，斯坦福大学研制的自主机器人车辆 Stanley 赢得了 DARPA 无人驾驶汽车挑战赛冠军；2006 年 CMU 研制的无人驾驶汽车 Boss 能遵守交通规则，能避让行人和其他车辆，最终赢得了城市挑战赛冠军。

自 2006 年以后，深度学习得到了快速发展。2009 年，微软公司降低了语音识别错误率，达到商业应用水平；2011 年，谷歌启动“谷歌大脑”项目，由 16 000 台计算机连成一个集群，模仿人类大脑活动，“谷歌大脑”通过 1 000 万张图像的学习，学会识别一只猫；2011 年，IBM 的 Watson 在美国智力竞赛节目中战胜了人类。

以上研究的成功再次掀起了人工智能研究的热潮。

6）爆发增长期（第三次热潮，2012 年至今）

2012 年，深度学习在图像识别领域取得重大突破，杰弗里·辛顿（Geoffrey Hinton）教授带着他的学生提出新的深度神经网络 AlexNet，AlexNet 在大规模视觉识别比赛 ImageNet 中取得图像分类组冠军，这一事件推动了深度学习的广泛应用。

2014 年，聊天机器人尤金·古斯特曼（Eugenne Goostman）成为历史上第一个通过了图灵测试的人工智能软件。

2016 年，谷歌公司 DeepMind 团队研制的 AlphaGo 以 4 ∶ 1 击败了世界围棋冠军李世石，进一步展示了人工智能在复杂决策任务中的强大能力；2017 年 5 月，AlphaGo 与围棋世界冠军柯洁展开终局对决，以 3 ∶ 0 成绩完胜；2017 年 12 月，DeepMind 团队又研制了 AlphaZero，在没有人类棋谱的情况下，仅经过若干小时的训练，就击败了 AlphaGo。至此，在机器博弈领域的搜索方法被强化学习取代。

21 世纪 20 年代，生成式对抗网络（generative adversarial networks, GANs）、Transformer 架构等技术的出现，推动了自然语言处理和生成式人工智能的快速发展。

人工智能的发展历程充满了起伏和挑战，但随着技术的不断进步，其应用范围和影响力将继续扩大，为社会带来更多的变革。

7.4　主流的人工智能学派

在人工智能的发展历程中，学者从不同角度、用不同方法研究在机器上实现智能。三种主流的人工智能学派分别是符号主义、连接主义和行为主义。不同学派在研究的方法论上存在很大差异，各自有不同的理论基础和研究方法。但是三个学派都对人工智能研究做出了重要贡献。

7.4.1　符号主义

符号主义（symbolicism）认为人类智能的基本单元是符号，智能活动是对符号的处理和操作。符号主义试图从“功能”上模拟人类的智能，认为智能机器是符号系统。符号主义在 20 世纪 60 年代至 20 世纪 80 年代得到了蓬勃的发展，并长期在人工智能研究领域占据主流地位。

符号主义强调知识的表示和推理，认为智能的基础是知识，认为知识表示、知识推理、知识运用是人工智能的核心问题。符号主义将知识用符号表示，并基于符号进行推理。符号主义的发展历程中，先是强调以逻辑推理为中心，后又转向强调以知识为中心。

以推理为中心的符号主义比较成功的应用是自动定理证明。自动定理证明是利用逻辑推理方法，自动证明数学定理。例如，早期的逻辑理论家程序就是通过符号推理证明了部分定理。

以知识为中心的符号主义比较成功的应用是专家系统。“专家系统”是在医疗、金融、气象等领域模拟专家的知识和经验，为用户提供诊断、预测、决策等服务的系统。例如，医疗专家系统可以根据患者的症状和检查结果，推断出可能的疾病。虽然专家系统这一名称不再流行，但是很多需要专门知识的领域仍然采用专家系统，例如，电子商务、金融理财、计算机和网络系统故障诊断等。

符号主义学派具有明确的逻辑性和可解释性，在问题求解、自动定理证明、机器博弈、专家系统等方面发挥了重要作用。但是符号主义需要大量的先验知识，存在知识获取困难、知识维护成本较高、应用领域狭窄等问题。

从 20 世纪 90 年代开始，人工智能学者从符号主义转向其他方法论，后来统计机器学习的兴起，让符号主义的主流地位受到冲击。但符号主义仍然具有价值潜力。大数据时代的知识工程仍然以符号主义为基础。2012 年，谷歌公司等推出“知识图谱”技术，“知识图谱”技术作为知识工程的一部分，广泛应用于智能搜索、个性化推荐、智能问答和决策支持系统。

7.4.2　连接主义

连接主义（connectionism）受到人脑神经元网络的启发，认为智能是大量神经元通过复杂的连接和交互产生的。连接主义试图从“结构”上模拟人类的智能，通过模拟大脑神经网络来研究人工智能。

连接主义是建立在神经科学、认知科学、计算机科学、微电子等学科的基础上，研究生物神经网络的连接机制、连接结构和学习算法。1943 年，神经科学家沃伦·麦卡洛克（Warrn McCulloch）与数理逻辑学家沃尔特·皮茨（Walter Pitts）合作，建立了被称为“M-P 模型”的人工神经元模型，开启了连接主义的研究。

20 世纪 80 年代，连接主义获得短暂兴起，代表性成果如多层神经网络训练的误差反向传播算法、卷积神经网络（convolutional neural network, CNN）。卷积神经网络在图像识别领域取得了巨大成功，能够自动学习图像中的特征，实现对物体、人脸等的识别和分类。例如，动物图像识别等，如图 7-5 所示。

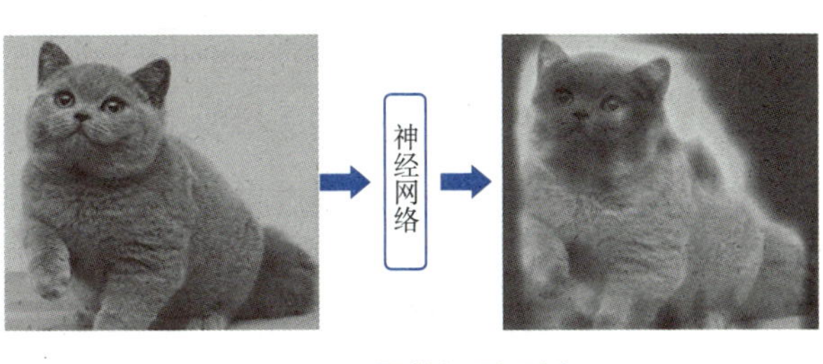

图 7-5　图像识别示例

连接主义学派的方法具有强大的学习能力，适用于处理大规模、高维度的数据。可以通过调整神经网络的结构和参数，适应不同的任务需求。但是连接主义存在依赖大量数据、需要大量算力支撑训练、可解释性较差等问题。

连接主义学派的典型应用较多。例如，基于连接主义的自然语言处理模型在自然语言处理任务中取得了显著成果，能够处理文本生成、机器翻译等任务。例如，生成高质量的新闻报道等。

7.4.3 行为主义

前两种学派关注推理和思维能力，而行为主义（behaviorism）学派强调“肢体”的智能动作和行为。行为主义通过感知环境和行动交互来实现智能行为，基于“感知 - 动作”的模式。行为主义学派强调智能体在环境中的自主性和适应性。

行为主义学派起源于控制论。控制论于 20 世纪 40 年代被提出，行为主义学派研究于 20 世纪后期开始。20 世纪 80 年代后期，麻省理工学院教授罗德尼·布鲁克斯（Rodney Brooks）等学者积极倡导行为主义学派。他曾经担任麻省理工计算机科学与人工智能实验室负责人，在实验室中有很多机器昆虫，他们没有复杂的大脑，凭借关节的协调能够适应环境，能够爬行和避障。机器昆虫的智能不是来源于自上而下的复杂设计，而是来源于自下而上的感知环境和与环境互动。

行为主义学派的智能体通过传感器感知环境，根据感知到的信息和内部的控制策略，通过执行器产生行动，调整运动方向和速度。基于行为主义学派的强化学习就是根据环境的反馈（奖励或惩罚）来学习最优的行动策略。强化学习算法使智能体能够在复杂环境中自主学习和决策。例如，AlphaGo 通过强化学习算法，不断与自己对弈，学习最优的围棋策略。

行为主义学派使智能体在动态变化的环境中自主学习和决策，适用于解决不确定的、动态的任务。在处理复杂的任务时，行为主义学派存在较长学习时间、大量的试验次数、局部最优解等问题。但行为主义学派的应用场景丰富，在工业控制和自动驾驶领域较为成功，例如，工业机器人在生产线上进行抓取物体、零件装配等。自动驾驶汽车通过感知道路环境、交通标识、其他车辆和行人信息，实时做出驾驶决策，如加速、减速、转向等。

机器人公司“波士顿动力（Boston Dynamics）”研发了多种能够做出灵巧动作的四足机器人和双足机器人，如机器狗 SpotMini 和人形机器人 Atlas，如图 7-6 所示。SpotMini 四足协调，能够行走、奔跑和跳跃；Atlas 动作自如，能够进行前后空翻、跳上台阶和越过障碍。

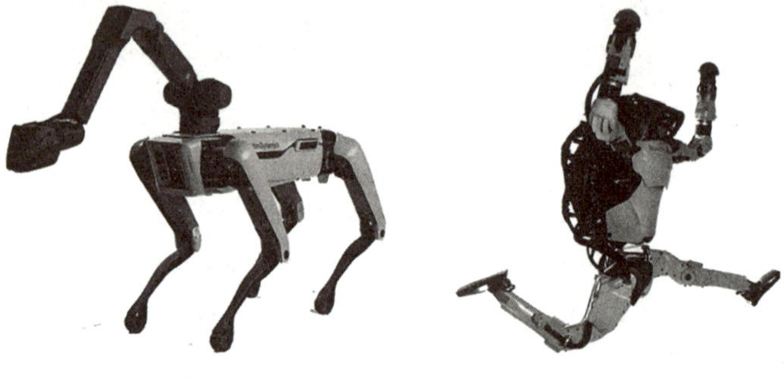

（a）机器狗SpotMini　　（b）人形机器人Atlas

图 7-6　波士顿动力公司研发的机器人

以上这三种主流学派各有特点和优势。有人认为，符号主义是模拟智能软件，连接主义是模拟大脑硬件，行为主义是模拟身体。在实际应用中，根据具体任务的需求和特点选择合适的学派方法，以实现更好的智能效果。

7.5 人工智能研究的基本内容

人工智能包含的基本研究内容与人工智能的特征相对应，主要包括机器感知、机器思维、机器学习、机器行为和知识表示。

1）机器感知

机器感知是使机器具有类似于人的感知能力。机器感知包括机器视觉（计算机视觉）、机器听觉、机器触觉、机器嗅觉等感知能力。计算机视觉是使机器对外界的视觉感知，如各种视觉场景、图像和文字等；机器听觉是使机器具有听觉能力，能够完成语音识别、自然语言理解等任务；机器触觉能够完成触碰感知、压力感知等。

2）机器思维

机器思维是使机器拥有类似于人的思维能力，能够对机器感知的结果进行处理，完成推理、决策、诊断或规划等任务。其中，模拟逻辑思维进行推理是机器思维擅长的任务，如完成棋类游戏的推理等。机器思维通常强调对问题的求解能力，搜索和规划方法也是常用的手段，例如，可通过搜索找到解决某个问题的最佳路径。

3）机器学习

学习是人类具有的一种重要智能行为，通过学习能够使自身掌握新知，适应新环境。机器学习研究的就是模拟人类的学习行为。人工智能领域的机器学习使智能体通过学习能够自动获取知识并解决问题，机器学习中的基于大量训练数据的统计机器学习发展迅速。随着计算机硬件计算能力的大幅度提升，深度学习逐渐兴起，深度学习的能力极大增强。

4）机器行为

智能行为是智能体的行为能力，如移动、行走、操作、说话或表演等。机器行为是建立在机器感知基础上，机器思维进行处理和决策之后，智能体做出的相应动作行为。因此机器行为是智能体的输出，是对机器感知的一种特定反应。从人类的角度来说，机器行为是人类需要的一种服务，让人工智能为人类提供的服务。

5）知识表示

除了以上的机器感知、机器思维、机器学习、机器行为之外，知识表示也是人工智能研究的主要内容。很多智能学者认为知识是一切智能行为的基础，因此知识表示是很多智能系统进行知识推理的基础。知识表示是人工智能研究中的基本内容，将知识进行形式化输入到计算机，计算机对知识进行存储和处理。

以上机器感知、机器思维、机器学习、机器行为和知识表示是人工智能的基本研究内容。但从广义上讲，能够模拟、延伸和扩展人类智能的技术和手段都属于人工智能的范畴，因此，在实际中，人工智能的研究内容十分广泛。

7.6　人工智能的主要研究领域

人工智能的主要研究领域包括自然语言处理、数据挖掘与知识发现、智能体与智能机器人、机器博弈等。

7.6.1　自然语言处理

自然语言处理（natural language processing, NLP）是人工智能中的重要研究领域。自然语言处理主要研究如何使计算机能够理解、处理和生成人类语言。语言能力是人类高级智能的重要体现，使计算机具备语言智能是人工智能研究的重要目标。

自然语言处理主要需解决两方面问题，自然语言理解和自然语言生成。

1. 自然语言理解

自然语言理解是使计算机能够理解自然语言所表达的含义。自然语言理解分为文本语言理解和声音语言理解。文本语言理解直接针对的是文本信息，计算机可以通过语法和语义进行理解和处理。声音语言理解接收的是语音信息，通过语音识别将其转换为相应的文本，计算机再进行理解和处理。

2. 自然语言生成

自然语言生成是让计算机根据所要输出和表达的内容生成自然语言。自然语言生成可看作是自然语言理解的逆过程，对于输出为语音形式的自然语言生成，需将文本转换为语音输出。

自然语言处理通常需要结合语言学，它的核心在于语言理解，其中难点在于解决字词、词组、短语和句子等各个层面广泛存在的歧义性和多义性问题，为此往往需要考虑语境对语义的影响。很多自然语言处理过程是建立在语音处理的基础上，需要依赖语言模型：语音识别要根据语言模型进行识别和分析；生成语音需要考虑韵律和节奏，也需要对语言进行正确分析和理解。

机器翻译是使用计算机将一种语言翻译成另一种语言，是自然语言处理的一个重要应用。目前国内外都有很多较为成熟的机器翻译产品，如谷歌翻译、百度翻译等，如图 7-7 所示。

自然语言处理技术还可被应用于很多领域，包括智能问答、情感分析、语音助手、人机对话、文摘生成和文本分类等。例如，智能问答可以根据用户的问题提供相应的答案；情感分析可以判断一条评论是正面的评论还是负面的评论。深度学习算法的发展，推动了大语言模型的研究，从而推动了自然语言处理研究方面的很大进展。

图 7-7　百度翻译网页界面

7.6.2　数据挖掘与知识发现

随着计算机和网络技术的飞速发展，大量数据存在于生产和生活中。数据库技术能对数据进行存储、管理、查询或检索等操作。但是无法从数据库中进一步提炼出知识，无法充分对大数据进行利用，无法发挥大数据的价值。

在销售领域有一个经典的“啤酒与尿布”的案例。在 20 世纪 90 年代，美国的沃尔玛超市的数据分析人员通过关联分析发现“买尿布的人很可能会同时买啤酒”这一有趣的规律（可能的解释是，在婴儿出生后一段时间主要由父亲去超市购买尿布，而父亲为了犒劳自己也会购买一些啤酒回去），沃尔玛超市将尿布和啤酒摆在一起进行销售，结果两种商品的销量都得到了提升。这是一个数据挖掘的一个典型案例。

数据挖掘是一门主要基于机器学习和统计学的数据分析技术，目的是挖掘数据中隐藏的关联规则。现代的数据挖掘面向的并不仅限于传统的数据库，而是互联网中的海量数据，因而要求相应的机器学习具有高效的处理海量数据的能力。

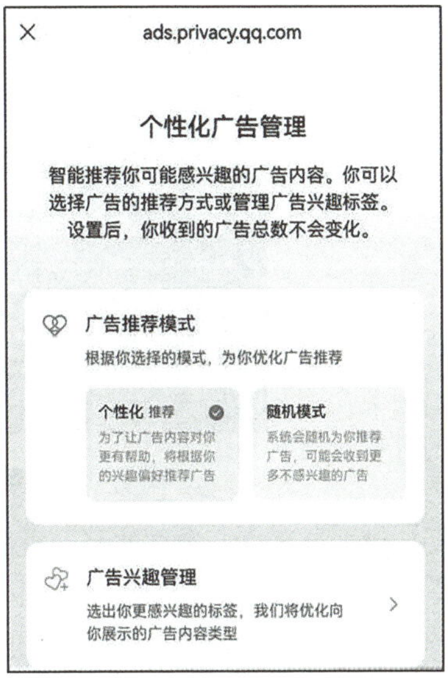

图 7-8　腾讯公司微信 App 的个性化广告设置

在人工智能领域，以大量数据作为基础，通过各种手段和方法发掘蕴含在这些数据背后的规律或潜在联系的过程称为知识发现。知识发现能够利用各种学习方法自动处理大量数据，揭示出蕴含在数据中的内在联系和本质规律，自动提取出有用的知识。知识发现是从数据中发现知识的全过程，包括数据准备阶段、数据挖掘阶段、结果表达和解释阶段。

数据挖掘和知识发现作为新兴的研究领域，成为研究热点之一，应用在互联网、制造业、金融财务、气象环境等各领域数据的分析和应用中。例如，手机上腾讯公司的微信 App，推荐个性化广告设置，挖掘出用户感兴趣的广告内容，如图 7-8 所示。

7.6.3　智能体与智能机器人

从 20 世纪 90 年代开始研究至今，自动驾驶汽车已经取得极大的进展。自动驾驶汽车属于一种典型的智能体。例如，2022 年，中国武汉运营的“萝卜快跑”自动驾驶出租车，如图 7-9 所示。

图 7-9　萝卜快跑自动驾驶出租车

智能体是指能够感知或接收外界信息，进行自主行动以完成任务目标的软件或硬件实体。智能体作为一个实体，强调的是能够与环境进行交互，根据环境变化自动地调整自身状态和行为。

自动驾驶汽车需要面对复杂的动态环境，其他车辆或行人的移动倾向存在随机性。针对复杂动态环境，智能体需要具有很强的学习、推理、规划和预测能力。智能体是人工智能研究的一个领域。

视　频

自动驾驶出租车

除了自动驾驶汽车，另一种典型的智能体是智能机器人。智能机器人是一种通过动作或操作来执行任务的智能体。

目前智能机器人类型分为以下几类：

1）以操作为主的机器人

很多工业机器人属于以操作为主的机器人，通常固定在生产线上。例如，生产线上基于机械手的自动装配机器人，如图 7-10 所示。

2）移动机器人

移动机器人主要依靠轮子、机械腿或其他装置在环境中进行自主移动。如无人机、无人车及无人潜水器等，大疆公司的无人机如图 7-11 所示。此外，很多服务类的移动机器人，能够完成在特定场所运送物品或打扫卫生等任务。

图 7-10　自动装配机器人

图 7-11　大疆公司的无人机

3）具有良好操作的移动机器人

具有良好操作的移动机器人结合了以操作为主的机器人和移动机器人的优点。例如，军用领域的排爆机器人，具有排爆机械手，依靠履带进行移动，如图 7-12 所示。

大多数人形机器人都属于具有良好操作的移动机器人，它们具有人类的外观并模仿人类行为，既能灵活移动又能完成各种动作和操作。例如，2025 年春节联欢晚会上，杭州宇树科技有限公司研发的人形机器人能够完成扭秧歌、转手绢等复杂动作，如图 7-13 所示。

图 7-12　排爆机器人

图 7-13　扭秧歌、转手绢的人形机器人

智能机器人的设计涉及控制论、机器人学，作为一个综合性的独立学科存在。智能机器人的设计包括机器人硬件结构、机器人感知、机器人运动规划和控制等内容。智能机器人在感知、学习、思维、推理和表达交流等方面具有更强的能力，能够帮助人类完成更加复杂的工作。因此，智能机器人既是人工智能的一个重要研究领域，也是人工智能研究目的所在。

7.6.4　机器博弈

机器博弈通常指的是人类之间具有强烈竞争和对抗性的智能活动，各方目的在于取胜或取得最大利益，如下棋、打牌和战争等。机器博弈问题为人工智能研究提供了很好的应用和展示平台，对于人工智能领域中的问题表示、搜索算法、机器学习和智能决策等方面的研究能够起到重要的促进作用。在现实生活中，博弈通常被认为是一种智力比拼，属于人类才有的智能活动。如何使计算机能够像人类一样善于下棋，一直是人工智能领域研究的重要内容。

棋类游戏一直被视为顶级人类智力及人工智能的试金石。历史上，人工智能与人类棋手的对抗一直在上演。

1910 年，西班牙工程师兼数学家莱昂纳多 · 托雷斯（Leonardo Torres）发明了最早的国际象棋自动对弈机器，如图 7-14 所示。

1928 年，冯 · 诺依曼发表了一篇有关“二人零和博弈”的论文，为建立博弈理论走出了第一步，并提出了用于博弈的极大极小思想。

1944 年，冯 · 诺依曼与奥斯卡 · 摩根斯特恩（Oskar Morgenstern）合作出版了《博弈论与经济行为》，其中给出了两人对弈的极小极大算法，并将博弈论引入经济学领域。

1947 年，图灵研究并编写了第一个计算机下棋程序。

1950 年，信息论的创始人香农在《哲学杂志》发表的论文 *Programming a Computer for Playing Chess* 中给出了极大极小算法，并设计了一台电动走棋机器，如图 7-15 所示，从而奠定了现代机器博弈的理论基础。

1951 年，图灵的朋友克里斯托弗 · 斯特拉切（Christopher Strachey）在曼彻斯特 Mark-1 上写了第一款西洋跳棋程序。图灵在 1952 年曾与之对弈一局，轻松取胜。

图 7-14　莱昂纳多 · 托雷斯的国际象棋机器

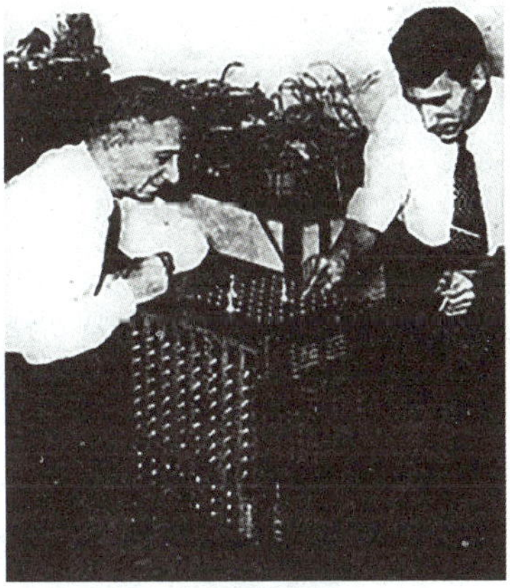

图 7-15　香农设计的电动走棋机器

1956 年 IBM 的阿瑟 · 萨缪尔（Arthur Samuel）写了第二个西洋跳棋程序，这款程序的特点是自学习，这也是最早的机器学习程序之一，后来不断改进，曾经赢过盲人跳棋大师。

1956 年，麦卡锡提出了著名的 Alpha-Beta 剪枝技术，实现了搜索效率的大幅度提升。

1958 年，IBM 推出一台每秒钟可以进行 200 步运算的计算机，与人类进行国际象棋博弈，结果被人类棋手打得丢盔卸甲。

在此后的几十年中，计算机程序不断挑战国际象棋人类棋手，但面对人类高手，皆以失败告终。

1997 年，IBM 公司的“深蓝”首次战胜了国际象棋世界冠军卡斯帕罗夫，如图 7-16 所示，这场举世闻名的人机大战已经成为人工智能历史上的重要的里程碑。

图 7-16 IBM 公司的“深蓝”计算机战胜卡斯帕罗夫

2011 年 IBM 公司的问答机器人“沃森”在美国智力问答竞赛节目中大胜人类冠军，如图 7-17 所示，这是基于自然语言理解和知识图谱的人工智能系统的胜利。

在围棋方面，人们一直认为的计算机无法在围棋这种超复杂棋类博弈上战胜人类。2016 年 3 月 Google 旗下 DeepMind 开发围棋程序 AlphaGo，该程序结合蒙特卡洛树搜索、深度学习和强化学习技术，利用高性能计算和大数据，战胜了韩国的围棋世界冠军李世石。AlphaGo 对战李世石如图 7-18 所示。

2017 年 5 月，AlphaGo 与长期排名第一的中国的世界冠军柯洁对战，以 3 : 0 的总比分获胜。AlphaGo 对战柯洁如图 7-19 所示。

图 7-17 美国智力问答竞赛人机大战

图 7-18 AlphaGo 对战李世石

视 频

AlphaGo 对战柯洁

图 7-19 AlphaGo 对战柯洁

2017 年 10 月，升级版围棋程序 AlphaGo Zero 仅通过三天的自我学习就以 100 : 0 的战绩完胜 AlphaGo，展示出令人惊叹的学习能力。

在棋类问题被攻克之后，研究者们开始将目光更多地投向非完备信息下的机器博弈问题。

非完备信息主要是指博弈各方并不能获得完全的信息，如在打牌游戏中看不到对方手里的牌，在战争一类的即时战略游戏中各方会有隐瞒、欺骗或迷惑对方的行为。

2018 年底，Google 开发的人工智能程序 AlphaStar 在战略游戏《星际争霸 Ⅱ》中，分别以 5∶0 击败了两位人类顶级职业玩家。2019 年 10 月，Google 在《自然》杂志上发表了关于 AlphaStar 的论文，如图 7-20 所示。指出所开发的人工智能 AlphaStar 学会了玩《星际争霸 Ⅱ》，没有任何限制条件、与人类相同的操作水准下达到了所有天梯赛的大师级水平，在欧洲服务器的天梯中超过了 99.8% 的人类玩家。这是人工智能的最前沿进展，解决了非完全信息下的即时战略游戏问题。

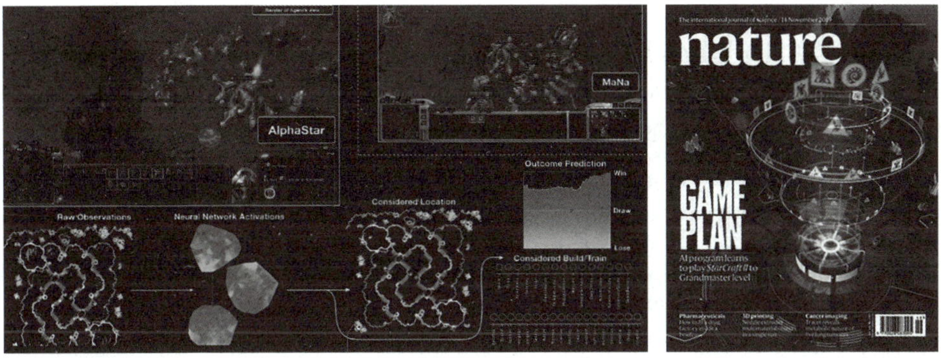

图 7-20　AlphaStar 对战人类顶级职业玩家并在《自然》杂志上发表论文

几次举世瞩目的“人机大战”在学术界产生了空前的影响，人工智能对人类顶级选手取得了压倒性胜利，标志着人工智能技术取得重大成功。从某种意义上说，对机器博弈的研究，引领了人工智能的发展，引发了对人工智能的关注，掀起了全球人工智能的热潮。

7.7　人工智能研究的三要素

人工智能研究的三要素包括算法、算力和数据。

7.7.1　算法

作为人工智能领域的核心组成部分，算法是实现智能功能的关键技术手段，是对解决特定问题的一系列步骤和规则的描述。人工智能的基本算法有很多，在不同的应用场景进行使用。

1. 决策树算法

决策树是一种基于树状结构进行决策的算法，通过一系列的问题或决策规则，将数据集逐步划分成不同的类别或输出结果。决策树算法易于理解和解释，能够处理数值型和分类型数据，适用于分类。决策树算法在医疗诊断、信用评估、市场细分等领域有广泛应用。例如，根据患者的症状、检查结果等特征，决策树可以辅助医生进行疾病诊断。

2. 线性回归算法

线性回归是一种用于预测连续数值型变量的算法，通过建立输入特征和输出变量之间的线性关系模型，即找到最佳的线性方程来拟合数据。线性回归模型简单、计算效率高，适用于处理线性关系的数据。但对非线性关系的数据拟合效果较差。线性回归算法广泛应用于房价预测、销售额预测、股票价格预测等任务。例如，根据房屋的面积、位置、房龄等特征，线性回归模型可以预测房屋的售价。

3. 逻辑回归算法

逻辑回归是一种用于二分类任务的算法，通过逻辑函数将线性回归的输出映射到 0~1 之间，从而实现对数据的分类。逻辑回归模型简单，适用于处理线性二分类问题。但对非线性可分的数据分类效果较差。逻辑回归算法在垃圾邮件识别、客户流失预测等领域有广泛应用。例如，根据邮件的内容特征，逻辑回归模型可以判断邮件是否为垃圾邮件。

4.k 近邻算法

k 近邻（k-nearest neighbor, KNN）算法是一种基于实例的学习算法，通过计算待分类数据点与已知数据点之间的距离，找到距离最近的 k 个邻居，根据这些邻居的类别或值进行平均，从而确定待分类数据点的类别。KNN 算法简单、易于实现，无须训练模型，适用于处理非线性关系的数据。KNN 在推荐系统、异常检测等领域有广泛应用。例如，在商品推荐中，KNN 可以根据用户的历史购买行为和相似用户的购买行为，推荐商品。

5.K 均值聚类算法

K 均值聚类（k-means clustering）算法通过将数据点划分为 k 个簇，使得簇内数据点之间的距离尽可能小，簇间数据点之间的距离尽可能大。算法初始化 k 个簇中心，然后迭代地将数据点分配到最近的簇中心，并更新簇中心，直到簇中心不再变化或达到最大迭代次数。K-means 算法简单、易于实现，适用于处理大规模数据集。K-means 聚类算法在市场细分、文档聚类等领域有广泛应用。例如，在市场细分中，K-means 可以将客户划分为不同的群体，以便进行针对性的营销。

6. 主成分分析算法

主成分分析（principal component analysis, PCA）是一种用于降维的算法，通过线性变换将原始数据投影到新的坐标系中，使得新的坐标轴（主成分）之间的相关性为零。PCA 的目标是保留尽可能多的原始数据信息，同时减少数据的维度。PCA 算法简单、易于实现，能够有效去除数据中的冗余信息，适用于处理高维数据。PCA 在数据预处理、图像压缩等领域有广泛应用。例如，在图像压缩中，PCA 可以减少图像的维度，同时保留主要的视觉信息。

7. 神经网络算法

神经网络算法是一种模拟人脑神经元结构和功能的算法，通过构建由多个神经元节点和连接权重组成的网络模型，实现对数据的非线性映射和处理。常见的神经网络包括前馈神经网络（feedforward neural network, FNN）、反馈神经网络（feedback neural network, FBNN）等，如图 7-21 所示。

神经网络算法具有强大的学习能力和泛化能力，能够处理复杂的非线性关系数据。神经网络在图像识别、语音识别、自然语言处理、推荐系统等领域有广泛应用。

神经网络算法的发展深刻地影响着算法的发展。在人工智能算法中，流行的深度学习算法就是基于深度神经网络来实现对复杂数据的学习。深度学习算法在图像识别、语音识别、自然语言处理等领域取得了巨大的成功。例如，卷积神经网络在图像识别任务中表现出色，它能够自动学习图像中的局部特征和层次结构；循环神经网络（recurrent neural network, RNN）在处理序列数据如语音和文本方面有独特的优势，可以捕捉序列中的时间依赖关系。

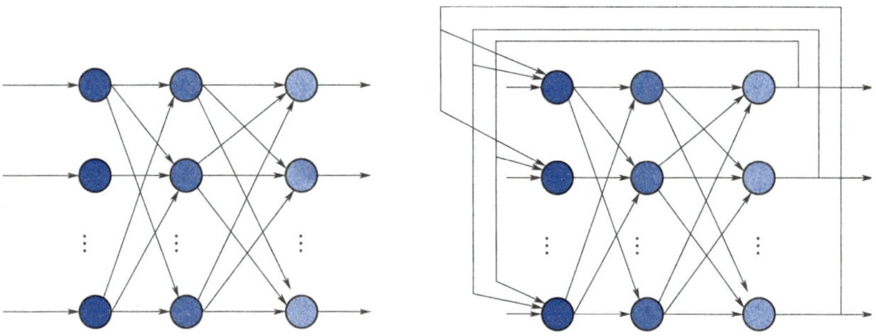

（a）前馈神经网络　　（b）反馈神经网络

图 7-21　神经网络示意图

7.7.2 算力

算力指的是计算资源的能力，包括处理器的性能、内存的容量、存储的速度以及网络的带宽等。强大的计算能力是人工智能发展的保障。算力主要为硬件资源，也包括软件资源和网络资源等。

1. 硬件资源

中央处理器（CPU）是计算机的核心部件，负责执行程序指令和处理数据。在人工智能应用中，CPU 通常用于处理逻辑控制、数据预处理等任务。

图形处理器（GPU）最初用于图形渲染，后因其并行计算能力强，被广泛应用于深度学习等计算密集型任务。GPU 拥有成千上万个核心，能够同时处理大量数据，显著加速矩阵运算和神经网络训练。例如，英伟达（NVIDIA）公司的 GPU 在人工智能领域应用广泛，如图 7-22 所示。

现场可编程门阵列（field programmable gate array, FPGA）是一种可编程的集成电路，可以根据特定任务进行定制。FPGA 在低延迟和高吞吐量的应用中表现出色，适用于实时信号处理、通信等领域。例如，Xilinx 公司的 FPGA 如图 7-23 所示。

专用集成电路（application specific integrated circuit，ASIC）是为特定应用定制的芯片，具有高性能、低功耗和小尺寸的特点。例如，谷歌公司的 TPU（tensor processing unit）是专门为深度学习设计的 ASIC，能够高效处理大规模神经网络的训练和推理任务，如图 7-24 所示。

图 7-22　英伟达公司的 GPU

图 7-23　Xilinx 公司的 FPGA

图 7-24　谷歌公司的 TPU

高速内存（如 DDR4、DDR5）和大容量存储（如 SSD、HDD）能够提供对数据的快速读写。在人工智能应用中，数据集通常非常大，因此需要足够的内存和大容量存储来支持模型训练。

2. 软件资源

算力的软件资源主要是操作系统。操作系统管理计算机系统的硬件资源，提供用户界面和系统调用接口。在人工智能应用中，操作系统需要高效地调度 CPU、GPU 等资源。常见的操作系统包括 Linux、Windows 和 macOS，其中 Linux 在服务器和高性能计算领域应用广泛。

除了操作系统，算力的软件资源还包括并行计算框架和深度学习框架。并行计算框架如 MPI（message passing interface）和 OpenMP（open multi-processing）可以简化并行程序的开发，提高计算效率。深度学习框架如 PyTorch 等提供了丰富的接口和工具，方便开发者构建、训练和部署模型，简化了深度学习模型的开发过程。

3. 内存带宽和网络带宽

内存带宽表示内存与处理器之间的数据传输速率，单位通常为 GB/s。高内存带宽可以减少数据传输的延迟，提高计算效率。网络带宽表示网络设备之间的数据传输速率，单位通常为 Gbit/s。在分布式计算中，高网络带宽可以减少节点之间的通信延迟，提高分布式训练的效率。

算力是人工智能发展的基础，强大的算力可以加速模型训练和推理，提高人工智能应用的性能和效率。随着硬件技术的不断进步和软件优化的深入，算力将继续推动人工智能的快速发展。

7.7.3 数据

数据是人工智能的基石，海量的、高质量的数据对于训练有效的模型至关重要。在数据作为算法的输入之前，数据的特征需要进行分析并进行相应处理。数据类型分析目的是根据数据的格式来处理数据；数据的预处理是在使用数据训练模型之前进行的处理工作；数据增强是增加数据多样性的手段；数据的隐私保护和安全保障是对数据的保密和保护。

1. 数据类型分析

按照数据的格式严格程度，数据可分为结构化数据、半结构化数据和非结构化数据。

结构化数据是指具有固定格式和组织形式的数据，通常存储在数据库中，如关系型数据库中的表格数据。结构化数据的特点是数据字段明确，易于查询。如用户信息表等。

半结构化数据是指具有一定的组织形式的数据，但不如结构化数据格式严格。常见的半结构化数据包括 JSON、XML、HTML 等。半结构化数据可以通过解析工具提取出结构化信息。

非结构化数据是指没有固定格式和组织形式的数据，如文本、图像、音频、视频等。非结构化数据占数据总量的大部分，处理非结构化数据通常需要复杂的预处理和特征提取技术。例如，自然语言处理技术用于处理文本数据，计算机视觉技术用于处理图像和视频数据。

2. 数据预处理

数据的预处理指的是在数据输入到系统之前进行的一系列处理。数据的预处理目的是对数据进行规范化和格式化，让数据的质量得到提高。数据的预处理包括数据清洗、数据集成、数据格式化等。

数据清洗是去除数据中的重复数据、异常数据和缺失数据。例如，通过去重操作去除重复数据，通过统计分析方法识别和处理异常数据，使用均值、中位数或众数填充缺失数据。

数据集成是将不同来源的数据合并为一个数据集。例如，将多个数据库中的数据进行整合，解决数据结构一致性问题。

数据格式化是将数据转换为适合模型训练的格式，如归一化、标准化等。归一化和标准化可以将数据缩放到特定范围，提高模型的收敛速度和性能。

3. 数据增强

数据增强是指通过一些替换、调整、添加、删除等操作或者变换，生成新的数据样本的过程。数据增强的目的是增加数据的多样性。例如，文本数据增强是通过同义词替换、句子重组、随机插入、删除等操作生成新的文本样本；音频数据增强是通过调整音调、速度、音量、添加噪声等操作生成新的音频样本；图像数据增强是通过旋转、平移、缩放、裁剪、翻转、颜色变换等操作生成新的图像样本。

4. 数据的隐私保护和安全保障

数据的隐私保护是保护数据中的隐私信息，防止数据泄露和滥用。常见的隐私保护技术包括数据脱敏、差分隐私、同态加密等。数据脱敏可以将敏感信息替换为虚构信息；差分隐私可以在数据发布过程中添加噪声；同态加密可以在加密数据上直接进行计算。

数据的安全保障是确保数据的完整性和可用性，防止数据被篡改和破坏。常见的数据安全保障技术包括数据加密、访问控制、数据备份和恢复等。数据加密将数据以密文形式传输和存储；访问控制防止未经授权的用户访问数据；数据备份和恢复可以确保数据在发生故障时能够快速恢复数据。

高质量的数据可以显著提高人工智能算法模型的性能和可靠性。数据的收集、预处理、增强，以及隐私保护和安全保障是数据处理的重要环节，需要综合考虑数据的质量、数量和安全性，以支持有效的人工智能应用。

7.8　面临的伦理与法律问题

人工智能在安防、教育、医疗、交通、零售、制造和服务业等领域得到了广泛的应用，为人们的生活带来了极大的便捷，但同时也带来了很多触及道德伦理甚至法律的问题。

7.8.1　道德伦理问题

由于人们缺乏对人工智能设计与使用过程中伦理问题的考量，所以伴随着人工智能的发展，人工智能涉及的伦理问题逐渐凸显出来，如“伦理困境”抉择（见图 7-25）、算法偏见和过度依赖等问题。

图 7-25　当 AI 面临电车难题时，该如何选择？

尽管“伦理困境”抉择情景目前还只存在于设想中，但关于人工智能产品带来的“伦理困境”，让很多专家感到纠结。

由于机器采用算法模型对数据进行自主深度学习的过程是不透明的，所以人工智能可能在使用过程中形成无意识、不可预见的偏见，如肤色偏见、性别偏见等。若有偏见的人工智能处于决策地位，则会导致特定人群受到不公正待遇，从而造成社会伦理问题。例如，美国一家获得普利策奖的非营利新闻机构 ProPublica 曾在报道中指出，COMPAS 算法存在明显的肤色偏见问题，该算法预测的黑人被告再次犯罪的风险要远远高于白人，甚至达到了后者的两倍。此外，在人脸识别的应用过程中也出现过肤色偏见的问题。例如，早期一名黑人软件开发人员在某社交平台上说，谷歌的照片服务把他和一个黑人朋友的照片打上了“大猩猩”的标签。

除了肤色偏见，人工智能算法或产品也出现过对某种性别具有偏见的问题。例如，亚马逊曾开发过一套用于筛选简历的人工智能工具，在应用过程中就表现出了性别偏见问题，即通过该人工智能程序筛选出的简历中男性远多于女性。不仅如此，该人工智能程序还会降低包含女性字样的简历权重，甚至下调女子学院的毕业生评级。由于性别偏见问题的出现，亚马逊便决定停止使用该人工智能招聘工具。此外，麻省理工学院与微软的研究人员曾联合开展了一项针对机器学习算法是否存在性别与肤色偏见的研究，结果发现当主流面部识别软件面对女性照片时，差错率会变得更高。此外，当对象为皮肤颜色较深的女性时，差错率会进一步上升。研究人员测试微软、IBM、Facebook 三家企业产品中的人脸识别功能，发现它们识别白人男性的正确率均高于 99%，但识别肤色较深的黑人女性则错误率在 47% 左右。

服务型机器人的投入使用，便利了人们的生活，增进了人与机器人的情感联系，但过度沉溺人工智能将带来心理依赖、能力退化、情感异化等问题。例如，陪伴教育机器人容易造成儿童过度依赖，导致儿童出现社交障碍、性格孤僻等问题。若医疗人员过度依赖协助医疗的机器人，则会造成医疗人员医疗能力退化的局面。

针对上述人工智能存在的伦理问题，人们应从人工智能内部和外部两个方面建立合理的伦理约束机制。

（1）进行合乎道德伦理的算法设计，将国家的法律规范和人的道德情感规则嵌入人工智能系统设计。

（2）建立人工智能群体伦理决策框架，加强对内部算法的监管，规范人工智能产品的研发过程。

（3）建立人工智能事前监督和事后评估制度，制定产业研发人员伦理工作标准，强化专业责任意识。

（4）针对隐私权建立健全的法律规范体系，切实保护人工智能使用者的隐私。

7.8.2 法律的问题

全世界都在呼吁人工智能产品的设计、开发、应用，要以维护人类安全、隐私、利益为初衷，从而推动技术发展与人类进步。但是，人工智能作为新兴事物，相应的法律框架比较空白。当人工智能技术造成侵权事件时，不但有悖伦理，同时也无法对相应的法律责任进行合理的评判，这将阻碍人工智能的发展。

目前，人工智能发展过程中涉及的法律问题主要有责任划分问题、隐私泄露问题、著作权保护问题等。

1）责任划分问题

如果“自动驾驶”汽车发生交通事故，该如何划分责任？该事件包含了设计人员、制造公司、销售企业和用户等多层法律关系，根据现有的法律法规无法确定谁应作为责任主体。伴随着人工智能技术愈发的成熟，未来社会的人工智能产品会具有更多的自主行为。虽然人类设计、制造了它们，但它们的行为会通过深度学习技术进行自主信息分析与判断，其创造者并不能完全预料或提前控制。现行的法律越来越不适用于人工智能的范畴，因此，人工智能产品责任划分问题需要设置新的界定标准。

2）隐私泄露问题

在大数据时代背景下，隐私泄露问题一直是人们关注的热点话题。容易引起隐私泄露事件发生的原因有后台数据泄露问题、人工智能技术滥用问题和大数据平台漏洞问题等。

用户使用网络社交平台时后台会产生大量的数据，为保护人们的财产安全，相关部门实行网络监管与社交平台实名化机制，但这也存在侵犯个人隐私的隐患。例如，2019年央视“3·15”晚会曝光社保掌上通App通过获取用户授权，肆意收集用户隐私信息，对此，各个软件产品要加强对数据的保护，采用加密传输等技术对隐私信息进行传输，并借助人脸识别、指纹识别、虹膜识别等技术验证登录用户的身份，防止不法分子从网站中窃取用户个人数据。

再如，某小学为学生佩戴脑机接口头环，监测学生的脑电波，从而分析学生上课时是否集中注意力，并对学生集中注意力的情况打分，然后将此分数和排名发送给教师和家长。该行为不仅侵犯了学生的隐私，还造成了学生产生“被监控”的心理压力。

大数据开放平台拥有大量的用户个人隐私信息，主要包括用户的注册信息、登录信息、浏览痕迹等。人工智能技术的发展与应用离不开大数据的支撑。例如，智能检索利用用户的历史检索数据为用户提供感兴趣的商品，并“猜你喜欢”智能推荐相关商品。这样做虽然可以提高检索的成功率，但同时也极大可能地泄露了用户的隐私信息。此外，大数据开放平台存在技术漏洞，一旦受到黑客与不法分子的攻击，就会导致用户个人隐私信息泄露。

3）著作权保护问题

智能机器人创作作品之前，要通过一定的程序进行“深度学习”“深度思维”，在这个过程中有可能收集、储存大量的他人已享有著作权的作品，这就有可能出现非法复制他人的作品，从而侵害他人著作权的现象。如果智能机器人利用获取的他人享有著作权的知识和信息创作作品（如创作的歌曲中包含他人歌曲的音节、曲调），就有可能构成剽窃。但对于智能机器人构成侵害知识产权的情形，很难界定究竟应当由谁承担责任。

在人工智能创作物生成过程中，自然人提供了创作思路与素材，人工智能利用算法对其进行整理，并不能完全脱离人类，不具有独创性。而且，人工智能创作物是在自然人的指导下机械承载的“物生物”的过程，不具有人格属性与主体性。因此，就现行《中华人民共和国著作权法》的规定，人工智能创作物明显不符合保护要求，无法受到著作权法的保护。

小　结

本章全面介绍了人工智能的基础知识，主要的知识点如下：

（1）人工智能从图灵机开始探索，以达特茅斯会议为标志的人工智能正式诞生到发展至今，经历了不同的时期，在此过程中有兴衰交替。人工智能涵盖的学科门类众多，人工智能的应用领域广泛。

（2）根据不同的研究方法和技术，学者将人工智能分为符号主义学派、连接主义学派、行为主义学派。三个学派都在各自的辉煌时期做出了巨大贡献，推动了人工智能在理论方面的进步。

（3）人工智能的研究基本内容包括机器感知、机器思维、机器学习、机器行为和知识表示等方面。

（4）人工智能的主要研究领域包括计算机视觉、自然语言处理、数据挖掘与知识发现、智能体与智能机器人、机器博弈等。

（5）人工智能的三要素包括算法、算力和数据。复杂算法是人工智能解决特定问题的方法；强大算力是人工智能高效完成任务的硬件、软件和框架保障；大量的、高质量的数据是人工智能模型训练的基础。

习　题

1. 人类智能有什么特征？
2. 人工智能的学派有哪些？各学派主要观点是什么？
3. 人工智能的研究基本内容包括哪些方面？
4. 人工智能有哪些主要研究领域？其中自然语言处理主要需解决哪两方面问题？
5. 人工智能的三要素是什么？
6. 简单列举一些人工智能的算法。
7. 人工智能面临的伦理与法律问题主要有哪些？

第 8 章 机器学习

大脑由大量神经元组成，是人类的智能中枢。这些神经元是同质的，互相连接起来产生功能。通过模拟大脑的这种连接机制，有可能复现人类的智能。

机器学习是人工智能的一个分支，人工神经网络是机器学习中的一种重要技术，它模拟了生物神经系统的结构和功能，通过大量的连接和权重来进行计算和学习。深度学习是机器学习的一个子集，专注于构建和训练神经网络。

随着计算机性能的大幅提升和可用数据量的不断增加，机器学习得到了飞速的发展。它利用计算机对大量的数据进行分析，并从中获取有用的信息，使机器具有一定的智能。近些年来，机器学习在众多领域都得到了广泛的应用。

学习目标

（1）了解神经网络的概念、发展历程与分类。

（2）了解机器学习的概念、分类和应用场景。

（3）了解有监督学习和无监督学习的含义。

（4）了解分类任务、聚类任务和回归任务的基本思想和实现方法。

8.1 机器学习概述

8.1.1 机器学习的概念

机器学习是一门通过算法使计算机从数据中学习并完成任务的学科。它能够自动分析数据，从中发现规律或构建模型，进而利用这些规律或模型对未知数据进行预测。作为人工智能的核心，机器学习是实现计算机智能的重要途径。

尽管目前尚无统一且精准的定义，以下是一些学者对机器学习的阐述：

（1）机器学习是研究如何通过机器模拟人类学习过程的学科。

（2）机器学习是研究机器如何获得新知识与技能，以及识别已有知识的学科。

（3）机器学习是研究机器如何模仿人类的学习活动，独立获取新知识与技能，并不断提升系统性能的学科。

机器学习的基本思路是：利用一定的算法对训练数据进行解析，从而学习数据中的特征并建立模型，最后运用该模型对实际问题进行分类、决策或预测。

机器学习的研究核心是数据。数据中具有相似结构的样本集合被称为数据集；每个数据对象的具体描述被称为样本或示例；对象的某一特征表现被称为特征或属性；特征或属性的具体取值称为特征值或属性值；而描述样本特征的参数数量称为维度。

在机器学习中，执行学习算法从数据中获取模型的过程称为训练或学习。训练过程中使用的数据称为训练数据，而每一个数据点则被称为训练样本，所有训练样本组成的集合称为训练集。为了获得最佳效果的模型，调整模型参数时使用的样本被称为验证样本，所有验证样本组成的集合称为验证集。

获得模型后，使用该模型对未知数据进行预测的过程称为测试。用于预测的样本被称为测试样本，所有测试样本组成的集合则称为测试集，它通常用于评估模型的性能。模型在面对新样本时的表现能力，被称为泛化能力。

8.1.2 机器学习的分类

从不同的角度，根据不同的方式，可以将机器学习划分为不同的类别。

按学习形式分类，机器学习可以划分为：有监督学习，从含有标签的数据集中推出一个功能的学习方法；无监督学习，从不含标签的数据集中推出一个功能的学习方法；半监督学习，综合利用有标签的数据和无标签的数据，生成合适的函数；强化学习，以环境反馈（奖惩信号）作为输入，以统计和动态规划技术为指导的一种学习方法。

按学习目标分类，机器学习可以划分为：概念学习，学习的目标和结果为概念，典型的概念学习有示例学习；规则学习，学习的目标和结果为规则，典型的规则学习有决策树学习；函数学习，学习的目标和结果为函数，典型的函数学习有神经网络学习；类别学习，学习的目标和结果为对象类别，典型的类别学习有聚类分析。

按学习方法分类，机器学习可以划分为：机械式学习，通过直接记忆或外部提供的信息达到学习的目的；指导式学习，由外部环境向系统提供指示或建议；示例学习，通过从环境中获取若干与某知识有关的例子，经归纳得到一般性知识；类比学习，把两个事物进行比较，找出它们在某一抽象层上的相似关系，并以这种关系为依据，把某一事物的有关知识加以适当整理，然后对应到另一事物，从而获得求解另一事物的知识；解释学习，在领域知识指导下，通过对单个问题求解实例的分析，构造出求解过程的因果解释结构，并获取控制知识，便于指导以后求解类似问题。

按推理方式分类，机器学习可以划分为：基于演绎的学习，以演绎推理为基础的学习；基于归纳的学习，以归纳推理为基础的学习。

机器学习的分类有很多种，其中有监督学习和无监督学习是机器学习中常用且易懂的方法，下面简单介绍这两种机器学习方法。

1. 有监督学习

有监督学习是一种通过使用包含标签的数据集来训练学习模型的方法。在训练过程中，模型会根据这些带标签的数据学习，并最终生成一个预测模型。之后，通过使用测试集来评估该预测模型的性能。这是有监督学习的典型流程。

2. 无监督学习

无监督学习是一种在没有标签的数据集上进行的学习方法，其目标是发现数据之间潜在的关系。例如，通过聚类或其他模型来揭示数据之间的关联。与有监督学习不同，无监督学习没有明确的目标或预期结果，因此其学习过程无法提前设定，并且其学习效果通常难以量化。

划分测试集的目的是评估模型的准确性，即通过将预测的标签与真实的标签进行对比。然而，由于无监督学习中的数据没有标签，因此在这种情况下划分测试集就失去了意义。

视频

有监督和无监督学习

有监督学习与无监督学习的区别如下：

（1）有监督学习是一种目的明确的训练方式，即可以提前预知结果；而无监督学习则是没有明确目的的训练方式，即无法提前预知结果。

（2）有监督学习使用的数据需要提前打上标签；而无监督学习不需要给数据打上标签。

（3）在有监督学习中，预测模型性能的判断标准是预测值越贴近目标标签或目标值越好；而在无监督学习中，模型性能没有明确的判断标准。

8.2　神经网络

8.2.1　神经网络的概念

人工神经网络（artificial neural network, ANN），简称神经网络或类神经网络，由大量的人工神经元联接进行计算。在机器学习和认知科学领域，是一种模仿生物神经网络的结构和功能的数学模型或计算模型，用于对函数进行估计或近似。现代神经网络是一种非线性统计性数据建模工具，能在外界信息的基础上改变内部结构，是一种具备学习功能的自适应系统。

典型的人工神经网络具有结构（architecture）、激励函数（activation rule）、学习规则（learning rule）三个部分。其中，结构指定了网络中的变量和它们的拓扑关系。例如，神经网络中的变量可以是神经元连接的权重（weight）和神经元的激励值（activities of the neurons）。大部分神经网络模型具有一个短时间尺度的动力学规则，来定义神经元如何根据其他神经元的活动来改变自己的激励值。一般激励函数依赖于网络中的权重（即该网络的参数）。学习规则指定了网络中的权重如何随着时间的推进而调整。通常情况下，学习规则依赖于神经元的激励值，也可能依赖于监督者提供的目标值和当前权重的值。

神经网络是一种运算模型，由大量神经元和彼此间相互的连接构成。每个节点代表一种特定的输出函数，称为激活函数（activation function，也称激励函数）。每两个节点间的连接都代表一个对于通过该连接信号的加权值，称之为权重，这相当于人工神经网络的记忆。网络的输出则依网络的连接方式、权重值和激励函数的不同而不同。而网络自身通常都是对自然界某种算法或者函数的逼近，也可能是对一种逻辑策略的表达。图 8-1 所示为单个神经元的数学

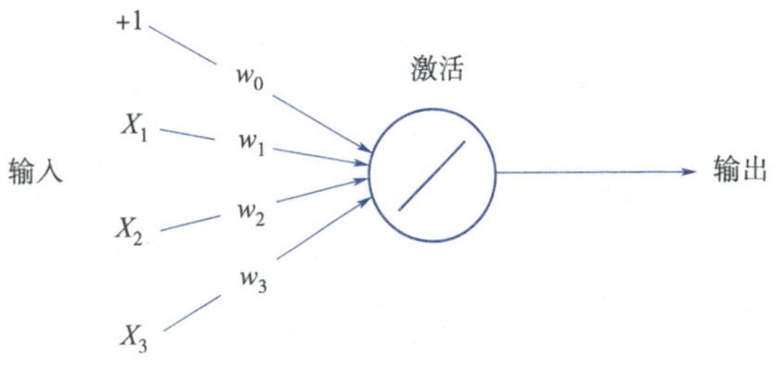

图 8-1　单个神经元模型

模型，它可以看作是对生物体神经元结构的仿生与抽象。

其中，+1 代表偏置项；X_1~X_3 代表初始特征；w_0~w_3 代表权重，即参数，是特征的缩放倍数；特征经过缩放和偏置后全部累加起来，此后还要经过一次激活运算（激活函数有很多种），然后再输出。

神经网络已经被用于解决各种各样的问题，如围棋机器博弈、机器视觉和语音识别。这些问题都是很难被传统基于规则的编程所解决的。

图 8-2　沃伦·麦卡洛克和沃尔特·皮茨

8.2.2　神经网络的发展历程

受人类神经网络的启发，1943 年美国计算神经学家沃伦·麦卡洛克和沃尔特·皮茨（见图 8-2）提出人工神经网络模型。他们认为，既然人类通过神经网络可以获得智能，机器也可以通过同样的方式获得智能。

1951 年，当时还是普林斯顿大学数学系研究生的马文·明斯基设计了名为 Snarc（stochastic neural analog reinforcement calculator）的人工神经网络，如图 8-3 所示。Snarc 是世界上第一个神经网络模拟器，它从随机状态开始运行，并通过操作员的反馈进行训练，目的是学习如何穿过“迷宫”。其组成中包括 40 个神经突触 Agent（智能体）和一个对成功给予奖励的系统，基于 agent 的计算和分布式智能是当前人工智能研究中的一个热点，明斯基也是最早提出 agent 概念的学者之一。

1958 年，康奈尔大学的弗兰克·罗森布拉特（Frank Rosenblatt，美国人工智能领域著名心理学家，如今被称为人工神经网络之父）设计了一个单层神经网络，并实现于一台称为 Mark-1 的专用硬件上，称为感知机（perceptron），如图 8-4 所示。该网络采用麦卡洛克和皮茨提出的神经元结构，不同的是，在感知器模型中，神经元之间的连接是可学习的。罗森布拉特的感知机模型，可以被视为一种最简单形式的前馈神经网络，是一种二元线性分类器，被认为是现代人工神经网络的开端。罗森布拉特的工作为机器学习和深度学习的发展奠定了基础，他的创新之作虽然在其生前并未得到广泛认可，但在人工智能领域的复兴中被重新评价，成为人工智能发展的重要里程碑。2004 年，IEEE 计算智能学会设立了罗森布拉特奖（IEEE Frank Rosenblatt Award），奖励在生物及语音启发计算领域做出卓越贡献的人，以纪念这位杰出的科学家。

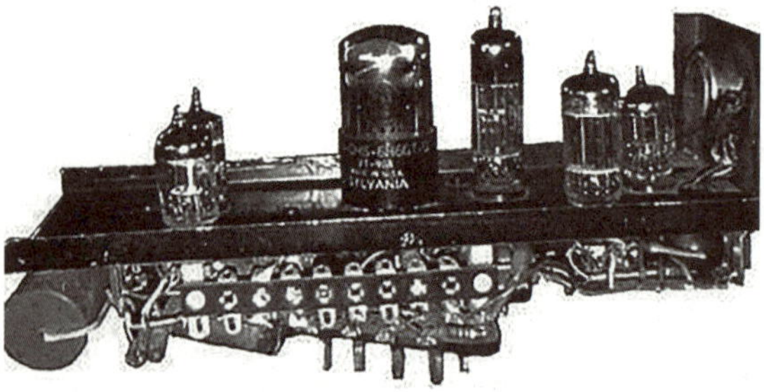

图 8-3　神经网络模拟器 Snarc

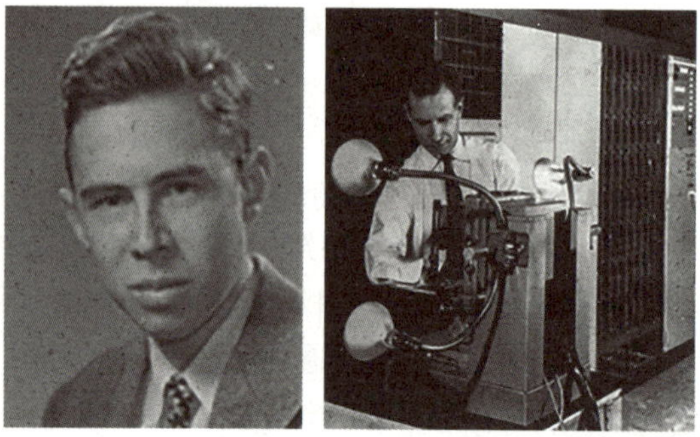

图 8-4　弗兰克·罗森布拉特和 Mark-1 感知机

1969 年，马文·明斯基出版了《感知器》一书，指出了感知器模型的局限性，这是一个线性不可分问题，即对于数理逻辑中的异或（XOR）操作，加（+）号和减（–）号分别代表计算结果的正负值，由此可见，无法找到一条可以把加（+）和减（–）分开的直线，如图 8-5 所示。明斯基证明，凡是这种线性不可分问题都不能用感知器来求解，神经网络研究因此走向低谷。

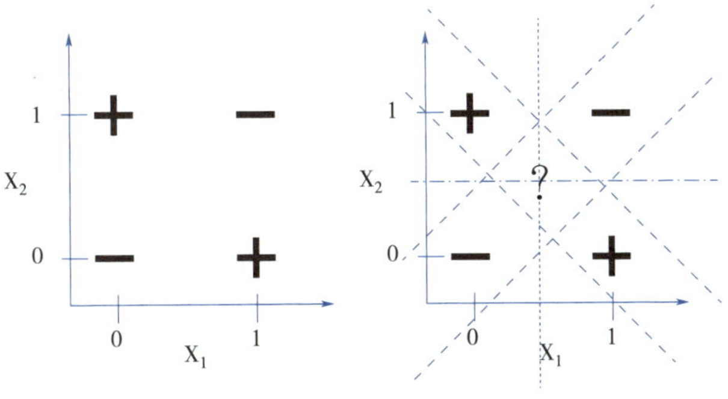

图 8-5 线性不可分问题

1986 年，大卫·鲁姆哈特（David Rumelhart）、杰弗里·辛顿（Geoffrey Hinton）和罗纳德·威廉姆斯（Ronald Williams）在《自然》杂志发表论文，提出了一种称为“反向传播算法（BP 算法）”的训练方法，使得多层神经网络训练成为可能。

多层感知器在原来感知器的基础上引入了隐藏层，从而可以处理更复杂的任务。由于多层神经网络解决了感知器模型只能处理线性可分问题的缺陷，使神经网络真正成为强大的建模工具。

20 世纪 90 年代以后，人工神经网络蓬勃发展，人们提出卷积网络（CNN）、循环网络（RNN）等具有独特性质的神经网络变种，极大推动了神经网络的应用。

2006 年以后，以深度神经网络（deep neural network, DNN）为代表的深度学习技术突飞猛进，在各个领域取得极大成功，神经网络成为人工智能领域最重要的工具。

8.2.3 神经网络的分类

神经网络可以根据不同的分类标准进行多种分类，主要有如下几种分类方式：

1. 依学习策略分类

根据学习策略分类，神经网络可以分为：监督式学习网络（supervised learning network）、无监督式学习网络（unsupervised learning network）、混合式学习网络（hybrid learning network）、联想式学习网络（associate learning network）和最适化学习网络（optimization application network）。

2. 按信息流向分类

根据信息流向分类，神经网络可以分为前馈型网络和反馈型网络。其中前馈型网络的信息从输入层逐层传递到输出层，没有反馈环路。前馈型网络可以设计为多层前馈网络，信息处理具有方向性。

反馈型网络中，节点可以接收自身反馈信号，具有记忆功能。反馈型网络可以单向或双向传播，常见的反馈型网络包括循环神经网络（RNN）、长短期记忆网络（long short-term memory, LSTM）等。

3. 按应用领域分类

根据应用领域分类，神经网络可以分为如下网络：

（1）生成对抗网络（GANs）：Goodfellow 等人受自博弈论中的二人零和博弈启发，于 2014 年开创性地提出了生成对抗网络。它由生成器和判别器组成，生成器试图生成真实数据，判别器试图区分真实数据和生成数据，常用于图像生成和风格转换。

（2）卷积神经网络：始于 20 世纪 80 年代至 20 世纪 90 年代，专门用于图像处理，通过卷积运算提取图像特征，广泛应用于图像分类和物体检测。

（3）循环神经网络：始于 20 世纪 80 年代至 20 世纪 90 年代，并在 21 世纪初发展为深度学习（deep learning）算法之一。适用于处理序列数据，如时间序列和文本，LSTM 和 GRU 等变体解决了传统 RNN 的梯度问题，常用于语言模型和文本生成。

（4）图神经网络（graph neural network, GNN）：马可・戈里（Marco Gori）等人于 2005 年第一次提出 GNN 概念，是指使用神经网络来学习图数据，提取和发掘图结构数据中的特征和模式，满足聚类、分类、预测、分割、生成等图学习任务需求的算法总称。常用于社交网络分析和分子预测。

（5）自编码器（autoencoder, AE）：用于学习数据表示，通过编码和解码过程学习数据的压缩表示，常用于数据降维和特征学习。

（6）变换器（transformer）：基于自注意力机制，用于处理序列数据，广泛用于自然语言处理任务。

8.3 分类任务

视频

分类任务示例

分类是通过学习已有的带标签数据，推导出一个分类函数或构建一个分类模型，这个模型能够将待分类的数据映射到预设的类别中，从而完成分类任务。该分类函数或模型也被称为分类器。

分类任务通常用于为对象打上标签，且结果为离散的类别。例如，判断一张图片中是猫还是狗。分类的结果要么完全正确，要么完全错误，不存在模糊的中间状态。

在机器学习中，分类任务通常需要先确定一个分类函数或模型，这个函数或模型像一条分界线，将数据样本区分开来。接着，通过这个分界线对新的输入数据进行预测和分类。

分类任务的解决过程可以概括为以下四个步骤：

（1）数据预处理：首先，将带标签的数据集划分为训练集和测试集。训练集用于训练模型，而测试集则用于评估模型的分类效果。

（2）模型训练：在训练过程中，利用训练样本的特征和标签，通过机器学习算法调整模型参数，最终得到一个经过训练的预测模型。

（3）模型测试：使用测试样本来评估模型的性能，计算模型在这些样本上的预测准确率，并根据需要选择一个符合要求的预测模型。

（4）模型应用：一旦预测模型确定下来，就可以将其应用到实际问题中，用于预测未知数据的类别。

在机器学习中的分类任务，常用的核心算法包括 k 近邻算法、决策树算法、贝叶斯算法、支持向量机算法和人工神经网络等。以下将详细介绍 k 近邻算法和决策树算法。

注意：分类任务中，不仅可以解决二分类问题，也可以解决多分类问题。

8.3.1 k 近邻分类算法

k 近邻分类（k-nearest neighbors classification, KNNC）算法是一个具有成熟理论基础且相对

简单的经典机器学习算法。k 近邻分类算法的核心思想是，通过从训练样本中找出与待分类样本最接近的 k 个样本，并根据这 k 个样本的类别来确定待分类样本的类别。可以把这 k 个样本看作是待分类样本的“朋友”，如果大多数“朋友”属于某一类别，那么待分类样本也会被归入这个类别。

k 近邻分类算法的三个基本要素是 k 值的选择、距离度量和分类决策规则。

k 近邻分类算法中通过计算样本间的距离衡量它们的相似性，距离度量一般使用欧式距离公式或曼哈顿距离公式计算。

k 近邻分类算法中的分类决策规则一般是多数表决，即少数服从多数原则。因此，前 k 个点所在类中出现频率最高的类，即为输入节点的预测所在类。

k 近邻分类算法的执行步骤可以概括为以下五个阶段：

（1）计算训练集中每个样本与待分类样本之间的距离。

（2）根据距离的大小对样本进行排序，从最近到最远。

（3）选择距离待分类样本最近的 k 个样本。

（4）统计这 k 个样本的类别频率。

（5）根据多数投票原则，确定待分类样本的最终类别。

8.3.2　决策树分类算法

决策树分类（decision tree classification, DTC）算法是一种通过学习样本数据来构建决策树模型，并利用该模型对新数据进行分类和预测的技术。它是最为直观的分类算法之一。决策树以树状结构呈现，表示通过一系列规则来对数据进行分类的过程。

决策树由三个主要部分构成：决策节点、分支和叶子节点。其中，决策节点是非叶子节点，代表样本数据的某一特征（属性）；分支则表示该特征在某个取值范围内的具体特征值（属性值）；而叶子节点则代表最终的分类结果或类别。

决策树分类的过程主要包括两部分：决策树学习和决策树分类。

决策树学习的目标是根据给定的训练数据，构建一个能够准确分类的决策树模型。

决策树学习通常分为三个步骤：特征选择、决策树生成和决策树剪枝。

（1）特征选择：该步骤的目的是选择对训练数据具有分类能力的特征，从而提升决策树学习的效率。常用的特征选择标准包括信息增益、信息增益比和基尼系数等。

（2）决策树生成：这一过程是在每个决策节点上，基于某种标准（如信息增益）选择特征，递归地构建决策树。通过选择局部最优的特征来不断划分数据集，最终构建起能够较为准确分类的决策树。

（3）决策树剪枝：生成完决策树后，为了避免过拟合，通常会对树进行剪枝，即删除一些不必要的子树或叶节点。常见的剪枝方法包括预剪枝和后剪枝。其中，预剪枝是在构建决策树的过程中同步进行剪枝，通常通过设置一个阈值来决定是否剪枝。然而，由于阈值的选择较为困难，预剪枝的使用并不广泛。后剪枝则是在决策树完全生成后，再对其进行剪枝，常用的后剪枝算法有错误率降低剪枝（reduced error pruning, REP）和悲观剪枝（pessimistic error pruning, PEP）等。

决策树分类的目的是利用已经构建好的决策树模型，对新的数据进行分类预测。

决策树学习的核心在于从训练集中提取出一组分类规则，这些规则可以准确地分类训练集中的数据。然而，针对同一数据集，可能会存在多个不同的决策树。因此，在选择最终的决策树时，需要优先考虑泛化能力较强的决策树，以确保其在未见数据上的表现也能保持较高的准确性。

特征选择在决策树学习中扮演着至关重要的角色。它决定了在每一层决策节点上，应该选取哪个特征来划分数据空间，从而影响到整个决策树的构建过程和最终的分类效果。

采用后剪枝方法的决策树分类算法的实现流程可以描述如下：

（1）创建数据集。

（2）对数据集进行预处理，得到训练集、验证集和测试集。

（3）计算训练集中所有特征的信息增益。

（4）选择信息增益最大的特征作为最佳分类特征。

（5）构建决策树。

（6）根据最佳分类特征分割训练集，并将该特征从数据列表中移除。

（7）训练集分割后得到训练子集，可将其视为新的训练集。

（8）判断分类是否结束，若结束，得到决策树，继续（9）；否则转向（3）。

（9）对训练集进行训练（学习）后得到决策树。

（10）利用验证集对决策树进行剪枝。

（11）获得简化的决策树模型，并将其应用于测试阶段。

（12）利用决策树模型对测试集进行分类，获得分类结果，算法结束。

后剪枝方法中，要求先利用训练集生成一棵完整的决策树，然后利用验证集自底向上地对非叶子节点进行考察，若将该节点对应的子树替换为叶子节点能使模型泛化性能提升，则将该子树替换为叶子节点。

8.4 回归任务

视频

回归任务示例

回归分析通过利用已有的数据进行学习，构建一个回归函数或回归模型，该模型能够将待测试的数据映射到一个特定的数值，从而实现对未知数据的预测。回归任务一般用于预测一个连续的数值，如房价、股价等。例如，若某产品的实际价格为 100 元，通过回归分析预测的价格为 99 元，那么这种预测就可以认为是一个准确的回归分析。回归的目标是尽量逼近真实值进行预测。

在机器学习中，回归任务的实现通常需要首先对数据进行拟合，通过拟合得到一个函数或模型，然后用这个函数对新的输入数据进行预测。

分类任务与回归任务的联系是它们都是有监督学习，且用于训练的数据集都有标签。二者的区别为：它们预测结果的数据类型不同。分类任务预测的是一个类别标签，属于离散型数据；回归任务预测的是一个值，属于连续型数据。

回归任务中常见的核心算法包括 k 近邻回归、决策树回归、贝叶斯回归、支持向量机回归和人工神经网络等。接下来将重点介绍 k 近邻回归算法和决策树回归算法。

8.4.1 k 近邻回归算法

k 近邻回归算法不仅可以用于分类任务，还能应用于回归任务。其基本思想是通过找到一个

样本的 k 个最近邻居，并将这些邻居在某个或多个特征上的平均值赋给该样本，从而预测该样本对应特征的值。

k 近邻回归算法的步骤可以概括为以下五个：

（1）计算训练集中所有点与待预测点之间的距离。

（2）按照距离的大小对这些点进行排序。

（3）选择距离待预测点最近的 k 个点。

（4）计算这 k 个点在目标特征上的平均值。

（5）将计算出的平均值赋给待预测点，从而得到其特征值。

注意： k近邻回归算法中两个样本点间距离的计算方法和k近邻分类算法中的相同，都是使用欧式距离公式或曼哈顿距离公式。

8.4.2 决策树回归算法

决策树回归（decision tree regression, DTR）算法通过选择样本中最佳的特征和相应的特征值作为分割点，构建一棵决策树。在树的每个分支处，算法将训练样本划分为不同的区域，并根据每个区域的样本计算均值，最终将该均值作为预测值。

在决策树回归中生成的树通常采用二叉树结构，其中每个非叶子节点根据特征的值进行判断，通常是“是”或“否”。这种结构使得样本的划分边界始终与坐标轴平行。

对于测试数据，只需根据其特征将其归类到相应的区间，然后获得该区间的预测值。例如，给定一个测试数据点（7，7），其中第一维分量 7 介于 6 和 8 之间，第二维分量 7 小于 8，根据决策树结构，可以判断该数据点属于某个划分区间，并得到相应的输出值 C。

决策树回归算法的关键在于如何选择切分点和确定输出值。

（1）切分点是指通过某个特征的特定值将训练集划分为两个部分。该特征被称为切分变量。最优的切分点是通过比较不同划分方式的误差来决定的。误差通常通过计算每个区域的真实值与该区域预测值之间的最小二乘误差来衡量。因此，最小二乘法可用于选择最佳的切分点。

（2）输出值是指某个划分区域的代表值。这个值通过计算该区域内所有样本的特征值的均值来确定。

8.5 聚类任务

聚类是将数据集根据某种特定标准划分为不同的类，使得同一类内的数据对象之间的相似度尽可能高，而不同类之间的数据对象差异性尽可能大。换句话说，聚类后的同类数据尽量集中在一起，而不同类的数据则尽量分开。

视频

聚类任务示例

聚类任务的目标是根据输入的特征向量寻找数据中的规律，将相似的样本归为一类。比如，通过聚类可以对多个客户的购物记录数据进行分析，尽管这些数据没有标签。通过这种方法，具有相似购物习惯的客户会被归为同一类，而不同类中的客户则购买不同类型的商品。商家可以根据这些聚类结果，为不同客户群体推荐相关商品，优化店铺运营。

聚类任务的解决过程可以分为以下五个步骤：

（1）数据预处理：确定研究变量或样本，包括选择需要进行聚类分析的变量或样本的数量、类型及对特征进行标度处理，确保它们之间存在相似性或相关性。

（2）定义相似度度量：为了衡量数据点之间的相似性，需要定义一个距离函数。即根据数据的特性，选择合适的距离度量方法，如欧几里得距离、曼哈顿距离等。

（3）选择聚类算法：根据研究目的和数据特性，选择合适的聚类算法，如层次聚类、k 均值聚类等。

（4）确定聚类数：根据研究目的和统计方法，将数据对象根据相似性划分到不同的组或类中。

（5）评估聚类效果：根据聚类结果，对每个组或类别进行解释和比较，发现数据的内在结构和规律。通常通过几何性质来评估聚类的质量，主要关注类之间的分离度和类内的紧密度。

在聚类任务中，常用的聚类方法包括：划分聚类方法、层次聚类方法、基于密度的聚类方法、基于网格的聚类方法，以及基于模型的聚类方法等。

1）划分聚类方法

根据某特征向量将含有 N 个样本或示例的数据集划分成 K（$K < N$）个分组，每一个分组就代表一个聚类，代表算法包括 K 均值聚类算法、K-MEDOIDS 算法、CLARANS 算法等。下面简单介绍 k 均值聚类算法。

K 均值聚类算法也称为 K-means 算法，是很典型的基于距离的聚类算法，它采用距离作为相似性的评价指标，即认为两个样本数据的距离越近，其相似度就越大。而且，该算法认为类是由距离靠近的对象组成的，因此其最终目标是获得紧凑且独立的类。

K 均值聚类算法的基本思想是基于给定的聚类目标函数，采用迭代更新的方法，按照数据对象间的距离大小，将数据集划分为 K 类。每一次迭代过程的目标函数都是向减小的方向进行，最终聚类结果使目标函数取得极小值，因此获得较好的聚类效果。因其简单的原理、易于实现，以及较快的收敛速度，广泛应用于多个领域，如客户群体划分（商业领域）、基因分类（生物领域），以及为客户提供定制化服务（电子商务）等。

一般来说，K 值是根据对数据的先验知识选择的，但是若没有什么先验知识，则可以通过交叉验证法选择合适的 K 值。

K 均值聚类算法中利用数据对象到各聚类中心的距离衡量两者之间的相似度，常用的距离计算方法有欧几里得距离、曼哈顿距离、明可夫斯基距离和皮尔逊系数等。数据调整完后，再修改聚类中心，进入下一次迭代。

K 均值聚类算法的三种终止条件如下。

（1）聚类中心不再发生变化。如果相邻两次的聚类中心没有任何变化，说明数据对象调整结束，聚类函数已经收敛，算法结束。

（2）没有数据对象重新分配给不同的聚类，如果在一次迭代算法中，所有数据对象都正确分类，则数据对象不会再做调整，聚类中心也不会有任何变化，这标志着聚类函数已经收敛，算法结束。

（3）新计算出来的聚类中心和原来聚类中心之间的距离小于某个设置的阈值。

2）层次聚类方法

对给定数据集进行逐步分解，直到满足特定条件为止。根据分解的方向，可分为自底向上的分解方法和自顶向下的分解方法两种，代表算法包括 BIRCH 算法、CURE 算法、CHAMELEON 算法等。

3）基于密度的聚类方法

只要一个区域中点的密度大过某个阈值，就把它加到与之相近的聚类中，代表算法包括 DBSCAN 算法、OPTICS 算法、DENCLUE 算法等。

4）基于网格的聚类方法

将数据空间划分成有限个单元的网格结构，以网格单元为处理对象进行统计分析来实现聚类。代表算法包括 STING 算法、CLIQUE 算法、WAVE-CLUSTER 算法等。

5）基于模型的聚类方法

给每一个聚类假定一个模型，然后去寻找能够更好地满足这个模型的数据集，代表算法包括基于统计的模型、基于神经网络的模型等。

8.6 应用场景

在机器学习中，处理的数据主要分为结构化数据和非结构化数据。结构化数据是指可以通过二维表格形式表示的数据，具有明确的定义和规则，通常通过关系型数据库进行存储和管理。例如，银行客户信息、企业财务记录及医院医疗信息等都属于结构化数据。而非结构化数据则是指数据格式不规则或不完全，缺乏预先设定的结构和模型，通常包括文本、语音、图像和视频等类型。

在人们的日常生活中，接触到的数据实际上大多数是非结构化数据。针对不同类型的非结构化数据，机器学习能够在多种应用场景中提供解决方案，详见表 8-1。

表8-1 对非结构化数据进行机器学习的应用场景

数据类型	机器学习应用场景	描 述	举 例
文本数据	垃圾邮件检测	根据邮箱中的邮件识别垃圾邮件和非垃圾邮件	网易邮箱中自动分类垃圾邮件
	信用卡欺诈检测	根据用户的信用卡交易记录，识别用户操作的交易和非用户操作的交易，可以找到欺诈交易	银行对用户的交易检测机制
	电子商务决策	根据用户的购物清单或收藏记录，识别用户感兴趣的商品，为用户推荐这些商品促进消费	京东商城、淘宝根据用户的浏览记录推荐商品
图像数据	文字识别	利用计算机自动识别图像上的字符	银行 App 通过拍摄身份证图像识别个人身份信息
	指纹识别	通过比对指纹的细节特征识别个人身份信息	手机的指纹解锁功能
	人脸识别	通过人脸部特征信息进行身份识别	人脸支付
	形状识别	根据已知的形状资料库判断用户手绘的图形形状	地图制图综合

续上表

数据类型	机器学习应用场景	描　述	举　例
语音数据	语音识别	机器通过识别和理解将语音转化为相应的文本或操作	智能家居、百度地图可以通过语音输入目的地
	语音合成	通过机械或电子的方法产生人造语音的技术，即将外部输入的文字转化为语音输出	知乎中的文章阅读功能
	语音交互	通过语音进行相互交流	语音助手，如iPhone手机推出的Siri
	机器翻译	利用机器将某一种自然语言（源语言）翻译为另一种自然语言（目标语言）	百度翻译、有道词典等翻译软件
	声纹识别	将声音信号转换为电信号，再利用计算机进行识别	公安声纹鉴定技术
视频数据	智能监控	跟踪视频中的运动物体	热成像人体测温技术
	计算机视觉	利用摄像头和计算机模仿人类的视觉系统，实现对目标的识别、跟踪等	汽车的自动驾驶技术

小　结

本章主要介绍了神经网络与机器学习的概念、术语、分类、应用场景，详细阐述有监督学习和无监督学习，主要的知识点如下：

（1）机器学习是让计算机从数据中学习并完成任务的学科，通过算法解析数据、建立模型以进行预测。其相关术语包括数据集、样本、特征等，从不同角度可分为多种类型，在文本、语音、图像、视频数据处理领域应用广泛。

（2）神经网络模仿生物神经网络结构与功能，由结构、激励函数和学习规则构成，能有效处理复杂问题，其发展历经诸多重要阶段，产生多种分类方式。

（3）有监督学习利用带标签数据集训练模型，包含分类和回归任务。分类任务旨在将数据映射到预设类别；回归任务用于预测连续数值。无监督学习在无标签数据集上进行，旨在发现数据潜在关系，典型任务为聚类。

（4）机器学习在处理结构化和非结构化数据方面作用显著，尤其在文本、图像、语音和视频数据处理上，实现了垃圾邮件检测、人脸识别、语音交互等功能，为人们的生活和工作带来便利。

习　题

1. 简述什么是机器学习。
2. 简述机器学习的分类。
3. 简述什么是有监督学习，什么是无监督学习，以及二者有什么区别。

4. 简述神经网络的概念。
5. 简述神经网络的分类有哪些。
6. 简述什么是分类任务，其解决过程可以分为哪几个步骤？
7. 简述什么是聚类任务，其解决过程可以分为哪几个步骤？
8. 简述什么是回归任务，其解决过程可以分为哪几个步骤？
9. 简述机器学习应用场景主要有哪些。

第 9 章 智能决策

智能决策是迈向人工智能重要的一步，可以通过机器博弈、智能搜索、进化算法、群智算法等多种方式实现。其中，机器博弈被誉为人工智能学科的“果蝇”，是人工智能最具有挑战性的研究领域,是检验智能决策最具代表性的平台。它从模仿人脑智能的角度出发，以计算机下棋为研究载体，通过模拟人类棋手的思维过程，构建一种更接近人类智能的博弈信息处理系统，并可以拓展到其他相关领域，解决实际工程和科学研究领域中博弈相关的难以解决的复杂问题。

DeepMind 公司创始人 Demis Hassabis 曾言：“博弈是测试人工智能算法的完美平台”。早期人工智能的研究与实践，正是从机器博弈开始，几次全球人工智能的热潮也是由机器博弈引发的。

学习目标

（1）熟悉计算智能的概念及分类。

（2）理解并掌握遗传算法的基本思想和算法流程。

（3）理解并掌握蚁群算法的基本原理和算法流程。

9.1 机器博弈

9.1.1 机器博弈概述

1. 机器博弈的概念

视频

机器博弈

机器博弈（computergames, CG）也译为计算机博弈，是指通过计算机程序或算法来模拟、分析或实现博弈行为的研究。即涉及计算机或其他智能体设备之间相关的博弈行为，都可以称为机器博弈。通常，可以把机器博弈作为评估 AI 算法性能的最直接的手段。

随着人工智能技术的发展，机器博弈在经典棋牌类游戏、经济模拟、军事国防等领域取得了显著进展，同时也推动了博弈论和人工智能的交叉研究。

2. 机器博弈的分类

根据不同的分类标准，机器博弈可以分为多种类型。以下是常见的分类方式：

根据博弈对象来看，机器博弈可以分为两类：机器（包括计算机或其他智能设备）之间的对抗；机器与人之间的对抗。

根据博弈参与者的数量可以分为：两人博弈（博弈中只有两个参与者，如围棋、国际象棋、井字棋等）；多人博弈（博弈中有三个或更多参与者，如扑克、麻将、某些拍卖机制等）。

根据博弈的零和性质可以分为：零和博弈（博弈中一方的收益等于另一方的损失，总收益为零，如围棋、国际象棋、扑克等）；非零和博弈（博弈中参与者的收益和损失不完全对立，可能存在合作或共赢的情况，如囚徒困境、某些经济博弈等）。

根据信息透明度可以分为：完全信息博弈（所有参与者都能完全了解博弈的状态和历史信息，如象棋、围棋、五子棋等）；不完全信息博弈（参与者无法完全了解博弈的状态或对手的信息，如扑克、桥牌、军事博弈、商业谈判等）。

根据博弈的确定性可以分为：确定性博弈（博弈中没有随机因素，每一步的结果完全由参与者的决策决定，如象棋、围棋等）；随机性博弈（博弈中包含掷骰子、发牌等随机因素，如扑克、大富翁、股市博弈等）。

根据博弈的时序性可以分为：同步博弈（所有参与者同时行动或决策，如石头剪刀布、某些拍卖机制等）；异步博弈（参与者轮流行动或决策，如象棋、围棋等）。

根据博弈的应用领域可以分为：经典棋牌类博弈（如象棋、围棋、扑克、桥牌等）；经济博弈（如拍卖、市场交易模拟等）；军事博弈（如兵棋推演、安防模拟、战略决策等）；社交博弈（如囚徒困境、公共资源分配等）。

视频

囚徒困境

按博弈的复杂度可以分为：简单博弈（状态空间和决策树较小，易于分析和求解，如井字棋、石头剪刀布等）；复杂博弈（状态空间和决策树非常庞大，难以完全分析，如围棋、麻将、桥牌、扑克等）。

按博弈的学习方式，可以分为：规则驱动博弈（博弈行为完全基于预定义的规则和逻辑，如常规的棋牌类博弈）；机器学习驱动博弈（博弈行为通过学习历史数据或自我对弈生成策略，如 AlphaStar、AlphaZero 等）。

9.1.2　机器博弈系统

一个完整的机器博弈系统通常包含输入、输出、逻辑计算、规则判断等功能模块。在设计系统时，需要考虑知识表示、着法产生、搜索算法与评估函数等多方面技术问题。

根据前后端划分，机器博弈系统划分为博弈平台和决策引擎两大部分，其典型的架构如图 9-1 所示。其中，博弈平台主要实现界面显示、棋规判断、行棋过程控制、信息传递等功能；决策引擎则关注解决知识学习、开（或残）局库设计、局面评估、着法搜索、综合优化等方面技术问题。

博弈平台本身并不具有下棋或出牌的逻辑决策功能，它只是加载其他 AI 决策引擎，使这些 AI 程序以竞技者的角色参与博弈，在博弈过程中，负责交互、规则与胜负判定的作用。

相对而言，决策引擎是整个博弈系统的核心部分，决定了整个博弈系统的智能水平，是博弈胜负的关键。在决策引擎的开发过程中，除了考虑与博弈平台的接口外，还要选择合适的搜索策略、评估函数、优化算法、神经网络和机器学习模型等。

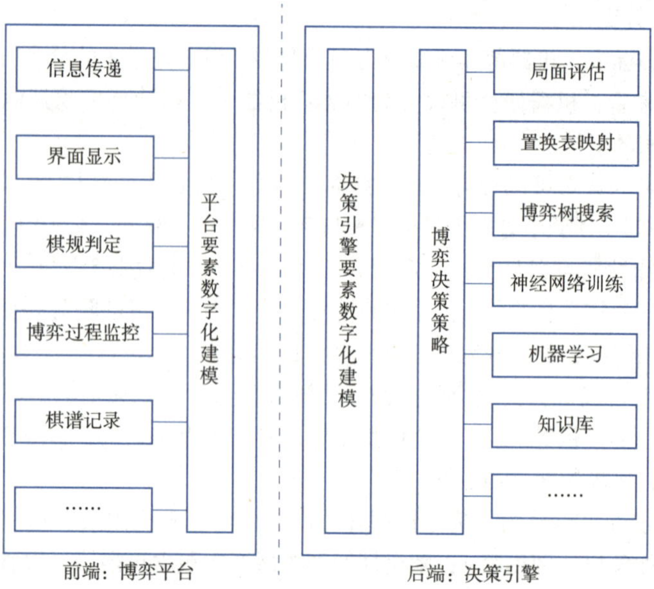

图 9-1　机器博弈系统架构示意图

9.1.3 极小极大原理

极小极大（Minimax）算法，是一种零和博弈算法，常用于棋类博弈程序。在双方对弈过程中，它在有限的搜索深度范围内进行求解，考虑从可能着法中选择较优着法。

Minimax 算法的实质就是一个树状结构的递归算法，每个节点的孩子和父节点都是对方玩家，所有的节点被分为极大值（MAX-我方）节点和极小值（MIN-对方）节点。其基本思想是：① MAX 方产生着法时，在可选项中选择将其优势最大化的选项；② MIN 方则选择令对手优势最小化的方法。①和②相应于两位棋手的对抗策略，博弈双方交替使用。很多棋类游戏可以采取此算法，如井字棋、五子棋、中国象棋等。在实际应用中，通常结合 Alpha-Beta 剪枝算法进行优化。

程序在选择着法时，所构造的博弈树规模越小（博弈树的结点越少），程序耗时越少；相反，博弈树规模越大（博弈树的结点越多），程序耗时越多。

9.1.4 智能搜索

如何在包含大量知识的问题中，甚至结构不良或非结构化的问题中获取对自己有用的信息，是人工智能中非常重要的一部分。由于人工智能所要解决的问题本身较复杂，对于这些问题一般很难获得其全部信息，且几乎没有现成的算法可供使用。同时，计算机在时间、空间上又存在一定的局限性。因此，计算机在求解问题时，必须结合给定问题的实际情况，不断寻找可利用的知识，从而构造一条代价最小的推理路径，使问题得到解决。

1. 搜索的概念

所谓搜索，就是根据问题的实际情况，按照一定的策略或规则，从知识库中寻找可利用的知识，从而构造一条使问题得到解决的代价最小的推理路径的过程。搜索包含两层含义：一是要找到从初始事实到问题最终答案的一条推理路径，二是找到的这条路径是时间和空间复杂度最小的推理路径。搜索是人工智能中的核心技术，是智能推理与决策不可分割的一部分，它直接关系到智能系统的性能和运行效率。简单地说，搜索就是要寻找一个操作序列，使问题从初始状态转换到目标状态。而这个操作序列就是目标的解。

在搜索中需要解决的基本问题：

（1）搜索过程是否一定能找到一个解。

（2）当搜索过程找到一个解时，找到的是否是最佳解。

（3）搜索过程的时间与空间复杂度如何。

（4）搜索过程是否终止运行或是否会陷入一个死循环。

搜索的主要过程如下：

（1）从初始或目标状态出发，并将它作为当前状态。

（2）扫描操作算子集，将适用当前状态的一些操作算子作用在其上，来得到新的状态，并建立指向其父节点的指针。

（3）检查所生成的新状态是否满足结束状态，如果满足，则得到解，并可沿着有关指针从结束状态反向到达开始状态，给出一推理路径；否则，将新状态作为当前状态，返回第（2）步再进行搜索。

2. 搜索策略的分类

通常搜索策略的主要任务是确定选取规则的方式。搜索策略可根据是否使用启发式信息分为盲目搜索和启发式搜索，也可以根据问题的表示方法分为状态空间搜索和与或树搜索。

盲目搜索又称为无信息引导的搜索，一般只适用于比较简单的问题，它不考虑给定问题所具有的特定知识，系统根据事先确定好的某种固定排序依次调用规则或随机调用规则。由于搜索总是按照预定的控制策略进行的，因此这种搜索策略具有盲目性，搜索效率不高，不便于复杂问题的求解。

启发式搜索又称为有信息搜索，它利用问题的背景信息来引导搜索过程，达到缩小搜索范围、降低问题复杂度的目的。启发式搜索的关键在于在搜索过程中加入与问题有关的启发性信息，用于指导搜索朝着最有希望的方向前进，节省时间并找到最优解。

状态空间搜索是指用状态空间法来求解问题所进行的搜索。与或树搜索是指用问题归约法来求解问题时进行的搜索。

3. 盲目搜索

求解问题时，不管是正向搜索还是逆向搜索，都是在状态空间的有向图中找到从初始状态到目标状态的路径。路径上弧的序列对应于解题的步骤。若在选择操作算子求解问题时，能给出绝对正确的选择策略，一次性成功穿过状态空间而达到目的，构造出一条解题路径，那就不需要进行搜索了，但事实上不可能给出绝对可靠的预测，求解实际问题时必须尝试多条路径，直到到达目标状态为止。回溯策略是一种系统地尝试状态空间中各种不同路径的技术。许多复杂的、规模较大的问题都可以使用回溯法，它有“通用解题方法”的美称。

带回溯策略的搜索是从初始状态出发，不停地、试探性地寻找路径，直到到达目标状态或遇到不可解节点，即到“死胡同”为止。如果到达目标状态，就成功退出搜索，返回解题路径。若遇到不可解节点，就回溯到路径中最近的父节点上，查看该节点是否还有其他的子节点未被扩展。若有，则沿这些子节点继续搜索。

回溯是状态空间搜索的基本算法思想。各种图搜索算法，包括广度优先搜索、深度优先搜索、最好优先搜索，都含有回溯的思想。

1）广度优先搜索

广度优先搜索（breadth first search, BFS）又称宽度优先搜索，其示意图如图 9-2 所示，是指从初始节点 A 开始，向下逐层搜索，在 *n* 层节点未搜索完之前，不进入 *n*+1 层搜索。同层节点的搜索次序可以任意。即先按生成规则生成第一层节点，在该层全部节点中沿广度进行横向扫描，检查目标节点是否在这些子节点中，若没有，则再将所有第一层节点逐一扩展，得到第二层节点，并逐一检查第二层节点中是否包含目标节点。如此依次按照生成、检查、扩展的原则进行下去，直到发现目标节点为止。

视频
广度优先搜索

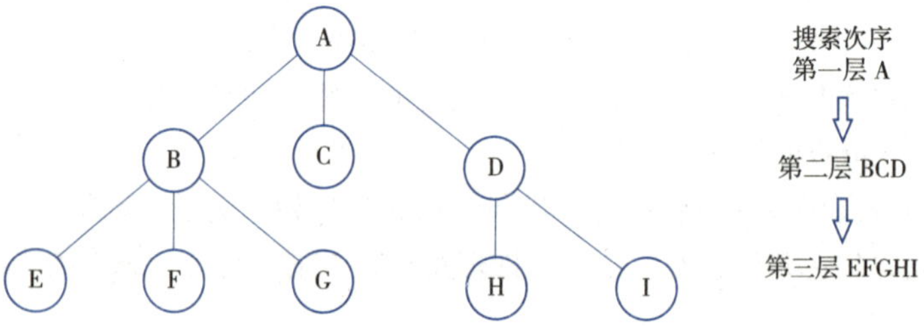

图 9-2　广度优先搜索示意图

广度优先搜索属于盲目搜索，时间和空间复杂度都比较高，当目标节点距离初始节点较远时会产生许多无用的节点，搜索效率低。当搜索的深度比较大时，广度优先搜索的时间需求与空间需求都是比较更严重的问题。

广度优先搜索的优点在于：由于广度优先搜索总是在生成、检查、扩展完 *n* 层的节点之后才转向 *n*+1 层，所以如果存在目标节点，用广度优先搜索算法总可以找到该目标节点，而且是代价最小（即最短路径）的解答。但实际意义不大，当状态的后继数的平均值较大时，组合爆炸就会使算法耗尽资源，在可利用的空间中找不到解。

2）深度优先搜索

深度优先搜索（depth first search, DFS）是一种一直向下的搜索策略，其示意图如图 9-3 所示。具体来说，是从初始节点 A 开始，按生成规则生成下一级各子节点，检查是否出现目标节点；若未出现，则按“最晚生成的子节点优先扩展”的原则，用生成规则生成再下一级的子节点，再检查是否出现目标节点；若仍未出现，则再扩展最晚生成的子节点。如此下去，沿着最晚生成的子节点分支，逐级纵向深入搜索。

视频
深度优先搜索

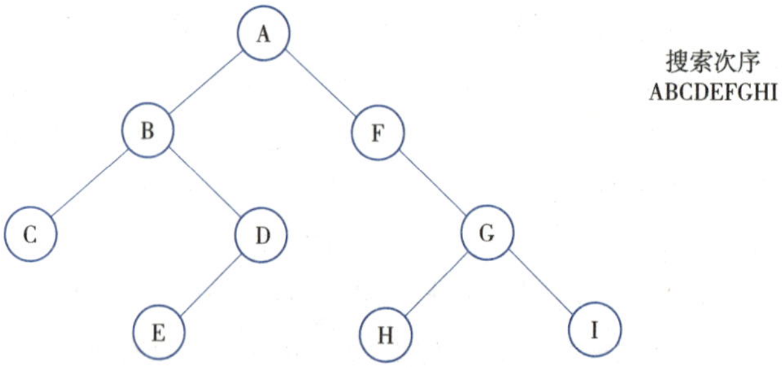

图 9-3　深度优先搜索示意图

由于一个有解的问题常常含有无穷分支，深度优先搜索过程如果误入无穷分支，就不可能找到目标节点，所以它是不完备的。与广度优先搜索不同，深度优先搜索不一定能找到最优解。

深度优先搜索的优点是需要较少的内存空间，适合处理相对复杂的规模较大的问题，如机器博弈中的招法搜索。该算法只需要保存搜索树的一部分，它由当前正在搜索的路径和该路径上还没有完全展开的节点组成。因此，深度优先搜索的存储器要求采用深度约束的线性函数。

深度优先搜索的缺点是可能错过更优路径，不保证找到最优解。如果选择了一个错误路径，可能具有很深甚至是无限的搜索树，便会一直搜索下去，而不会回到正确的路径上。对于这些问题，深度优先搜索要么陷入无限的循环而不能给出一个答案，要么最后找到一个答案，但路径很长，而且不是最优的答案。即深度优先搜索既非完备，也非最优。

3）最好优先搜索

最好优先搜索（best-first search）是一种基于广度优先搜索的依赖评估函数的启发式搜索算法。与广度优先搜索和深度优先搜索不同的是，最好优先搜索通过启发式函数对将要遍历的节点进行估价，选择代价小的节点进行遍历，直到找到目标点为止。该算法不能保证找到的路径是一条最短路径，但是其计算过程相对于 Dijkstra（迪克斯特拉）算法会快很多。其缺点是其复杂度通常较高，因此其应用通常局限于较小的问题空间和中等规模的搜索空间。

最好优先搜索的评估函数是启发式函数的一种，可以表述为：$f(n)=h(n)$。其中，n 表示当前的点，$g(n)$ 为从起点到点 n 的实际代价，$h(n)$ 为从点 n 到目标点的估价。

当评估函数满足如下两个条件时，最好优先搜索具有完备性和最优性：①评估函数（启发式函数）的值不小于从初始节点到目标节点的实际代价；②评估函数的值仅依赖于当前节点，不依赖于此前扩展过的节点。

最好优先搜索通常应用于图搜索等问题中，其搜索方式简单粗暴。在执行搜索操作时，会先评估初始节点，并计算出每一个相邻节点的优先级，从而衡量当前状态与目标状态的距离或估计代价，并根据评估值来排序和选择新的节点进行扩展。由于最好优先搜索只选择优先级最高的节点进行扩展，因此可以在搜索过程中尽早发现最优解。特别是在障碍物极少的场景下，最好优先搜索是一种快速有效的路径搜索方式。

4. 启发式搜索

1）启发式策略

启发式策略凭借经验来解决问题的一种策略。用启发式策略解决问题，并不探索所有可能途径，仅仅对经验中认定的最有可能成功解决问题的途径进行探索。其优点是能提高问题解决的效率，但缺点是不一定能够保障问题能够得到解决。

穷尽式搜索策略（如广度优先搜索或深度优先搜索）在给定的较实际的时间和空间复杂度内很可能得不到最终的解，而启发式策略通过引导搜索向最有希望的方向进行来降低搜索复杂度。但是，启发式策略也是极易出错的。在解决问题的过程中，启发仅仅是对下一步将要采取的措施的一个猜想，它常常根据经验和直觉来判断。由于启发式搜索只利用特定问题的有限的信息，要想准确地预测下一步在状态空间中采取的具体的搜索行为是很难办到的。启发式搜索可能得到一个次优解，也可能一无所获。这是启发式搜索固有的局限性，而这种局限性不可能由所谓更好的启发式策略或更有效的搜索算法来彻底消除。

视频

启发式搜索

启发式策略及算法设计一直是人工智能的核心问题。启发式搜索具有实际意义：在问题求解中，需要启发式知识剪枝以减小状态空间，否则只能求解一些模拟的小问题。

2）启发信息和评估函数

启发信息是对每个状态的估计，表示从当前状态到目标状态的预期成本或距离。这种估计帮助搜索算法优先考虑那些看起来更接近目标的路径。启发式搜索使用启发信息（或启发函数）来指导搜索过程，以更有效地达到目标状态。启发式实际上是一种大拇指准则（rule of thumb，也称经验法则），在大多数情况下是成功的，但不能保证一定成功。

用来评估节点重要性的函数被称为评估函数。评估函数 $f(n)$ 对从初始节点出发，经过节点 n 到达目标节点的路径代价进行估计，其一般形式为：$f(n)=g(n)+h(n)$。

其中，$g(n)$ 表示从初始节点到节点 n 的已获知的最小代价；$h(n)$ 称为启发式函数，表示从 n 到目标节点的最优路径代价的估计值，它体现了问题的启发式信息。

3）A 搜索算法与 A* 搜索算法

A 搜索算法是一种基于评估函数的加权启发式搜索算法。它使用一个评价函数 $f(n)=g(n)+h(n)$ 来评估节点的优先级，其中 $g(n)$ 是从起始节点到当前节点 n 的实际代价，$h(n)$ 是启发式函数，表示从当前节点 n 到目标节点的估计代价。

A 搜索算法的搜索过程是从起始节点开始，将其加入到一个待扩展的节点列表中。每次从列表中选择估价函数值最小的节点进行扩展，生成其所有的后继节点，并计算它们的估价函数值，将新节点加入列表。重复这个过程，直到找到目标节点或者列表为空。

A 算法不一定能找到最优路径，其性能取决于估价函数 $h(n)$ 的准确性。如果 $h(n)$ 估计得过于乐观，可能会导致算法搜索到一些不必要的节点，增加搜索时间；如果 $h(n)$ 估计得过于保守，可能会使搜索效率降低，但能保证找到最优路径的可能性增加。

A* 搜索算法是由 stanford 研究院的 Peter Hart 与 Nils Nilsson 等人在 1964 年发表的论文 *A Formal Basis for the Heuristic Determination of Minimum Cost Paths* 中提出的，它是目前非常有影响的启发式搜索算法，也称为最佳图搜索算法。这是一种在图形平面上解决移动机器人路径规划问题的算法，即在地图上找到一条从起点到终点最低通过成本的算法。常用于游戏中的 NPC 的移动计算或线上游戏的 BOT 的移动计算上。该算法像 Dijkstra 算法一样，可以找到一条最短路径；也像 BFS 一样，可进行启发式的搜索。

A* 搜索算法是对 A 搜索算法的改进和优化，同样使用估价函数 $f(n)=g(n)+h(n)$，但对 $h(n)$ 有更严格的要求，即 $h(n)$ 必须是对从节点 n 到目标节点实际代价的下界估计，也就是 $h(n)$ 不能超过从 n 到目标节点的真实最短距离。

与 A 搜索算法类似，A* 搜索算法从起始节点开始，将其加入到开放列表（待扩展节点列表）中。每次从开放列表中选择 $f(n)$ 值最小的节点进行扩展，生成后继节点并计算它们的 $f(n)$ 值。如果一个节点已经在关闭列表（已扩展节点列表）中，且新的路径到该节点的代价更高，则不更新该节点；否则，将其加入开放列表或更新其在开放列表中的信息。重复此过程，直到找到目标节点。

A* 搜索算法具有如下特性：

（1）可采纳性：当一个搜索算法在最佳路径存在时能保证在有限步内找到它，就称它是可采纳的。已证明，所有的 A* 搜索算法都是可采纳的。广度优先搜索算法是 A* 搜索算法的一个特例，是一个可采纳的搜索算法。该算法相当于 A* 搜索算法中取 $h(n)=0$ 和 $f(n)=g(n)+0$。广度优先搜索时对某一状态只考虑它同初始状态的距离代价。这是由于该算法在考虑 $n+1$ 层状态之前，已考察了 n 层中的任意一种状态，所以每个目标状态都是沿着最短的可能路径找到的。不幸的是，广度优先搜索算法的搜索效率太低。

（2）单调性：在 A* 搜索算法中，要采纳的启发式搜索算法可能会沿着一条非最佳路径搜索到某一中间状态。在这种情况下，算法需要比较代价、调整路径等，使搜索的效率大大降低。如果对启发式函数加上单调性的限制，就可以减少比较代价和调整路径的工作量，从而减少搜索代价。

（3）信息性：好的启发式策略具有更多的启发知识，使其容易找到最短路径，搜索较少的状态。在两个 A* 启发式策略 $h1$ 和 $h2$ 中，如果对搜索空间中的任一状态 n，都有 $h1 \leqslant h2$，就称策略 $h2$ 比 $h1$ 具有更多的信息性。A* 算法中，如果某一搜索策略的 $h(n)$ 越大，信息性越多，它所搜索的状态就越少。必须注意的是，更多的信息性需要更多的计算时间，从而有可能抵消减小搜索空间所带来的益处。

相对而言，A* 搜索算法是一种更优秀的路径搜索算法，在理论上和实际应用中都有很好的表现。它在很多场景下，如游戏中的寻路、地图导航等，都有广泛的应用。但 A 搜索算法则更具一般性，在一些对路径最优性要求不高或者 $h(n)$ 难以准确估计的情况下也有一定的应用价值。

5. 状态空间搜索

用搜索技术来求解问题的系统均会定义一个状态空间，并通过适当的搜索算法在状态空间中搜索解答或解答路径。状态空间搜索的研究焦点在于设计高效的搜索算法，以降低搜索代价并解决组合爆炸问题。

在智能系统中，为了进行问题求解，必须首先用某种形式把问题表示出来，其表示是否适当将直接影响到求解效率。状态空间表示法就是用来表示问题及其搜索过程的一种方法。它是人工智能中基本的形式化方法，也是问题求解技术的基础。

状态空间搜索的基本思想就是通过搜索引擎寻找一个操作算子的调用序列，使问题从初始状态转变到目标状态，而转变过程中的状态序列或相应的操作算子调用序列称为从初始状态到目标状态的解答路径。搜索引擎可以设计为任意实现搜索算法的控制系统。

通常，状态空间的解答路径有多条，但最短的只有一条或少数几条。一个状态可以有多个可供选择的操作算子会导致多条待搜索的解答路径，这种选择在逻辑上称为“或”关系，意指只要其中有一条路径通往目标状态，就能获得成功解答。由此，这样的有向图称为或图。常见的状态空间一般都表示为或图，因而也称其为一般图。除了少数简单问题外，描述状态空间的一般图都很大，无法直观地画出，只能将其视为隐含图。在搜索解答路径的过程中，只画出搜索时直接涉及的节点和弧线，构成所谓的搜索图。

搜索空间的压缩程度主要取决于搜索引擎采用的搜索算法。换言之，当问题有解，使用不同的搜索策略找到解答路径时，画出的搜索图的大小是有区别的。一般来说，对于状态空间很大的问题，设计搜索策略的关键是解决组合爆炸问题。复杂的问题求解任务往往涉及许多解题因素，问题状态就可以通过解题因素的特别组合来加以表示。所谓组合爆炸指的是解题因素很多时，因素可能的组合个数会呈爆炸性（指数级）增长，引起状态空间的急剧膨胀。例如，某问题有 4 个因素，且每个因素有 3 个可选值，则因素的组合（即问题状态）有 $3^4=81$ 个。但若因素增加到 10 个，则组合的个数达 $3^{10}=3^4 \times 3^6=81 \times 729$，即状态空间扩大为原来的 729 倍。解决组合爆炸问题的方法实际上就是选用好的搜索策略，使得只需要搜索状态空间的很小部分就能找到解答。

6. 与或树搜索

与或树搜索是一种计算机搜索算法，用于在决策树或状态空间中搜索最优解。它将搜索问题的状态表示为不同节点，每个节点都有一个布尔值，即“真”或“假”，然后从根节点开始依次向下扩展每个节点，同时根据节点的布尔值来决定是否进一步扩展其下一级子节点。如果当前节点的布尔值为“真”，则只需要向下扩展其所有子节点，直到找到一个最优解；反之，如果当前节点的布尔值为“假”，则只需停止搜索这个子树，返回其父节点，继续搜索其他子树。

与或树搜索算法的目标是通过最小化搜索成本来找到最优解。它适用于解决很多问题，如棋盘游戏、自动规划、语言理解和计算机视觉等。

9.1.5 机器博弈典型算法

计算机博弈系统中，典型的关键技术主要包括搜索算法、局面评估、参数优化、机器学习与训练等，其中搜索算法是决定博弈胜负的关键因素之一。以中国象棋、五子棋、亚马逊棋等为代表的传统二人零和完备信息博弈，其博弈理论已经很成熟。

研究表明，随着搜索不断加深，棋力增强，信息处理量也大幅提升。宽度优先搜索、穷尽搜索和盲目搜索算法的时间和空间开销巨大，难以做到很深的搜索。在实际计算机博弈棋牌项目中，常常还有博弈时间限制和实时博弈要求，因此，基本上不可能直接使用此类算法去解决相关问题。

不能单纯依靠加大搜索深度提高计算机博弈能力，还需要将必要的相关博弈知识引入到相应的博弈搜索中。先验知识越丰富、越正确，对博弈局面评估得越准确，获胜的几率就越高。当然，只有确保搜索算法与评估函数高度协调，博弈系统才能真正发挥有效的或高效的作用。

近几年来，随着计算机硬件和神经网络、机器学习、大数据等技术的发展，以及并行计算技术的广泛应用，使得深度学习变得更加快速、实用与有效，机器博弈系统的逻辑思维与计算能力也得到大幅提升。

1. 极小化极大值算法与负极大值算法

极小化极大值算法又称极小极大算法，是最基本典型的穷尽搜索方法，它奠定了计算机博弈的理论基础。通过极小化极大值算法可以找到对于博弈双方都是最优的博弈值，但该算法对博弈树的搜索是一种变性搜索，算法实现相对麻烦。

负极大值算法是在极小化极大值算法基础上进行改进的算法，把极小结点值（返回给搜索引擎的局面估值）取绝对值，这样每次递归都选取最大值。

2. 剪枝算法

在博弈程序中，在保证同样能够搜索到最佳着法的前提下，通过减小博弈树的规模来提高程序的执行效率的方法，称为剪枝（pruning）。剪枝算法是计算机博弈中最常用的算法之一，它包括深度优先的 Alpha-Beta 剪枝搜索和以此为基础改进与增强的算法。其中，Alpha-Beta 剪枝是其他剪枝算法的基础，它是在极小化极大值算法基础上改进的算法。

Alpha 和 Beta 是对最佳着法估值的取值区间，Alpha 表示该区间的最小值（下限），Beta 表示该区间的最大值（上限），所以该区间也可以表示为[Alpha ，Beta] 的形式。

Alpha 和 Beta 所表示的区间一般被初始化为（$-\infty$ ，$+\infty$），在博弈树的展开过程中，这个区间不断收敛。当所有的空点都评估完毕后，这个区间就确定了，博弈程序最终会采用区间上限所对应的着法。

在一定条件下，博弈树的某些分支是不必要完全展开的。如果能够及时发现没有用处的分支，就可以停止分支的继续伸展，这样就起到了剪枝的作用。

由于博弈树的展开过程就是递归函数的执行过程，因此所谓的“剪枝”操作，就是在递归函数中执行return语句，结束当前函数的执行，使得当前函数不可能继续调用其他递归函数。

目前，多数博弈程序都采用负极大值形式的 Alpha-Beta 搜索算法。为保证 Alpha-Beta 搜索算法的效率，需要调整树的结构，即对搜索结点排序，确保尽早剪枝。在具体应用中，合理地交叉使用各种搜索方法，可以具有更高的效率，且剪枝算法通常与置换表技术相结合，以减少博弈树的规模，提高搜索效率。

3. 启发式算法

启发式算法是指通过排序让 Alpha-Beta 剪枝的搜索树尽可能地接近最小树，优先搜索好的着法。启发式算法通常有置换表启发、历史启发和杀手启发等常用的算法。

历史启发算法与置换表技术结合可以大幅减少博弈树空间，在残局阶段应用杀手启发算法可以明显节约时间。

4. 迭代深化

迭代深化（iterative deepening）也称为遍历深化，是一种常用的蛮力搜索机制，经常使用在深度优先搜索中。迭代深化最初是作为控制时间的机制而提出的，通过对博弈树进行多次遍历，并逐渐提高搜索深度，一直到指定的时间停止。

迭代深化利用 Alpha-Beta 剪枝算法对子结点排序敏感的特点，使用上次迭代后得到的博弈值，作为当前迭代的搜索窗口估值，以此为启发式信息计算当前迭代的博弈值。另外，它以时间为约束条件控制遍历次数，只要时间一到，立即停止搜索。在某些博弈项目的开局和残局，博弈树分支较少，可以进行较深层次的搜索。Alpha-Beta 剪枝经过一系列技术，如置换表、历史启发、迭代深化等增强后，其性能可大幅提高。

5. 随机搜索算法

随机搜索算法有两种：拉斯维加斯算法和蒙特卡洛算法。采样越多，前者越有机会找到最优解，后者则越接近最优解。通常，要根据问题的约束条件来确定随机算法，如果对采样没有限制，但必须给出最优解，则采用拉斯维加斯算法。反之，如果要求在有限采样内求解，但不要求是最优解，则采用蒙特卡洛算法。

在计算机博弈中，每步着法的运算时间、堆栈空间都是有限的，且仅要求局部最优解，适合采用蒙特卡洛算法。

在人工智能的问题中，蒙特卡洛树搜索（Monte Carlo tree search, MCTS）是一种最优决策方法，它结合了随机模拟的一般性和树搜索的准确性。由于海量搜索空间、评估棋局和落子行为的难度，围棋长期以来被视为人工智能领域最具挑战性的游戏。MCTS 算法不仅适用于非完备信息博弈，也适用于有较大分支因子的博弈，例如，在围棋项目中，AlphaGo 就是采用 MCTS 算法进行搜索。

上限置信区间（upper confidence bound apply to tree, UCT）算法，即上限置信区间算法，是一种基于 MCTS 优化的博弈树搜索算法，该算法通过扩展 UCB（upper confidence bound）到极小极大树搜索，将 MCTS 方法与 UCB 方法相结合而产生。

相对于传统的搜索算法，UCT 时间可控，具有更好的鲁棒性，可以非对称动态扩展博弈树，在超大规模博弈树的搜索过程中，表现出时间和空间方面的优势。目前，UCT 在搜索规模较大的完备信息博弈、复杂的多人博弈、非完备信息博弈，以及随机类博弈项目中表现出色。

9.2 机器智能

在计算机科学领域，人们模拟自然界生物的进化规律设计了多种求解复杂问题的算法，如遗传算法、蚁群算法、粒子群算法、人工神经网络、免疫算法等，这些算法统称为计算智能（computational intelligence, CI）。目前，计算智能已广泛应用于机器博弈、组合优化、机器学习、智能控制、模式识别等领域。

9.2.1 计算智能的概念

计算智能是基于对自然界规律和生物智能机制的启示，通过模拟这些原理，设计出一系列算法来解决复杂的实际问题。目前计算智能尚无统一定义，以下是一些学者对其的不同描述与理解：

（1）计算智能主要借鉴生物学和仿生学的思想，通过对生物体智能机制和自然规律的理解，运用数值计算的方法来模拟和实现人类智能、动植物智能及自然规律。

（2）计算智能依赖于数值数据进行处理，而非依赖知识本身来进行推理。

（3）计算智能可视为一种低层次的认知方式，专注于数值数据的处理，而人工智能则是一种更高级的认知形式，能够处理符号化的知识。

（4）若一个系统仅仅处理基础数值数据，包含模式识别功能，但不依赖人工智能中常见的知识推理，同时具备计算适应性、容错性、接近人类计算速度，以及几乎与人类相同的误差率等特点，那么该系统可被视为智能计算系统。

（5）计算智能是一种基于模型（包括数字模型与计算模型），并以分布式和并行计算为特色，模拟自然智能的计算方法。

9.2.2 计算智能的分类

计算智能的研究与发展展示了当今科学技术中多学科交叉融合的重要趋势。根据不同的算法设计原理，计算智能可以分为多个领域，包括进化计算、群体智能、神经计算、模糊计算、免疫计算和人工生命等。以下是这些领域的简要介绍：

（1）进化计算：指受生物界的自然遗传规律和进化机制的启发而设计的算法，常见的进化计算有遗传算法、遗传规划等。

（2）群体智能：指受动物群体的智能行为启发而设计的算法，常见的群体智能有蚁群算法、蜂群算法、粒子群算法等。

（3）神经计算：用于研究人工神经网络建模和信息处理。其中，人工神经网络是指由大量的处理单元（神经元）互相连接而形成的复杂网络结构，是对人脑组织结构和运行机制的某种抽象、简化和模拟。常用的网络有前向网络、反馈网络等。

（4）模糊计算：以模糊集理论为基础，模拟人脑非精确、非线性的信息处理能力，通常将模糊推理、模糊逻辑、模糊系统等统称为模糊计算。

（5）免疫计算：将免疫学中的免疫机理和模型广泛引入到计算机智能、网络科学、计算机控制与安全等研究与工程中，常见的免疫算法有克隆选择算法、免疫遗传算法等。

（6）人工生命：通过人工模拟生命系统，建造具有自然生命现象和特征的人造系统。目前，比较成功的研究和应用有人工脑、细胞自动机、人工核苷酸等。

9.3 进化计算

9.3.1 进化计算的概念

进化计算是一种受到生物群体生存过程启发的计算方法。生物群体通常遵循达尔文的进化法则，即物种通过自然选择、适者生存来适应环境。在这一过程中，个体通过交配、遗传、变异和竞争等机制，与环境互动并不断优化自己的适应能力。

进化计算，也称为演化计算，是一种基于生物进化机制的全局优化方法，具有较强的鲁棒性和广泛适用性。它具备自组织、自适应和自学习等特点，可以在不受问题性质限制的情况下，有效解决传统优化算法难以应对的复杂问题。进化计算通过简单的编码技术表示复杂结构，并运用遗传操作和优胜劣汰的自然选择来引导学习和确定搜索方向。

进化计算可以看作是一个“算法簇”，其中包含遗传算法（genetic algorithm, GA）、遗传规划、进化策略和进化规划等方法。在这些方法中，遗传算法是最早发展且最具影响力的一种模拟生物进化的优化算法。

9.3.2 遗传算法的概念

遗传算法是人工智能领域的关键技术，它是一种非数值、并行、随机优化和搜索启发式的算法，通过模拟自然进化过程随机化搜索最优解。它采用概率化的寻优方法，能自动获取和指导优化的搜索空间，自适应地调整搜索方向，不需要确定的规则，同时具有内在的隐并行性和更好的全局寻优能力。

遗传算法是解决搜索问题的一种通用算法，在计算机博弈中，遗传算法通常被用于搜索、自适应调整和优化局面评估参数。它的基本思想是将博弈树看作遗传操作的种群，博弈树中由根结点到叶子结点组成的所有子树为种群中的个体。根据优化目标设计评估函数，计算种群中每个个体的适应度函数值，依据适应度函数值的大小确定初始种群，让适应性强（适应度函数值大）的个体获得较多的交叉、遗传机会，生成新的子代个体，通过反复迭代，可得到满意解。

在机器博弈中，可以采用遗传算法优化局面估值。根据博弈程序与其他程序对弈的结果，检验某一组参数获胜的几率。经过多次试验，通常可以找到较好的估值参数。传统的算法一般只能维护一组最优解，遗传算法可以同时维护多组最优解。在实践中，遗传算法被引入了中国象棋、国际象棋、亚马逊棋及禅宗花园游戏等博弈系统的智能搜索与评估优化中。

遗传算法中常用的术语解释如下：

①问题的解空间：遗传算法主要用于寻找问题的最优解或次优解，通常问题的最优解或次优解是包含在一个庞大的有限可能的解集合中，将该解集合称为问题的解空间。

②种群：用遗传算法求解问题时，从初始给定的多个解开始搜索，该初始给定的多个解的集合称为一个种群，种群是问题解空间的一个子集。

③个体：种群中的每个元素称为个体。个体是一个数据结构，用来描述基本的遗传结构。

④染色体：对个体进行编码后所得到的编码串称为染色体。

⑤基因：染色体中的每一位编码称为基因。

⑥基因组：染色体上由若干个基因构成的一个有效信息段称为基因组。

⑦适应度函数：用来对种群中个体的环境适应性进行度量的函数称为适应度函数，其函数值是遗传算法实现优胜劣汰的主要依据。在优化问题中，适应度函数是一个估计函数。

⑧遗传操作：作用于种群并产生新的种群的操作称为遗传操作，标准的遗传操作包括三种基本形式，即选择、交叉和变异。

9.3.3 遗传算法的流程

遗传算法的流程可以包含五个关键组成部分：参数编码、群体设置、适应度函数、遗传操作（选择、交叉与变异）及控制参数。

在遗传算法的执行过程中，有一组参数对算法的表现有显著影响，这些参数被称为控制参数，主要包括二进制串的长度（L）、种群规模（N）、选择概率（Pr）、交叉概率（Pc）和变异概率（Pm）。

具体过程如下：

（1）确定问题的参数集：在实际应用中，遗传算法旨在从有限的解空间中寻找最优解或近似最优解。因此，在构建算法之前，首先需要确定包含最优解或近优解的解空间，并为问题设定相关的参数集。

（2）参数编码：选择一种编码方法，将问题的参数表示为遗传算法中的个体形式。

（3）初始化种群：通过随机生成或其他方法，创建一个个体数量为 N 的初始种群。

（4）适应度评估：通过适应度函数 f，计算每个个体的适应度值。

（5）终止条件判断：检查个体是否满足终止条件。如果满足，解码得到最终解并输出最优解，算法结束；如果不满足，则进入下一步。

（6）选择操作：根据选择概率（Pr）和选定的选择方法，从种群中选出个体。适应度较高的个体更容易被选中，而适应度较低的个体则更容易被淘汰。

（7）交叉操作：根据交叉概率（Pc）和交叉方法，进行交叉操作，生成新的个体，并更新种群。

（8）变异操作：依据变异概率（Pm）和变异方法，随机改变个体染色体中的某个基因，产生新的个体，并更新种群。接着，返回到步骤（4），继续迭代。

整个过程不断重复，直到满足终止条件，最终输出最优解。

以下是遗传算法执行过程中需了解和注意的问题：

（1）遗传算法无法直接处理问题空间的参数，因此必须通过编码将问题的解表示为遗传空间中的个体或染色体。常见的编码方式有二进制编码、格雷码编码、实数编码和排列编码等。同时，需要根据编码方式选择相应的解码方法。使用遗传算法求解问题时，必须确保目标问题与实际表示、遗传算法的染色体结构之间的对应关系。

（2）遗传算法的操作对象是种群，因此在使用算法时，必须先设定初始种群。初始种群的设定主要涉及两个方面：一是如何生成初始种群，二是如何确定种群的规模。初始种群可以通过随机生成，或者采用某些策略设定。例如，可以从问题最优解的范围内选取初始种群，或者先随机生成一些个体，然后从中选择最优秀的个体加入初始种群。种群规模 N 表示种群中个体的数量，通常取值范围在 20 到 100 之间。

（3）适应度函数是用来评估个体优劣的标准，是自然选择的唯一依据。适应度函数的设计要根据问题的具体需求来确定。通常，适应度函数可以通过对目标函数的变换来获得。常用的变换方法包括将目标函数直接作为适应度函数，并通过线性或非线性变换将目标函数的值域映射到适应度函数的值域。

（4）由于遗传算法中的许多控制规则具有随机性，因此在进化过程中无法精确确定解空间中个体的位置，从而无法像传统方法那样设定算法的终止条件。因此，可以通过以下三种方式来设定终止条件：

①预先规定最大进化代数，当达到该代数时终止算法。

②如果经过多代进化后，解的适应度没有明显提高，则终止算法。

③当达到预定的解目标时，终止算法。

（5）选择操作（也称为复制）是指根据个体的适应度来确定其被选择的概率。计算个体选择概率的方法有适应度比例方法和排序方法。然后，基于选择的概率，选出个体进行交叉、变异等操作。常见的选择方法包括轮盘赌选择、锦标赛选择、最佳个体保存等。

（6）交叉操作（或称为重组）是对选择的父代个体的染色体进行部分基因交换，从而产生新的个体。通常，交叉概率（Pc）的范围在 0.6 到 1.0 之间。交叉方法可以分为二进制交叉和实数交叉两大类。二进制交叉方法包括单点交叉、两点交叉、多点交叉和均匀交叉等；实数交叉则包括离散交叉和算术交叉等。

（7）变异操作是对选中的个体的染色体中某些基因进行随机改变，从而生成新的个体。变异概率（Pm）一般在 0.000 5 到 0.01 之间。主要的变异方法包括位点变异、逆转变异、插入变异、互换变异和移动变异等。

9.3.4　遗传算法的主要特点

遗传算法是一种模拟生物进化过程的优化算法，通过选择、交叉和变异等操作对解空间进行搜索，从而寻找问题的最佳解。以下是遗传算法的一些主要特点：

（1）多解初始搜索：与传统优化算法通常从单一初始解开始不同，遗传算法从多个解开始搜索。这样，遗传算法能够覆盖更广泛的解空间，避免了局部最优解的问题，有助于找到全局最优解。

（2）群体处理：遗传算法并行处理群体中的多个个体，评估解的优劣，从而减少了陷入局部最优解的风险。此外，由于群体性质，遗传算法也便于并行化实现。

（3）无须依赖复杂的先验知识：遗传算法主要依靠适应度来评价个体的优劣，而无须了解搜索空间的具体性质或其他额外的信息。适应度函数可以在任意定义域内设定，也不要求其连续或可微。这一特点使得遗传算法能够应用于更多种类的问题。

（4）基于概率的搜索：遗传算法采用概率机制来决定搜索的方向，而非依赖确定性的规则。这种随机性赋予了算法更大的灵活性，有助于避免局部最优解，提升全局搜索能力。

9.3.5　遗传算法的应用

遗传算法是一种通用的搜索算法，广泛应用于多个领域。除了在函数优化、组合优化、车间调度等传统领域表现出色外，它还在人工智能和大数据计算等现代领域中得到了广泛的应用。

以下是遗传算法在不同领域的具体应用示例：

（1）投资策略：现在人们越来越依赖于人工智能来进行投资，利用遗传算法辅助的投资策略模型，是指导或影响人们财富汇聚的重要因素。

（2）线路规划：航空路线规划、旅行路线规划、最短路线规划，以及如何避免交通阻塞等都是人们经常面临的问题。遗传算法可以通过程序在后台对所有问题进行建模，并将最佳线路规划反馈给人们。

（3）电脑游戏：使用遗传算法进行游戏编程，程序可以吸收人类决策，促使游戏智能化，提高人类体验感。

（4）加密解密：在安全方面，遗传算法既可用于加密敏感数据，也可用于解密这些数据。

（5）机器人技术：机器人技术旨在开发具备特定功能的机器人，而不同用途的机器人设计也各不相同。通过使用遗传算法进行编程，可以根据机器人的特定功能需求，探索出一系列设计方案和组件，并通过计算机模拟不同的操作方式。随着遗传算法的不断发展，未来人们将会看到更多专业化的机器人，如扫地机器人、家庭监控机器人、管理机器人等。

（6）汽车设计：遗传算法可以用于为赛车和常规交通工具（包括航空器）设计优化的复合材料和空气动力学形状。它能够帮助选择最佳的材料与工程技术组合，从而使车辆具备更快的速度、更轻的重量、更低的油耗和更高的安全性。通过遗传算法进行计算机建模，设计师可以获得多种设计方案供挑选，从而提高汽车设计的效率。

（7）工程设计：遗传算法可以充分利用各种材料的特点来优化建筑物、工厂、机器等架构，如优化机器人抓臂、卫星吊杆、建筑桁架、飞轮及涡轮机等。

9.4 群体智能

9.4.1 群体智能的概念

群体智能是一种受自然界群体行为启发的智能优化方法，是计算智能领域的重要技术之一。它的概念源自对群居生物（如蚂蚁、蜜蜂等）行为的观察和模拟。例如，观察蚂蚁寻找路径的方式启发了蚁群算法，蜜蜂的繁殖和采蜜行为启发了蜂群算法，而鸟群捕食的行为则促成了粒子群算法的提出。

群体智能是指由多个相对简单或几乎没有智能的个体，通过协作和互动展现出复杂的智能行为。这些个体的个体智能较低，但通过集体合作，群体能够表现出远超个体能力的整体智能。它的控制是分布式的，不存在中心控制。群体具有自组织性。群体智能的核心理念是模仿自然界中群体生物的行为，通过数学模型和计算方法设计相应的算法，提供解决复杂系统问题的新思路。群体智能的四个显著特点如下：

1. 分布式控制

群体智能没有集中控制系统，每个个体都能独立做出决策并根据环境做出灵活调整。由于个体之间的分散控制，群体能在某些个体失效时依然保持强大的鲁棒性，不会导致整个系统的崩溃。

2. 优异的扩展性

群体中的个体通过改变环境或间接方式进行交流。当群体规模扩大时，通信成本降低，群体能够保持较高的效率和灵活性，即便在大规模情境下也能有效运作。

3. 简易性

每个个体的行为规则和能力通常都很简单，这使得群体智能的实现更加直接和容易。即使单个个体的能力较弱，群体仍能通过合作和互动展现出复杂的智能行为。

4. 自组织特性

群体的复杂行为通过个体间简单的互动和协作自然产生，这使得群体具备较强的自组织性。个体通过相互作用，能自发地形成更复杂的集体行为和智能。

9.4.2 蚁群算法

蚁群算法（ant colony optimization, ACO）属于群体智能研究中的一种重要方法，由 Marco Dorigo 于 1992 年在其博士论文中提出，是一种通过模拟自然界蚂蚁寻找路径的行为而提出的概率型优化算法，其基本原理可以通过模拟蚂蚁在自然环境中寻找食物并返回巢穴的过程来进行解释。

1. 自然蚂蚁的寻路行为

蚂蚁在寻找食物时，通常能够找到从食物源到巢穴的最优路径。这是因为蚂蚁在路径上释放一种特殊的信息素，并将其留在经过的地方。其他蚂蚁通过感知这些信息素来交流，从而指导自己的行动方向。

当蚂蚁在寻找路径时遇到一个从未经过的路口时，它会随机选择一条路径并继续前行，同时释放信息素。根据信息素的引导，更多的蚂蚁倾向于选择最短路径，而选择其他路径的蚂蚁逐渐减少。随着时间的流逝，最短路径上的信息素浓度不断增加，而较长路径上的信息素浓度则会逐步减少，最终可能完全消失。因此，最终所有的蚂蚁都会选择最短路径，放弃其他路径。

2. 蚁群算法的基本原理

蚁群算法的基本原理是通过模拟自然蚁群的觅食行为来实现的，具体过程如下：

（1）蚂蚁在行进的路径上释放信息素。

（2）当蚂蚁遇到一个未曾经过的路口时，它会随机选择一条路径继续前行，并根据路径长度释放信息素，且信息素的浓度与路径长度成反比。

（3）后续的蚂蚁在遇到同样的路口时，会更倾向于选择信息素浓度较高的路径。

（4）随着时间的推移，最优路径上的信息素浓度会逐渐增加。

（5）整个蚁群最终找到最优路径。

在实际应用中，蚂蚁的路径代表了待优化问题的一个可行解，蚁群的所有路径构成了解空间，最终找到的最优路径对应的解就是问题的最优解。

3. 蚁群算法的主要过程

蚁群算法中主要包含两个过程，即状态转移和信息素更新。

状态转移指的是蚂蚁从一个节点移动到另一个节点的过程。例如，在自然蚂蚁寻找路径的过程中，蚂蚁从起点到终点的移动就是一个状态转移。蚂蚁的状态转移是通过随机比例规则来决定的。

在蚁群算法中，每只蚂蚁走完一步或完成对所有节点的遍历后，需要对信息素进行更新。信息素的更新包括两个方面：一是信息素的挥发（即随着时间的推移，早期留下的信息素逐渐挥发减少），二是信息素的增加。

蚁群算法流程可用自然语言描述如下。

（1）初始化：将所有蚂蚁随机分配到各个节点，并设置迭代次数 $N_c=0$，蚂蚁的总数为 m。

（2）设置蚂蚁 $k=1$，表示当前为第 1 只蚂蚁。

（3）为蚂蚁 k 创建禁忌表，并将蚂蚁 k 的初始位置节点添加到禁忌表中。

（4）根据随机比例规则，确定蚂蚁 k 要转移到的下一个节点。

（5）更新禁忌表，将蚂蚁 k 即将转移的节点加入禁忌表。

（6）判断蚂蚁 k 是否已经遍历了所有节点。如果已完成，进入步骤（7）；如果未完成，返回步骤（4）。

（7）将蚂蚁 k 编号更新为 $k+1$。

（8）判断 k 是否已超过蚂蚁总数 m。如果是，进入步骤（9）；如果否，返回步骤（3）。

（9）计算每只蚂蚁所走的路径长度。

（10）更新所有蚂蚁所经过路径上的信息素。

（11）设置迭代次数 $N_c=N_c+1$。

（12）判断是否满足终止条件。如果满足，输出当前最优解；否则，返回步骤（2）继续执行。

根据具体问题的要求，设定常见的终止条件有以下三种：

①给定最大迭代次数 N，当 N_c 超过 N 时，停止循环，表示蚂蚁已找到足够的路径。

②给定整数 M，若当前最优解连续 M 次没有变化，则停止循环，表示算法已收敛，不再继续执行。

③设定一个优化问题的下界和误差值，当算法求得的目标值与下界的差小于给定的误差时，停止循环。

4. 蚁群算法的主要特点

蚁群算法采用了正反馈机制，这是不同于其他仿生算法最为显著的一个特点。蚁群算法本质上是一种并行计算方法。在该算法中，每只蚂蚁独立进行搜索，彼此之间没有直接的交互，个体只能感知局部信息，只通过信息素来实现间接通信，不能直接利用全局信息。

蚁群算法也是一种自组织的过程。在算法的初期，单个蚂蚁随机地寻找解；但随着时间的推移，信息素的作用使得蚂蚁逐渐趋向于寻找接近最优解的路径，从而从无序的状态过渡到有序的状态。蚁群算法一般需要较长的搜索时间，且容易出现停滞现象。

蚁群算法属于多主体智能算法，其并非依赖单一蚂蚁的搜索，而是多个蚂蚁同时进行搜索，形成分布式的协同优化机制。此外，蚁群算法具有较高的鲁棒性。它对初始化参数的设置不敏感，而且在搜索过程中无须人工干预和调整。该算法的参数较少，设置简便，且易于应用于其他组合优化问题的求解。

5. 蚁群算法的应用

目前，蚁群算法已从单纯的求解组合优化问题拓展到了很多应用领域。例如：

（1）网络路由优化：蚁群算法可解决受限路由问题，并优化网络路由。

（2）线路规划：蚁群算法受群体智能启发对所有问题进行建模，并及时反馈最佳的线路规划方案。

（3）图像处理：蚁群算法应用于图像分割、边缘检测、图像分类、图像匹配、图像识别等多种处理方法中。

（4）数据挖掘：数据挖掘中主要包括分类和聚类两个任务，蚁群算法在数据挖掘中的应用有助于获得更好的数据分类或聚类算法。

（5）图的着色问题：图的着色问题是一个典型的优化问题。采用蚁群算法来解决图的着色问题，能够确保程序在运行时具有较高的效率和良好的收敛性，同时有效避免在求解过程中陷入局部最优解。

9.4.3　人工蜂群算法

1. 人工蜂群算法的概念

人工蜂群算法（artificial bee colony algorithm, ABC）是由 Karaboga 小组于 2005 年为了解决多变量函数优化问题而提出的。它是群智思想的一个具体应用，是一个由蜂群行为启发的算法。其主要特点是不需要了解问题的特殊信息，只需要对问题进行优劣的比较，通过各人工蜂个体的局部寻优行为，最终在群体中使全局最优值凸显出来，有着较快的收敛速度。

蜂群产生群体智慧的最小搜索模型包含基本的三个组成要素：食物源、被雇佣的蜜蜂和未被雇佣的蜜蜂；两种最为基本的行为模型：为食物源招募蜜蜂和放弃某个食物源。

2. 蜂群智慧与行为模式

在群体智慧的形成进程中，蜜蜂之间的信息交换起着至关重要的作用。而蜂巢中的舞蹈区，堪称最为关键的信息交换场所。蜜蜂所跳的舞蹈被称作摇摆舞，食物源的相关信息正是在舞蹈区通过摇摆舞的形式传递给其他蜜蜂。

引领蜂会借助摇摆舞的持续时间等要素，来展现食物源的收益率。跟随蜂能够观察众多舞蹈，并依据收益率来抉择前往哪个食物源采蜜。这里存在一个明确的关系，即收益率与食物源被选择的可能性成正比，所以蜜蜂被招募到某一食物源的概率也与该食物源的收益率成正比。

初始阶段，蜜蜂以侦查蜂的身份展开搜索，其搜索方式既可以依据系统给定的先验知识，也能够完全随机进行。当完成一轮侦查后，若蜜蜂成功找到食物源，便会利用自身的存储能力记录下位置信息，随即开始采蜜，此时这只蜜蜂的身份就转变为“被雇用者”。

蜜蜂在食物源采蜜完毕返回蜂巢卸下蜂蜜后，面临以下几种选择：

（1）放弃当前食物源，成为非雇佣蜂。

（2）跳起摇摆舞，为对应的食物源招募更多蜜蜂，随后再回到食物源继续采蜜。

（3）继续在同一食物源采蜜，而不进行招募行为。

对于非雇佣蜂而言，也有以下选择：

（1）转变为侦查蜂，对蜂巢附近的食物源展开搜索，搜索方式同样可以是基于先验知识或者完全随机。

（2）在观察完摇摆舞之后，被雇用成为跟随蜂，进而开始搜索对应食物源的邻域并采蜜。

人工蜂群算法具有全局搜索能力强、实现简单、参数较少且鲁棒性好、收敛速度快等突出优点，但也有过早收敛容易陷入局部最优、参数设置敏感、算法缺乏严格的数学证明和理论支持、应用范围限于组合优化问题方向等缺点。

9.4.4　粒子群算法

粒子群算法（particle swarm optimization, PSO）是由 James Kennedy 和 Russell Eberhart 等于 1995 年开发的一种演化计算技术，是一种基于群体智能的模拟鸟群觅食行为的优化算法，来源于一个简化社会模型的模拟。

粒子群算法最初是为了图形化的模拟鸟群不可预测的运动。通过对动物社会行为的观察，发现在群体中对信息的社会共享提供一个演化的优势，并以此作为开发算法的理论基础。

在初始版本的构建中，通过融入近邻速度匹配机制，确保粒子在运动过程中能够相互影响，模拟鸟群的协同飞行；同时考虑多维搜索空间，使算法能够在复杂的问题空间中进行探索；并且根据粒子与目标的距离进行加速调整，增强算法的搜索效率，这一系列设计形成了粒子群算法的雏形。

为了更好地平衡算法在已有解空间的开发（exploitation）及对新解空间的探索（exploration）能力，引入了惯性权重 w，使得粒子在继承先前速度的同时，能够根据具体问题和搜索阶段动态调整搜索策略，从而形成了粒子群算法的标准版本，极大地拓展了算法在不同领域的应用范围和性能表现。随着研究的深入，为了提高粒群算法的性能和实用性，又陆续开发了其他版本。

标准 PSO 的算法流程如下：

（1）初始化粒子群参数，包括粒子群规模、维度、惯性权重、迭代次数等。

（2）随机初始化每个粒子的位置和速度。

（3）计算每个微粒的适应度。

（4）更新每个微粒历史最优适应值与最好位置。

（5）更新群体历史最优适应值与最好位置。

（6）更新惯性权重、迭代次数、微粒速度等其他参数。

（7）判断是否满足结束条件，如未达到结束条件（通常为足够好的适应值或达到一个预设最大迭代次数），返回步骤（2）。

粒子群算法是一种原理相当简单的启发式算法，与其他仿生算法相比，它所需的代码和参数较少，且受所求问题维数的影响较小。具有如下特点：粒子群算法通过当前搜索到的最优点进行共享信息，很大程度上这是一种单项信息共享机制；在对收敛性分析方面研究还需进一步将确定性向随机性转化；另外，粒子群算法的数学基础相对较为薄弱，目前还缺乏深刻且具有普遍意义的理论分析。

9.5 专 家 系 统

视 频

专家系统

专家系统（expert system）是人工智能中最重要的也是最活跃的一个应用领域，它实现了人工智能从理论研究走向实际应用、从一般推理策略探讨转向运用专门知识的重大突破。专家系统是早期人工智能的一个重要分支，它可以看作是一类具有专门知识和经验的计算机智能程序系统，一般采用人工智能中的知识表示和知识推理技术来模拟通常由领域专家才能解决的复杂问题。广泛应用于医学、地质、气象、教育、机械、交通运输和计算机等多个领域。

9.5.1 专家系统概述

1. 专家系统的概念与特点

专家系统是一种计算机系统，能够在特定领域内应用大量的专家知识和推理方法，解决复杂的实际问题。简而言之，专家系统包含了某一领域专家的丰富知识和经验，并通过人工智能的推理与判断技术，处理一些通常需要人类专家才能解决的复杂问题。

专家系统具有以下主要特点：

（1）知识丰富：专家系统积累了大量专家的知识和经验进行有效推理，专家系统能综合利用不确定的信息和知识进行推理，并得出结论。

（2）启发性：专家系统运用专门知识和经验进行推理、判断和决策。

（3）透明性：专家系统具有解释功能，不仅能回答用户提出的问题，还可以给出答案的依据，有利于提高用户与系统之间的透明度。

（4）灵活性：知识与推理机间既相互联系又相互独立，使专家系统具有良好的可维护性和可扩展性。

（5）交互性：专家系统一般都是交互式系统，具有较好的人机交互界面。

2. 专家系统的起源与发展

20 世纪 60 年代初，出现了一些通用问题求解程序，这些程序通过运用逻辑学来模拟人类的思维过程，不仅能够证明定理，还能进行逻辑推理。然而，对于处理大型实际问题，它们很难将实际问题转化为适合计算机解决的形式，同时也难以应对解题时需要遍历的庞大搜索空间。

斯坦福大学的费根鲍姆等人从 1965 年开始研制，基于通用问题求解程序的成功经验和失败教训，并结合化学领域的专业知识，于 1968 年研发了世界上第一个专家系统——DENDRAL 系统，该系统用于推断化学分子结构。

专家系统的出现标志着人工智能从理论研究向实际应用的重大转变，并从一般性的推理策略研究，发展为利用专业知识解决特定领域问题的突破。目前，专家系统的发展已经经历了三个阶段，并正向第四阶段迈进，每个阶段的专家系统都有其独特的特点。

3. 专家系统的类型

专家系统可以从多个角度进行不同的分类，具体有以下几种分类方式：

（1）按用途分类：专家系统可分为多种类型，如解释型、预测型、诊断型、设计型、规划型、监视型和教学型等。

（2）按输出结果分类：专家系统可以分为分析型和设计型两种。

（3）按知识表示方式分类：专家系统可分为一阶谓词逻辑、产生式规则、语义网络和框架等类型。

（4）按知识确定性分类：专家系统可以分为确定性知识推理和不确定性知识推理两类。

（5）按采用的技术分类：专家系统根据技术实现的不同，可分为符号推理型和神经网络型。

（6）按系统规模分类：专家系统可分为大型协同式专家系统和微型专家系统。

（7）按结构分类：专家系统可以分为集中式和分布式、单机型和网络型等不同结构类型。

4. 专家系统的应用

当前，专家系统已经广泛应用于计算机、医学、地质、化学、军事、工程、数学、机械、交通运输、教育和气象等多个领域。随着专家系统迅速发展，在各个领域的应用逐渐走向智能化，为社会的发展带来了巨大的社会效益和经济效益，并提供了良好的助力。

目前，在各个相关领域应用的专家系统主要如下。

（1）在计算机领域应用的典型专家系统：DART 系统主要用于计算机硬件系统故障诊断；RI/XCON 系统主要用于配置 VAX 计算机；YES/MVS 系统主要用于监控和控制 MVS 操作系统；PTRANS 系统主要用于管理 DEC 计算机系统的建造和配置；IDT 系统主要用于定位 PDP 计算机

中有缺陷的单元。

（2）在医学领域应用的典型专家系统：MYCIN 系统主要用于细菌感染性疾病诊断和治疗；CASNET 系统主要用于青光眼的诊断和治疗；PIP 系统主要用于肾脏病诊断；INTERNIST 系统主要用于内科病诊断；PUFF 系统主要用于肺功能试验结果解释；ONCOCIN 系统主要用于癌症化学治疗咨询；VM 系统主要用于人工肺心肌监控。

（3）在地质学领域应用的典型专家系统：PROSPECTOR 系统主要用于帮助地质学家评估某一地区的矿物储量；DIPMETER ADVISOR 系统主要用于油井记录分析；DRILLING ADVISOR 系统主要用于诊断和处理石油钻井设备的"钻头黏着"问题；MUD 系统主要用于诊断和处理同钻探泥浆有关的问题；HYDOR 系统主要用于水源总量咨询；ELAS 系统主要用于油井记录解释。

（4）在化学领域应用的典型专家系统：DENDRAL 系统主要用于根据质谱数据推断化合物的分子结构；MOLGEN 系统主要用于分析并合成 DNA 分子结构；CRYSALIS 系统主要用于通过电子云密度图推断一个蛋白质的三维结构；SECS 系统主要用于帮助化学家制定有机合成规划；SPEX 系统主要用于帮助科学家设计复杂的分子生物学实验。

（5）在军事领域应用的典型专家系统：AIRPLAN 系统主要用于安排航空母舰周围的空中交通运输计划；HASP 系统主要用于海洋声呐信号识别和舰艇跟踪；TATR 系统主要用于帮助空军制定攻击敌方机场的计划；RTC 系统主要用于通过解释雷达图像进行舰船分类。

在工程领域应用的典型专家系统：SACON 系统主要用于帮助工程师发现结构分析问题的分析策略；DELTA 系统主要用于帮助识别和排除机车故障；REACTOR 系统主要用于帮助操作人员检测和处理核反应堆事故。

在数学领域应用的典型专家系统：MACSYMA 系统主要用于数学问题求解；AM 系统主要用于从基本的数学和集合论中发现概念。

9.5.2 专家系统的基本结构

专家系统的基本架构结构由六个主要部分组成，分别是知识库、推理机、知识获取、综合数据库、解释器、人机交互接口，如图 9-4 所示。其中，知识库和推理机构成了专家系统的核心部分。下面将分别介绍各个组成部分。

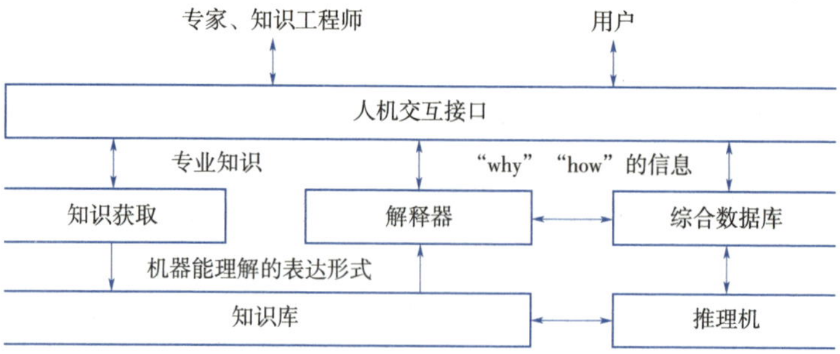

图 9-4 专家系统的基本架构

1. 知识库

专家知识库是专家系统的核心之一，其主要功能是存储和管理专家系统中的知识，主要包括来自书本上的知识和各领域专家在长期的工作实践中所获得的经验知识。知识库的主要功能是存储专家在某一领域内提供的专业知识，这些知识包括事实、操作方案和规则等。

知识库主要通过知识工程师与人类专家进行沟通得到。在人类专家知识的基础上建立专家系统的过程称为知识工程（knowledge engineering），这个过程由知识工程师从人类专家获得知识，并把它们编码到专家系统中，如图 9-5 所示。在构建知识库时，需要重点解决两个关键问题：一是如何进行有效的知识获取，二是选择合适的知识表示方法。

图 9-5　知识库构建过程

知识获取是专家系统设计和构建中的核心环节，其主要目的是从专家或其他来源获取相关知识，并建立一个完整、准确、有效的知识库，以便能够满足领域问题求解的需求。

知识表示是用计算机能够接受并进行处理的符号和方式来完成的。不同的表示方法大大地影响系统的工作效率。因此，知识表示是构建专家系统的重要任务，这就需要研究如何把知识形式化，并转移给机器。

目前，常用的知识表示包括一阶谓词逻辑、状态空间、产生式规则、语义网络和框架结构等。然而，对于相同的知识，不同的表示方式可能会导致不同的系统效果。因此，在选择知识表示方法时，应考虑以下四个方面：

（1）知识表示方法是否能够全面表达领域中的知识。

（2）知识表示方法是否容易理解和实现。

（3）知识表示方法是否能够有效支持专家系统的推理过程。

（4）知识表示方法是否便于知识的组织、维护和管理。

2. 推理机

机器推理思考的过程是在推理机中完成的，推理机是用户需求与知识库相连接的桥梁，推理机是将基于知识的推理过程转化为计算机执行的机制，也是系统实现智能设计的核心。它相当于专家的大脑，思考问题并求解问题。首先，推理机从综合数据库获取用户咨询的问题；然后在知识库中查找相关的规则并根据这些规则得出结论；最后，将匹配规则的结论存放到综合数据库中。

推理机的基本功能主要包括以下几个方面：

（1）信息收集：用户通过人机接口向专家系统输入问题或相关数据。

（2）知识匹配：根据用户输入的问题或数据，推理机在知识库中检索相关的知识和规则。

（3）推理执行：采用适当的推理策略（如前向推理、反向推理、混合推理等）进行推理。

（4）结果输出：将推理结果以易于理解的方式呈现给用户，并对推理过程进行解释。

此外，推理机还能处理不确定性和模糊性问题，提供多种推理策略供选择，以适应不同情境下的推理需求。

3. 知识获取

知识获取通常由知识工程师和专家系统中的知识获取机构共同完成。知识工程师的任务是从领域专家提供的信息中提取知识，并使用合适的方式对这些知识进行表示。而知识获取机构则负责将这些知识转换为计算机能够存储的格式，并将其存入知识库中。因此，知识获取可以理解为从各类知识源中提取专业知识，并将其转化为计算机可存储的形式以供问题求解使用。接下来，将详细介绍知识获取的过程以及不同的知识获取模式。

在专家系统中，知识源主要来自领域专家，因此，知识获取的过程需要知识工程师与领域专家之间的密切合作，通过反复交流来完成。知识工程师的职责包括以下几个方面：

（1）与领域专家沟通，获取专家系统所需的原始知识。

（2）对收集到的原始知识进行分析、整理和总结，将其转化为易于理解的自然语言形式，并向领域专家反馈确认。

（3）将确认后的知识原理转化为计算机可处理的表示方法。

知识获取的过程可以分为四个主要步骤：抽取知识、转换知识、输入知识和检测知识。

（1）抽取知识：通过筛选、识别、归纳和理解等手段，从知识源中提取出相关知识，以便将其纳入知识库。

（2）转换知识：将知识从一种形式转换为另一种形式，便于系统处理。例如，知识“天空乌云密布时，下雨”可以用产生式规则表示为“IF 天空乌云密布 THEN 会下雨”。

（3）输入知识：经过处理和转换的知识最终需要被存储到知识库中。通常可以通过计算机系统提供的编译软件或专门的知识编译器来完成这一过程。

（4）检测知识：检查输入的知识是否存在不一致、冗余或缺失等问题，确保所建立的知识库是准确的、完整的，从而不会影响专家系统的性能。

这些步骤共同确保了知识的有效获取和系统性能的优化。

不同的专家系统采用不同的知识获取方式，根据自动化程度的不同，知识获取可以分为三种类型：非自动知识获取、自动知识获取和半自动知识获取。

（1）非自动知识获取，也叫人工移植，具体过程如下：知识工程师与领域专家进行交流，或通过查阅相关文献获取必要的知识。然后，知识工程师使用知识编辑器将这些知识输入到知识库中。

（2）自动知识获取是指专家系统具备自动获取知识的能力。它能够直接与领域专家进行对话，获取所需的知识，并通过系统自身的运行经验总结、归纳新知识，持续优化和完善知识库。换句话说，系统通过语音识别、文字和图像识别等技术，替代了知识工程师与领域专家之间的沟通和文献查阅，系统的自我学习和归纳能力取代了传统的知识抽取与转换过程。

（3）半自动知识获取是在非自动知识获取的基础上，加入了一定的学习功能，使得系统能够从大量的原始数据中自动归纳出专业领域的知识。

4. 综合数据库

综合数据库，也被称为动态数据库，主要用于存储初始事实、问题描述，以及在系统运行过程中产生的中间结果和最终结果等信息。它是推理机正常运作的关键组成部分，并且还记录推理过程中的相关数据，为解释机构提供依据，以回答用户的咨询。

综合数据库需要配备相应的数据库管理系统，负责对其中的数据进行查询、更新、维护和检查等管理操作。

虽然知识库和综合数据库都是数据库，但它们之间存在显著的区别。知识库中的内容在专家系统运行时是固定不变的，只有知识工程师能够通过人机接口和知识获取系统进行管理和维护。相对而言，综合数据库的内容在系统运行过程中会动态变化，用户可以通过人机接口输入数据，而推理过程中的中间结果也会被存储在其中。

5. 解释器

解释器的作用是回答用户的问题，并向用户解释专家系统的运作过程。这包括解释推理结果的正确性，以及阐明系统为何会得出某个解答的原因等。

6. 人机交互接口

人机交互接口是专家系统与用户、领域专家，以及知识工程师之间进行互动的桥梁。它由一系列程序和相关硬件设备组成，主要负责处理输入和输出的任务。在输入和输出过程中，人机交互接口需要实现内部信息表示形式与外部表现形式之间的相互转换。

9.5.3　专家系统的开发过程

专家系统是一种计算机软件系统，但与传统软件有所不同。因此，专家系统的开发过程在与传统软件开发过程的相似之处之外，还具有其独特性。专家系统的开发通常包括五个阶段。

1. 认识阶段

在这一阶段，知识工程师通过与领域专家的互动、查阅相关科学文献等途径，深入了解问题的特点，包括问题的范围和类型等。同时，还需要明确领域专家提供的知识结构和类型，并确定开发系统所需的各种资源，如软件、硬件、人员、时间和经费等。

认识阶段的原型系统为演示原型，可以解决应用中的部分问题，主要用于系统方案的可行性论证。

2. 概念化阶段

在此阶段，将解决问题所需的各类专业知识进行概念化，明确不同概念之间的关系。同时，对任务进行分解，规划问题求解的控制流程和相关约束条件。

概念化阶段的原型系统为研究原型，在主要的应用领域内实现可靠运行，但未进行全面的测试，系统的行为显得有些脆弱。

3. 形式化阶段

这一阶段主要通过适合计算机表示和处理的形式化方法，描述整理好的知识概念及其相互关系。还需要选择合适的系统构建技术，确定数据结构、推理规则及控制策略，从而建立问题求解的模型。

形式化阶段的原型系统为领域原型，已经在大量测试的基础上进行了修改，具有较好的性能。

4. 实现阶段

在这一阶段，开发团队依据先前制定的形式化知识和问题解决模型，开始实际的软件开发工作。这包括构建知识库、实现推理机制、设计用户界面等，最终目标是构建一个可运行的原型系统。

实现阶段的原型系统为产品原型，在用户环境下运行，具有较高的运行效率和可靠性。

5. 测试阶段

通过对原型系统进行实际测试，评估其性能及知识表示方法的有效性，进而识别出知识库和推理机制中的潜在问题。测试内容涵盖知识的准确性、一致性、推理结果的可靠性、系统运行的效率、解释功能，以及用户界面的友好程度等。在整个开发过程中，依据测试反馈不断优化和改进原型系统，直至达到预期的性能要求，这种开发方式称为增量式开发。

测试阶段的原型系统为商品化系统，在产品原型的基础上，进一步提高系统的性能，改善人机接口，降低成本，并可将系统投入商业应用。

小　　结

本章从机器博弈入手，介绍了进化计算、群体智能及搜索等多种算法，主要知识点如下：

（1）机器博弈是指通过计算机程序或算法来模拟、分析或实现博弈行为的研究。

（2）搜索策略分为盲目搜索和启发式搜索，也可按问题表示方法分为状态空间搜索和与或树搜索。盲目搜索包括广度优先搜索、深度优先搜索和最好优先搜索。启发式搜索凭借经验解决问题，利用启发信息和评估函数指导搜索。状态空间搜索用“状态”和“操作”组成的状态空间表示问题，通过搜索操作算子序列使问题从初始状态转变为目标状态。与或树搜索将问题状态表示为节点，根据布尔值决定是否扩展子节点，目标是最小化搜索成本。

（3）计算智能基于对自然规律和生物智能的模拟，通过数值计算解决复杂问题，通常涵盖进化计算、群体智能、神经计算等多个领域。

（4）进化计算受生物进化机制启发，遗传算法是其中典型代表。

（5）群体智能是受群居生物行为启发的智能优化方法，主要有蚁群算法、人工蜂群算法、粒子群算法。

（6）专家系统是一种基于知识的智能计算机系统，它通过模拟人类专家的决策过程，利用领域专家的专业知识来解决特定领域内的复杂问题。其核心目标是将人类专家的经验、知识转化为计算机可处理的规则或模型，从而实现知识的传承和高效应用。

习　　题

1. 简述机器博弈概念。
2. 简述机器博弈系统构成。
3. 简述极小极大原理。
4. 简述什么是搜索。
5. 简述什么是盲目搜索。什么是启发式搜索。
6. 简述什么是广度优先搜索。
7. 简述什么是深度优先搜索。
8. 简述什么是状态空间。
9. 简述什么是与或树搜索。
10. 简述典型机器博弈算法。
11. 简述机器智能的概念
12. 简述什么是进化计算。
13. 简述什么群体智能，主要有哪些算法。
14. 简述专家系统的基本框架。

第 10 章 大模型与 AIGC

近几年，随着信息处理技术研究日趋成熟，自然语言处理（natural language processing, NLP）及大模型（large model, LM）技术迅速升级为人工智能必不可少的研究热点之一。自然语言处理技术实现了人与机器之间的自然语言交流。而使用大规模数据和强大的计算能力训练出来"大参数"模型，通常具有高度的通用性和泛化能力。这些技术的使用，大大推动了生成式人工智能（artificial intelligence generated content, AIGC）的发展。AIGC 在诸多领域中取得了令人瞩目的成就，并在实际生活中得以广泛应用，为人们的生活带来了诸多便利。下面将分别介绍 NLP、LM、AIGC 相关知识。

学习目标

（1）了解自然语言处理的基本概念、过程划分和基本流程。

（2）了解大模型的概念及典型架构，了解大模型构建过程。

（3）了解 AIGC 概念，掌握如何书写提示词。

10.1 自然语言处理

视频

自然语言处理

10.1.1 NLP 的基本概念

语言是思维的载体，是人际交流的主要工具，涵盖了口语、书面语及形体语言（如手语）等形式。自然语言指的是日常生活中人们使用的语言，如汉语、英语、俄语等。

自然语言处理是指通过电子计算机模拟人类语言交流的过程，使计算机能够理解并使用人类的自然语言，从而实现人机之间的语言互动，进一步达到让计算机承担部分脑力劳动的目标。自然语言处理是计算机科学与人工智能领域中的重要研究方向，它依赖于大数据、云计算、机器学习、领域知识等多种理论的支持，涉及的相关技术及应用如图 10-1 所示。

10.1.2 NLP 的发展历程

自然语言处理的历史可以追溯到 20 世纪 50 年代，随着计算机科学的发展而逐渐形成。其发展历程大致可以划分为早期探索、统计方法兴起、神经网络发展等几个重要阶段，具体如下：

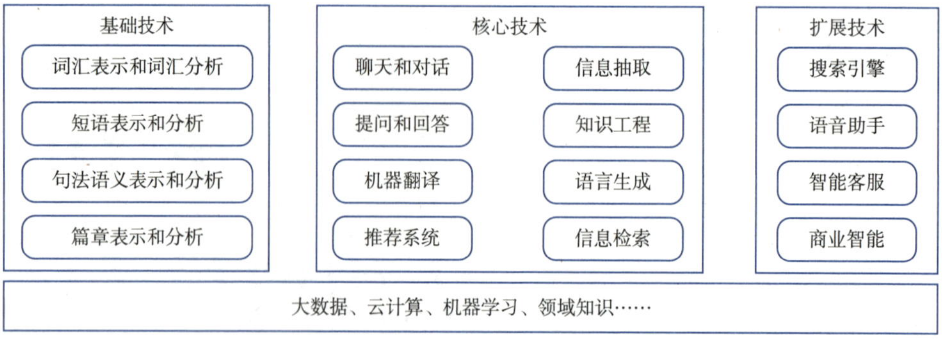

图 10-1　NLP 涉及的相关技术及应用

1. 早期探索阶段（20 世纪 50 年代至 20 年代 80 年代）

最早的自然语言理解方面的研究工作是机器翻译。1949 年，美国人威弗首先提出了机器翻译设计方案。1954 年的乔治城 -IBM 实验涉及全部自动翻译超过 60 句俄文成为英文。当时研究人员乐观地认为三到五年之内即可解决机器翻译的问题，不过实际进展远低于预期，1966 年的 ALPAC 报告发现十年研究未达预期目标，机器翻译的研究经费遭到大幅削减。

20 世纪 60 年代发展特别成功的自然语言处理系统包括 SHRDLU——一种自然语言系统，以及 1964—1966 年约瑟夫・维森鲍姆设计的 ELIZA——一个几乎未运用人类思想和感情的消息，有时候却能呈现令人讶异的类似人之间的交互。当提出的问题超出 ELIZA 极小的知识范围之时，可能会得到空泛的回答。

早期的自然语言系统是基于规则来建立词汇、句法语义分析、问答、聊天和机器翻译系统。它的优点是规则可以利用人类的内省知识，不依赖数据，可以快速起步；问题是覆盖面不足，像个玩具系统，规则管理和可扩展一直没有解决。

2. 统计自然语言处理（20 世纪 90 年代至 21 世纪初）

随着互联网的兴起，大量文本数据的出现推动了统计学习方法在自然语言处理中的应用。基于统计的机器学习开始流行，很多自然语言处理开始用机器学习算法，如决策树，是硬性的、“如果 - 则”规则组成的系统，类似当时既有的人工定的规则。

统计自然语言处理的主要思路是利用带标注的数据，基于人工定义的特征建立机器学习系统，并利用数据经过学习确定机器学习系统的参数。运行时利用这些学习得到的参数，对输入数据进行解码，得到输出。机器翻译、搜索引擎都是利用统计方法获得了成功。

3. 神经网络自然语言处理（21 世纪初至今）

深度学习开始在语音和图像上发挥威力。近来的研究更加聚焦于非监督式学习和半监督学习的算法。这种算法，能够从没有人工注解理想答案的资料里学习。

2011 年以来，深度学习技巧纷纷出炉，在自然语言处理方面获得最尖端的成果，如语言模型、语法分析等。自 2014 年以来，人们尝试直接通过深度学习建模，进行端对端的训练。2017 年 Transformer 模型诞生；2018 年 BERT 模型推出，提出了预训练的方法。深度学习目前已在机器翻译、问答、阅读理解等领域取得了进展。

2022 年底，随着 ChatGPT 等大语言模型的推出，自然语言处理的重点从自然语言理解转向了自然语言生成，为自然语言处理带来了新的发展方向和应用场景。

10.1.3　NLP 的研究方向

自然语言处理的研究与应用是人工智能领域的一项重要进展，它将对科学技术的发展产生深远影响，同时推动其他学科的进步，并深刻改变人们的日常生活。随着计算机技术和硬件设备的显著提升，自然语言处理的研究领域也不断扩展。以下是一些自然语言处理的研究方向：

（1）机器翻译：借助计算机把文字或演讲从一种自然语言自动翻译成另一种自然语言，如将汉语翻译成英语。

（2）文字识别：借助计算机自动识别印刷体或手写体文字，将它们转化为可供计算机处理的电子文本，如字符的图像识别。

（3）语音识别：将人类语音中的词语内容转换为计算机可读的书面语，如语音拨号、语音导航等。

（4）自动文摘：利用计算机提炼指定文章的摘要，即自动归纳原文档的主要内容和含义，提炼并形成摘要，如机械文摘。

（5）句法分析：运用自然语言的句法和其他相关知识确定输入句中各成分的功能，建立一种数据结构，用于获取输入句子的意义。

（6）文本分类：在给定的分类体系和分类标准下，根据文本内容，利用计算机自动判别文本类型，实现文本自动归类。

（7）信息检索：利用计算机从海量文档中查找用户需要的相关文档。

（8）信息获取：利用计算机从大量的文本中自动抽取特定的一类信息（如事件和事实等），并形成结构化数据，填入数据库中供用户查询使用。

（9）信息过滤：利用计算机自动识别和过滤满足特定条件的文档信息。

（10）中文自动分词：使用计算机对中文文本进行词语的自动切分。

（11）语音合成：将书面文本自动转换为对应的语音。

10.1.4　NLP 的处理过程

语言是通过字构成词，通过词构成句，再通过句构成段落的一个层次化过程。因此，完整的自然语言处理也是一个分层次的过程，通常将该过程划分为五个层次。

1. 语音分析

语音分析是一个根据音位规则，从语音流中识别出独立音素的过程，随后通过音位形态规则找出音节及其对应的词素或词语。语音以声波形式传递，语音分析系统接收这些声波（模拟信号），并提取其中的频率、能量等特征。接着，这些特征会被映射为音素（基本声音单元），最终将音素序列转化为单词序列。语音的生成过程则是将单词转换为音素序列，再通过语音合成器传递给发声设备，单词的语音通过说话者（如机器人或语音助手等）由语音合成器发出。

2. 词法分析

词法分析是从句子中识别单词，并提取每个词语的基本构成部分（即词素），从而获取单词的语言学信息并确定其含义。不同语言（如英语、汉语等）在词法分析上的要求各不相同。

在英语中，由于单词之间用空格隔开，切分单词相对容易。然而，英语单词的变化较多，包括词性、时态、数量和派生等，这使得识别词素变得复杂。通常，词素的提取需要对单词的前后缀进行分析。例如，单词 unimportantly 可以分解为 un-important-ly。通过词法分析可以从词素中提取出有用的语言学信息，这些信息对句法分析至关重要。

而在汉语中，每个字通常代表一个词素，因此词素的识别相对简单，但切分出完整的词语则更加复杂。词语切分不仅需要掌握词汇的构成知识，还需要解决歧义问题。

3. 句法分析

句法分析是对句子或短语结构进行详细分析的过程，目的是确定句子中各个词、短语之间的相互关系及其在句中的功能，并通过层次化的结构来表达这些关系，最终将句法结构标准化。句法分析的最基本单位是句子。

文法是描述句子语法结构的规则系统，每种语言都有其特定的文法。常见的文法类型包括四种：无约束短语结构文法（0 型文法）、上下文有关文法（1 型文法）、上下文无关文法（2 型文法）和正则文法（3 型文法）。

随着文法类型编号的增高，文法的约束条件也逐渐增强，生成能力相对变弱，能够生成的语言集合也逐渐减少，描述的能力随之下降。

4. 语义分析

语义分析是通过分析词汇意义、结构意义，以及不同词语组合的意义来理解语言的真实含义或意思。常见的语义分析方法包括语义文法和格文法。

语义文法将语法知识与语义知识相结合，并通过一套统一的规则来定义。这种方法能够排除无意义的句子，并忽略那些对语义无影响的句法问题，从而提高分析效率。然而，语义文法也有其局限性，尤其是在实际应用中需要大量的文法规则，因此它更适合用于受限的、特定领域的应用。

格文法则通过以动词为核心构建句子结构，旨在揭示动词与其相关名词之间的语义关系。这种方法有效地消除了句法分析中的歧义，并且使用起来较为简便，是一种有效的语义分析工具。

5. 语用分析

语用分析是研究语言使用者在特定外部环境下如何受其影响进行语言表达的过程。例如，当一个人处于恐慌状态时，他的表达方式与平常的言语方式可能会有显著不同，这种变化是由环境的改变所导致的。语用分析属于自然语言处理中的更高层次的研究领域。

10.1.5 NLP 的处理流程

自然语言处理技术虽然可以应用于多个领域，但其基本流程大致相同，特别是基于语料库的自然语言处理技术，其基本流程如下。

1. 获取语料

语料是构成语料库的基本语言材料，通常用文本来表示，并将文本中的上下文关系视为现实世界中语言上下文的替代。一个文本集合通常被称为语料库，而多个这样的文本集合则称为语料库集合。语料的获取方式有两种：整理语料和抓取语料。

整理语料是基于现有的语料，通过整合各个业务部门、公司等单位积累的大量纸质或电子文本资料，并将纸质文本电子化，形成语料库。

抓取语料则是在没有现成语料的情况下，通过下载国内外公开的语料库或利用爬虫技术抓取网络上的公开数据来构建语料库。

2. 语料预处理

语料预处理是自然语言处理流程中的关键步骤，旨在将原始文本数据转换为适合模型处理的结构化格式。其主要目标是去除噪声、标准化文本，并提取关键特征。语料预处理得好坏直接影响到自然语言处理技术的性能。

1）数据清洗

数据清洗是对数据进行重新审查和校验的过程，目的在于删除重复信息、纠正存在的错误，并保证数据一致性，提升数据质量。在这里，数据清洗主要是在语料中找到感兴趣的内容，将不感兴趣和视为噪声的内容清洗删除。例如，对原始文本提取标题、摘要、正文等信息，而对爬取的网页内容，去除广告、标签、HTML、JS 等代码和注释等。常用的数据清洗方法有人工去重、标记、降噪和对齐等。

2）分词

分词是指将短文本和长文本处理为最小单位粒度（词或词语）的过程。常见的分词方法有基于字符串匹配的分词方法、基于理解的分词方法、基于统计的分词方法和基于规则的分词方法等。其中，每种方法下面对应许多具体的算法。不过当前中文分词算法的主要难点有歧视识别和新词识别。

3）词性标注

词性标注是为每个词或词组分配一个语法类别标签，如形容词、动词或名词等。这一过程为后续文本处理提供了更丰富的语言信息。词性标注通常是一个典型的序列标注任务，但对于某些自然语言处理任务，词性标注并不是必需的。例如，文本分类任务通常不涉及词性信息。然而，对于情感分析、知识推理等任务，词性标注则是非常关键的。常见的词性标注方法包括基于最大熵模型、基于统计最大概率输出的方法和基于隐马尔可夫模型的方法等。

4）去停用词

去停用词指的是移除那些对文本特征分析没有实质性贡献的词或字符，如标点符号、语气词和人称代词等。然而，在实际应用中，去除哪些停用词需要根据具体场景来判断。例如，在情感分析任务中，语气词和感叹号等符号对于表达情感的强度和色彩具有一定的意义，因此这些词语应当被保留。

3. 特征工程

在语料预处理完成后，接下来的关键问题是如何将分词后的字和词转换为计算机能够处理的形式。为此，需要将这些字和词从字符串形式转化为向量形式。常见的表示模型包括词袋模型和词向量。

词袋模型（bag of words, BOW）不考虑词语在句子中的顺序，而是将每个词或符号放入一个集合（如列表）中，然后通过统计词语或符号出现的频次来表示文本。词向量则是将字和词映射到矩阵向量空间的计算模型。目前，常用的词表示方法包括 One-Hot 编码、Word2Vec、Doc2Vec、WordRank 和 FastText 等。

4. 特征选择

在实际应用中，为了构建有效的特征向量，选择合适的、具备强大表达能力的特征是至关重要的。特征选择过程通常具有一定的挑战性，并且更多依赖于经验和领域知识。目前，已有许多现成的算法可用于特征选择，如 DF（document frequency，文档频率）、MI（mutual information，互信息）、IG（information gain，信息增益）、CHI（chi-square，卡方检验）、WLLR（weighted log likelihood ration，加权对数似然比）、WFO（weighted frequency and odds，加权频率和几率）等。

文本特征通常是词语，并且包含了语义信息。通过特征选择，可以从中提取一个特征子集，并尽量保留其语义信息。然而，使用特征提取方法所获得的特征子集可能会丢失一些语义信息。因此，在自然语言处理任务中，特征选择方法常被用来构建特征向量。

5. 模型训练

特征向量确定后，接下来需要进行模型训练。根据不同的应用需求，应选择不同的模型。传统的机器学习模型包括 KNN、SVM、K-means 和决策树等；而深度学习模型则包括 CNN、RNN、TextCNN 和 LSTM 等。

6. 模型评估

模型训练完成后，需要对其进行评估，以确保模型具有良好的泛化能力。常用的评估指标包括错误率、准确率、精确度、召回率、F1 值、ROC 曲线和 AUC 值等。

7. 模型上线应用

当模型评估通过后，模型将正式上线并进入应用阶段。目前，主流的应用方式有两种：提供服务和将模型持久化。

提供服务的方式是先在线下训练模型，然后将其部署到线上，形成接口服务，供业务系统调用使用。

将模型持久化的方式是在线上训练模型，训练完成后通过 pickle 将模型持久化存储，在线服务接口模板通过读取 pickle 文件来实现接口服务的更新。

8. 模型重构

在自然语言处理领域，模型重构并不是必需的。只有当模型在其他领域的表现不理想，或者需要满足新增的业务需求时，才需要进行整体重构。这时，需根据不同的业务重点对自然语言处理流程中的各个环节进行调整，并重新训练模型后进行上线。

10.2 大 模 型

10.2.1 大模型的概念

大模型指的是具有海量参数和复杂结构的机器学习或深度学习模型，设计大模型的主要目的是增强其表达能力和预测性能，使其能够应对高效处理更为复杂的任务和数据，如自然语言处理、图像识别和语音识别等。

相对于小模型而言，大模型在应用方面不再仅专注于解决特定领域中的问题，而是具备较强的通用性和灵活性，可以应对各种类型的任务。另外，大模型的训练数据集与参数也更加庞大，由于模型架构更复杂，训练大模型通常需要大量的计算资源。

大模型的主要特征如下：

（1）参数量庞大：大模型通常包含数百万到数十亿个参数，这使得它能够学习并表示复杂的特征和模式。例如，2021 年 11 月阿里推出的 M6 模型的参数量达 10 万亿，2023 年 3 月 OpenAI 公司发布的 GPT-4 的参数规模达到 1.8 万亿。

（2）海量训练数据：大模型的有效训练依赖于大量且多样化的数据集，以确保模型能捕捉到数据中更复杂、更细致的规律。

（3）密集计算需求：大模型的训练需要高性能的计算资源，包括 GPU、TPU 及分布式计算，以支持高效的训练过程。

（4）良好的自适应和泛化能力：大模型具备较强的自适应能力，能够通过微调和迁移学习等方法适应不同的任务，并能在未知数据上展现出较好的泛化能力。

10.2.2　大模型发展历程

大模型发展历经三个阶段，分别是萌芽期、沉淀期和爆发期。

1. 萌芽期（1950—2005 年）

萌芽期是以卷积神经网络（CNN）为代表的传统神经网络模型阶段。

1956 年，AI 由基于小规模专家知识逐步发展为基于机器学习。

1980 年，卷积神经网络的雏形 CNN 诞生。

1998 年，Yann LeCun 提出的 LeNet-5，被认为是现代卷积神经网络的起源。

2. 沉淀期（2006—2019 年）

沉淀期是以 Transformer 为代表的全新神经网络模型阶段。

2013 年，自然语言处理模型 Word2Vec 诞生，首次提出将单词转换为向量的“词向量模型”，以便计算机更好地理解和处理文本数据。

2014 年，对抗式生成网络诞生，标志着深度学习进入了生成模型研究的新阶段。

2017 年，Google 提出了基于自注意力机制的神经网络结构——Transformer 架构，奠定了大模型预训练算法架构的基础。

2018 年，OpenAI 基于 Transformer 架构发布了 GPT-1 大模型，意味着预训练大模型成为自然语言处理领域的主流。其中，GPT（generative pre-trained transformer）是一种基于互联网的、可用数据来训练的、文本生成的深度学习模型。

2019 年，OpenAI 发布了 GPT-2。

3. 爆发期（2020 年至今）

爆发期是以 GPT 为代表的预训练大模型阶段。

2020 年 6 月，OpenAI 公司推出了 GPT-3，模型参数规模达到了 1 750 亿，成为当时最大的语言模型，并且在零样本学习任务上实现了巨大性能提升。随后，更多策略如基于人类反馈的强化学习（reinforcement learning from human feedback, RLHF）、代码预训练、指令微调等开始出现，被用于进一步提高推理能力和任务泛化。

2022 年 11 月，推出了搭载 GPT3.5 的 ChatGPT（chat generative pre-trained transformer），凭借逼真的自然语言交互与多场景内容生成能力，迅速引爆互联网，在全球范围内引起轰动，使得大模型的概念迅速进入普通大众的视野。ChatGPT 是人工智能技术驱动的自然语言处理工具，它能够通过理解和学习人类的语言来进行对话，还能根据聊天的上下文进行互动，真正像人类一样来聊天交流，甚至能完成撰写邮件、视频脚本、文案、翻译、代码，写论文等任务。

视　频

通用型 AI Agent产品Manus

2023 年 3 月 OpenAI 发布了 GPT-4，它是一个多模态大模型（接受图像和文本输入，生成文本）。

2023 年 12 月，谷歌发布大模型 Gemini，它可以同时识别文本、图像、音频、视频和代码五种类型信息，还可以理解并生成主流编程语言（如 Python、Java、

视频
DeepSeek大模型

C++）的高质量代码，并拥有全面的安全性评估。

2024 年 12 月，DeepSeek 迅速崛起，震撼全球，使得人工智能进入“普惠”时代。

2025 年 3 月，蝴蝶效应公司的一款通用型 AI agent 产品 Manus 爆火。

10.2.3　大模型的分类

根据输入数据类型的不同，大模型主要可以分为三大类：语言大模型、视觉大模型和多模态大模型。

1. 语言大模型

语言大模型是近年来自然语言处理领域的重大突破，旨在深入理解和生成自然语言文本。这类模型基于深度学习技术，特别是 Transformer 架构，能够从海量文本中学习语言的复杂结构与语义关系。语言大模型应用广泛，涵盖文本生成、机器翻译、情感分析、对话系统等多个领域。通过对上下文的深入理解，模型能够生成连贯且具有逻辑性的文本，甚至在创意写作和内容创作中展现出惊人的能力。

随着技术不断进步，语言大模型的规模和复杂性不断增加，参数量从数百万到数百亿不等。这样规模的扩展使模型能捕捉到更丰富的语言特征和模式，提升了其理解和生成能力。然而，随着模型能力的提升，也带来了伦理和安全问题，例如，虚假信息生成和偏见问题。因此，如何在提高性能的同时确保模型的安全性和可靠性，成为了研究者亟需解决的重要问题。

通过整合先进的深度学习技术，语言大模型推动了自然语言处理领域的快速发展，展现出在理解和生成语言方面的巨大潜力。随着研究深入和技术演进，语言大模型将在更多领域发挥重要作用，改变人类与机器的互动方式。

2. 视觉大模型

视觉大模型是计算机视觉领域的一类重要大规模模型，专门用于图像数据的处理和分析。这些模型能够识别和理解图像中的物体、场景与活动，广泛应用于图像分类、目标检测、图像分割、人脸识别等任务，涉及智能监控、自动驾驶、工业视觉等多个场景。视觉大模型是人工智能领域的重要发展，旨在处理和理解图像及视频数据。通过深度学习技术，特别是卷积神经网络和 Transformer 架构，视觉大模型能够从大量视觉数据中学习复杂的特征和模式。

在医疗领域，视觉大模型被用于分析医学影像，如 X 射线和 MRI 扫描，帮助医生更准确地诊断疾病。在自动驾驶技术中，这些模型能实时处理摄像头图像数据，识别道路、行人及其他车辆，从而保障安全驾驶。此外，视觉大模型在视频分析中也有显著作用，能够检测异常行为或分析运动模式。

视觉大模型在图像生成与编辑方面也展现出强大能力，能够根据文本描述生成高质量图像或修改现有图像。在农业监测中，视觉大模型可分析卫星或无人机拍摄的图像，识别作物的生长状态与潜在病虫害问题。

视觉大模型通过深度学习技术推动多个行业的创新，展现出在处理和理解视觉信息方面的巨大潜力。随着技术进步与研究的深入，视觉大模型将在未来扮演更加重要的角色。

3. 多模态大模型

多模态大模型是近年来人工智能领域的创新性进展，旨在处理和理解多种类型的数据，包括文本、图像、音频和视频等。这类模型通过整合不同模态的信息，能够实现更全面的数据分析和理解，推动跨领域应用的创新。多模态大模型通常基于深度学习技术，运用 Transformer 架构等先进方法，能够高效地捕捉和融合来自不同模态的数据，从而提升整体的理解与生成能力。

在实际应用中，多模态大模型展现出强大的灵活性和创造力。例如，OpenAI 的 DALL-E 和 CLIP 模型可以根据文本描述生成图像，或根据图像生成相关文本，使得用户可以以更自然的方式与机器互动。此外，视觉与语言的结合在自动驾驶、智能监控、虚拟现实等领域也起到了重要作用，能够实现更智能的环境感知和决策支持。

多模态大模型的训练需要大规模的多模态数据集，使得模型能学习到不同模态之间的关联与相互作用。随着技术不断进步，这些模型的性能和应用范围也在不断扩展，能够处理更加复杂的任务，如情感分析、场景理解和内容生成等。然而，随着多模态模型复杂性的增加，如何有效管理和优化这些模型，并确保其安全性和可靠性，依然是研究者们面临的重要挑战。

多模态大模型通过融合多种数据类型，推动人工智能在多个领域的应用与发展，展现出在理解和生成信息方面的巨大潜力。随着技术进步与研究深入，未来这些模型将在改变人们与技术互动的方式中发挥更重要的作用。

10.2.4　大模型工作原理

大模型的强大功能依赖于丰富的知识储备，这些知识主要来源于多个数据源，包括：

互联网文本：通过大规模抓取网页内容，包括新闻文章、博客、论坛讨论等，获取信息。

书籍和文献：涵盖各类主题的书籍、学术论文和研究报告，为模型提供深度的背景知识。

维基百科：作为一个全面的知识库，提供了大量结构化和非结构化的内容。

社交媒体：用户生成的内容与讨论，展示了多元化的观点和信息。

问答网站：像 ChatGPT、文心一言、豆包、Kimi、DeepSeek 等平台提供了针对特定问题的详细解答。

在这些海量数据的基础上，大型语言模型使用 Transformer 架构的深度神经网络进行处理。该架构能够有效地理解和处理复杂的文本结构，同时保证上下文的一致性，从而帮助模型生成更为准确和连贯的文本。

从本质上看，模型的运作是基于概率计算的过程。在生成文本时，模型会依据不同词语的概率来做出选择。可以采用多种策略，例如，选择概率最大词语（贪婪策略），或通过随机采样来引入多样性。这种基于概率的生成方式使得语言输出更加自然且贴合上下文。

大模型的训练流程分为预训练和微调两个阶段。在预训练阶段，模型通过大量数据学习通用的语言特征；而在微调阶段，模型会针对特定任务进行优化，以提高其在该任务中的表现和精准度。

1. 预训练阶段

预训练的主要目的是帮助模型建立对语言的基本理解，并掌握通用的语言知识。这个阶段会使用大规模的文本数据集，涵盖各种类型的文本内容，如书籍、文章、网页等。科学家通过利用这些丰富的数据源（如网页内容、图片等），让模型学习如何识别和理解不同的信息和模式。通过这一过程，模型积累了广泛的知识储备，为以后更有效地处理特定任务奠定了基础。

2. 微调阶段

微调的核心目的是将预训练模型进一步调整，使其能够专注于某一特定任务，并在该任务中表现得更加出色。微调过程通常使用与任务相关的小规模、已标注的数据集，如情感分析、问答系统等。在这个过程中，科学家会根据目标任务的要求，调整模型的训练方向。微调过程类似于选择专业课程的过程：在完成了基础学习后，模型会专门针对某一领域进行深入学习，进一步提高其在该领域的表现。通过微调，模型能够对特定任务进行优化，从而在实际应用中更加精准和高效。

10.2.5 重要的大模型架构

1.Transform 模型

Transformer 模型在人工智能领域的迅速崛起，特别是在自然语言处理中，有着革命性的突破。自从2017年由Google团队提出以来，Transformer不仅提升了机器对语言的理解和生成能力，还在多个应用场景中显著超越了传统模型。

1）Transformer 模型概述

Transformer 模型被比作一位高效的翻译器，能够准确地将一种语言转化为另一种语言。它是专为处理序列数据而设计的深度学习架构，广泛应用于诸如机器翻译、文本生成等任务。与以往的循环神经网络不同，Transformer 通过创新的“自注意力机制”（self-attention）捕捉序列中单词之间的相互关系，使得模型能够进行更高效的并行处理。

2）自注意力机制

自注意力机制的灵感来源于人类的阅读方式。当人们阅读文章时，会将注意力集中在与当前主题相关的部分，而忽略无关的内容。Transformer 通过类似的方式，帮助模型在处理每个词时，参考句子中其他词的内容。具体来说，模型在编码每个词时，会动态地为句子中其他词分配不同的权重，从而评估它们对当前词的影响。这种机制让模型能够准确地捕捉词语之间的关系，理解上下文的深层含义。

3）Transformer 模型结构

Tansformer 模型可以看作是一个将输入语言翻译为输出语言的系统，主要由两个部分组成：编码器（encoder）和解码器（decoder）。在机器翻译的任务中，编码器负责接收并理解输入语言的句子，将其转换为包含上下文信息的表示；解码器则根据编码器的输出，生成目标语言的句子。

整个 Transformer 模型由多个相同结构的模块组成。编码器和解码器分别由多层相同的子模块构成。每个编码器模块包含两个主要部分：自注意力机制（self-attention）和前馈神经网络（feed forward network，FFN）。自注意力机制通过让输入序列中的每个元素与其他元素之间进行交互，生成含有全局信息的表示向量，使得模型能够理解每个位置在整个序列中的含义。前馈神经网络则对这些带有上下文信息的表示进行进一步处理，从而提取出更高级的特征。

可以把自注意力机制想象成在听一个故事时，你不仅关注当前听到的部分，还会回忆起之前的内容，这样你能更好地理解整个情节。前馈神经网络则像是从多个角度分析和解读整个故事，帮助你深入挖掘其潜在的意义。

解码器的任务是根据编码器生成的表示，生成目标语言的句子。解码器的每一层也由三个主要部分组成：自注意力层、编码器 - 解码器注意力层和前馈神经网络。解码器中的自注意力层确保句子中的每个单词都能与其他单词相互作用，从而保持句子的连贯性。编码器 - 解码器注意力层则让解码器能够参考编码器的输出，确保生成的目标句子能够准确反映输入句子的含义。最后，前馈神经网络对生成的句子进行精细调整，确保每个单词都准确表达原意。

整体而言，Transformer 模型通过这些机制在理解和生成语言的过程中，能够充分利用上下文信息，生成高质量的翻译结果。

4）多头注意机制

Transformer 模型的一个关键特点是多头注意力机制（multi-head attention），它是对自注意力机制的扩展。通过并行计算多个自注意力“头”，模型能够从不同的表示空间中学习不同的特征。接着，这些特征会通过拼接和线性变换进行整合，最终生成包含更多信息的表示，从而显著提升了模型对语言的处理能力。这种机制的作用可以比作同时使用多个相机拍摄一个场景，每个相机捕捉到不同的细节，最终这些细节合成一个完整的画面。

在多头注意力机制中，每个“头”独立执行自注意力计算，但关注的焦点不同。最终，这些独立捕获的信息会被整合到一起，形成一个更加全面和精确的表示。这就像把多个相机拍摄到的画面合成在一起，得到一个完整的比赛场景。

这种方式使得 Transformer 模型能够从多个角度学习句子的不同特征，如语法结构、语义关联等。它帮助模型捕捉到句子中更细致的关系，从而增强了对语言的理解和处理能力。多头注意力机制不仅提高了模型的表达能力，使其能够应对更复杂的语言现象，还提升了其在自然语言处理中的灵活性和精准性。因此，借助多头注意力机制，Transformer 模型在处理诸如机器翻译、文本生成等任务时，能够更全面地理解语言，从而产生更准确和自然的输出。

5）Transformer 工作流程

Transformer 模型的工作过程可以类比为一台高级的语言翻译器，它通过一系列复杂的步骤将源语言转换为目标语言。以下是该过程的简述：

第一步：单词转换为向量表示。

在 Transformer 中，首先将每个单词转换成一个数值化的表示形式，称为“词向量”。这相当于为每个单词赋予了一个独特的数字身份，包含了该单词的特征信息。通过词嵌入方法，模型将句子中的每个单词转化为向量，且在转化过程中，模型不仅考虑单词的本身，还会考虑单词在句子中的相对位置。

第二步：编码器的作用。

接下来，这些词向量被送入编码器进行处理。编码器类似于多个分析单元，每个单元都会对词进行更深入的理解，提取其中更丰富的信息。经过这些单元的处理后，得到一个编码矩阵，反映了所有单词的特征和它们之间的关系。这个矩阵类似于一个信息图，标示了单词的位置和彼此之间的依赖关系。将这个词向量矩阵输入到编码器（通常由多个编码层构成），经过多层处理后，最终得到一个包含完整语义的编码矩阵。

第三步：解码器进行翻译。

解码器的任务是根据编码器传递来的信息，逐步生成目标语言的句子。解码器通过接收编码器输出的编码矩阵，并依据已翻译的部分逐个翻译下一个单词。为了保证在翻译过程中只利用已翻译的内容而非未来的信息，解码器使用了“掩码”技术，确保每次生成的词仅依赖于之前的翻译结果。这一过程类似于逐步拼接一个拼图，每一步都必须正确放置。

通过这种方式，Transformer 模型通过将单词转换为向量、经过编码器处理、最后由解码器生成目标语言的翻译，从而实现高效的语言转换。

6）Transformer 的优势

Transformer 模型凭借其强大的并行计算能力在自然语言处理领域脱颖而出。这种能力使得模型能够同时处理序列中的所有元素，从而显著提高训练和推理的效率。它与现代硬件架构（如 GPU 和 TPU）高度契合，能够充分利用这些硬件的并行计算优势，最大化性能。此外，Transformer 能够有效地处理长序列数据，捕捉全局依赖关系，全面理解整个句子或文本，进而提升对上下文和语义的理解。正因为如此，Transformer 在机器翻译、文本生成、问答系统等多个领域得到了广泛应用，成为现代自然语言处理的核心技术，推动了该领域的快速发展。

2. 国内外大模型产品

国内外大模型产品多种多样，这些产品大多基于 Transformer 架构，并在此基础上进行了一定的创新和优化。

1）BERT 大模型

BERT 是由谷歌于 2018 年发布的一种预训练语言模型。BERT 的关键特点是其双向性，这意味着它在理解语言时，能够同时考虑一个词前后的上下文信息，从而生成更加精确的语言表示。BERT 模型有两个主要的预训练任务：掩蔽语言模型（masked language model, MLM）和下一个句子预测（next sentence prediction, NSP）。MLM 通过随机遮蔽输入序列中的一些单词，预测这些被遮蔽的词，帮助模型学习词汇之间的依赖关系；而 NSP 任务则用于预测一个句子是否是另一个句子的后续，帮助模型理解句子之间的逻辑关系。BERT 有不同的版本，如 BERT-Base 和 BERT-Large，分别包含 12 层和 24 层的 Transformer 编码器，具有不同的隐藏单元和自注意力头数量。

2）GPT 架构

GPT 是由 OpenAI 开发的自然语言处理模型。GPT 的核心由 Transformer 的解码器部分构成，使用自注意力机制、位置编码、残差连接和层归一化等技术，经过多个解码器层的堆叠。GPT 的独特之处在于其生成式预训练方式，即先通过无监督学习进行预训练，然后在特定任务上进行有监督微调。这种方法使得 GPT 模型能够适应多种自然语言处理任务，并表现出色。GPT 系列已经发展到 GPT-4，这一版本在模型结构和训练方法上有了显著的优化，提升了语言理解与生成的准确性与效率。GPT-4 包括多个参数为 2 200 亿的子模型，能够捕捉更多语言特征和知识，从而生成更自然、精准的回答。此外，GPT-4 也是第一个支持文本和图像输入的多模态模型，能够在跨模态任务中提供更高的灵活性和准确性。

3）Gemini

Gemini 是谷歌发布的大模型，它能够同时处理多种类型的数据和任务，覆盖文本、图像、音频、视频等多个领域。Gemini 采用了全新的架构，将多模态编码器和多模态解码器两个主要组件结合在一起，以提供最佳结果。Gemini 包括三种不同规模的模型：Gemini Ultra、Gemini Pro 和 Gemini Nano，适用于不同任务和设备。2023 年 12 月 6 日，Gemini 的初始版本已在 Bard 中提供，开发人员版本可通过 Google Cloud 的 API 获得。Gemini 可以应用于 Bard 和 Pixel 8 Pro 智能手机。Gemini 的应用范围广泛，包括问题回答、摘要生成、翻译、字幕生成、情感分析等任务。然而，由于其复杂性和黑箱性，Gemini 的可解释性仍是一个挑战。

4）Sora

2024 年 2 月 15 日，OpenAI 正式对外发布了文本生成视频大模型 Sora，它在 OpenAI 的文本到图像生成模型 DALL-E 基础上开发而成，只需输入文本就能自动生成视频。这一技术的诞生，不仅标志着人工智能在视频生成领域的重大突破，更引发了关于人工智能发展对人类未来影响的深刻思考。随着 Sora 的发布，人工智能似乎正式踏入了通用人工智能（AGI）的时代。

Sora 大模型能够直接输出长达 60 s 的视频，并且视频中包含了高度细致的背景、复杂的多角度镜头，以及富有情感的多个角色。这种能力已经超越了简单的图像或文本生成，开始触及到视频这一更加复杂和动态的媒介。这意味着人工智能不仅在处理静态信息上越来越强大，而且在动态内容的创造上也展现出了惊人的潜力。

5）文心一言

文心大模型是百度基于飞桨深度学习平台和文心知识增强大模型推出的，旨在满足产业级和知识增强需求的大模型。该模型包含了基础大模型、任务大模型和行业大模型三级架构，能够广泛适应各种产业应用。文心大模型采用了先进的架构和训练技术，使其在理解和处理自然语言任务时表现出色，同时能够针对不同领域的需求做出调整。文心一言是基于文心大模型的云端服务平台，提供了与用户互动、回答问题、协助创作等功能，帮助用户高效获取信息和应用知识。文心一言具有广泛的应用场景，例如，智能客服、智能家居、移动应用等领域。它可以与用户进行自然语言交互，帮助用户解决各种问题，提供相关的知识和信息。

6）盘古大模型

盘古大模型是华为推出的一款大模型，核心理念是“AI for Industries”，即针对不同行业提供 AI 解决方案。盘古大模型深耕多个领域，如金融、政务、制造、矿山、气象、铁路等，提供行业定制化的 AI 技术支持。盘古模型包括 NLP 大模型、CV 大模型和多模态大模型，其中 NLP 大模型采用 Encoder-Decoder 架构，兼具理解与生成能力，CV 大模型支持分类、分割和检测等任务，兼具判别与生成能力。盘古大模型在多个行业应用场景中取得了领先成果，推动了各行业的 AI 技术发展。

7）其他大模型

除了上述提到的模型，还有许多其他的大模型，例如，深度求索人工智能基础技术研究有限公司的 DeepSeek、谷歌的 PaLM 系列、Anthropic 的 Claude、阿里云的通义和科大讯飞的 AI 大模型等。这些大模型在架构设计、训练方法、应用场景等方面都有其独特之处，表 10-1 列出了 2025 年 1 月国内大模型排行榜。

表10-1 2025年1月国内大模型排行榜

大模型	图标	指标排名
DeepSeek		能力测评第一
豆包		用户数量第一
Kimi		文本处理第一
即梦 AI		作图能力第一
通义万相		视频生成第一
智谱清言		文档归纳第一

10.2.6 构建大模型

大模型是深度学习领域的一种模型，通常依赖于深度神经网络架构。构建大模型的过程通常涉及在大规模数据集上训练深度学习模型，目标是开发出具有大量参数和复杂结构的模型。这类模型往往需要巨大的数据量和计算资源，以确保能够实现卓越的性能和精准的结果。以下是构建大模型时需要考虑的关键步骤和要素：

1. 数据收集与准备

大模型的构建始于数据的收集阶段。首先，需要根据模型的具体应用需求从多种数据源中获取数据，这些数据来源可以包括公开的互联网数据（如网页内容、社交媒体文章、学术论文等），企业的内部数据（如用户行为数据、交易记录等），以及第三方数据提供商的资源。收集到的原始数据通常需要经过清洗和预处理，目的是提高数据质量并使其更适合模型使用。数据预处理工作包括去除重复数据、处理缺失值（可通过填充、删除或插值等方法）、纠正数据中的错误等。同时，数据还需要进行格式化处理，如将数据转换为适合分析的结构，或者根据大模型的需求转换成特定形式（如文本、图像或音频等）。此外，数据还需要进行标准化或归一化，以避免不同特征的量纲差异影响模型训练效果。数据的收集与准备是构建大模型的基础，数据的质量直接影响模型的训练效果。

2. 模型架构设计

在模型架构设计阶段，首先要根据任务的类型选择合适的模型结构。例如，卷积神经网络常用于图像处理，而 Transformer 则适用于文本或序列数据处理。大规模模型通常由多个层次构成，每一层负责处理不同类型的信息。在确定了基本架构后，还需要设计每一层的具体结构。例如，在自然语言处理任务中，模型通常包括输入层（接收文本数据）、嵌入层（将文本转换为向量形式）、隐藏层（进行更复杂的计算）及输出层（生成预测结果）。在设计架构时，必须平衡模型的复杂度与性能，以确保模型不仅能够处理大规模数据，还能在合理的时间内完成任务。

3. 模型训练与优化

当模型架构设计完成后，接下来便是模型训练阶段。在这一阶段，模型将使用大量的训练数据来学习如何完成特定任务。训练过程中，模型会通过调整内部参数来减少预测误差，以便在面对新数据时能够提供准确的输出。同时，为了提高模型的泛化能力，即在新数据上的表现，模型还需要进行优化。优化过程不仅包括调整模型参数，还可能涉及算法改进和超参数的调整，以提升模型的性能。

4. 模型评估与调整

模型训练完毕后，需要对其进行评估，以确保其能够按照预期的标准执行任务。这一过程通常使用一个独立的测试数据集来验证模型的准确性、鲁棒性及执行效率。如果模型在测试中表现良好，那么就可以进入部署阶段。在部署过程中，还需要确保模型的安全性、隐私保护及可解释性等方面，保证模型在实际应用中的稳定性和可信度。

10.2.7 本地部署大模型

尽管 DeepSeek、文心一言、豆包、Kimi 等在线的大模型功能非常强大，完全可以很好满足人们的需求，但是，考虑到保护个人数据隐私与安全性、定制化与灵活性、离线与高效使用、成本与资源优化，以及后期可能的使用限制时，可以考虑在本地部署大模型。本节以 DeepSeek R1 和阿里的通义千问 QwQ 为例，介绍如何在本地计算机环境中部署大模型。

1. 安装 Ollama

Ollama 是一个开源的本地化大模型部署工具，旨在简化大型语言模型的安装、运行和管理。它支持多种模型架构，并提供与 OpenAI 兼容的 API 接口，适合开发者和企业快速搭建私有化 AI 服务。

访问 Ollama 官网，下载本地操作系统（Windows、macOS 或 Linux）对应的安装包，本书以本地计算机环境为 Windows 操作系统为例。

由于 Ollama 默认安装在操作系统所在的 C 盘，考虑到安全性等方面因素，下载完成后，不要直接双击运行安装程序，而是在 Ollama 安装包所在的目录下打开 cmd 命令行窗口（在文件夹地址栏输入 cmd 并按回车），输入 OllamaSetup.exe /DIR="D:\Ollama" 命令来指定安装目录（D:\Ollama 可以替换为指定的其他目录）。

接着，通过设置系统环境变量 OLLAMA_MODELS 来指定下载模型的存储位置，具体步骤如下：

右击“计算机”或“此电脑”，选择“属性”来打开系统属性窗口，选择“高级系统设置”选项卡。在高级系统设置窗口中，单击“环境变量”按钮，打开环境变量窗口。在环境变量窗口中，选择“系统变量”下的“新建”按钮。输入变量名为 OLLAMA_MODELS，变量值为指定模型存储目录“D:\Ollama\Models”，如图 10-2 所示。完成路径设置后，重启电脑以确保环境变量生效。

在安装 Ollama 的目录下打开 cmd 命令行窗口，输入以下命令显示 Ollama 版本号：ollama --version。

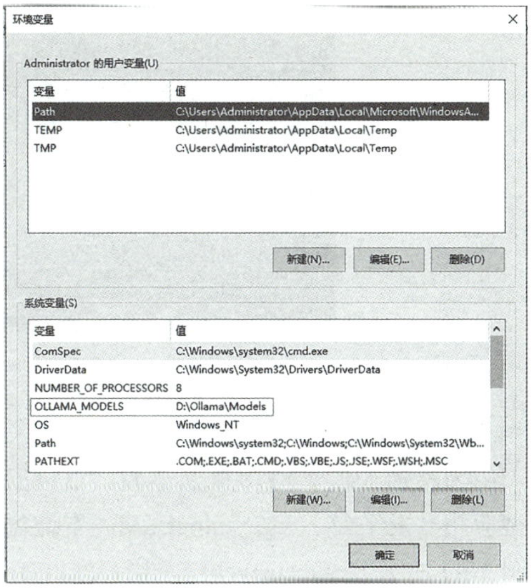

图 10-2　配置系统变量

2. 本地部署 DeepSeek R1

Ollama 已经在第一时间支持 DeepSeek R1。

在安装 Ollama 的目录下打开 cmd 命令行窗口，执行如下命令就可以自动下载 DeepSeek R1 大模型：ollama run deepseek-r1:1.5b，其中 1.5b 表示大模型的参数量是 15 亿，可以根据本地机硬件情况选择对应的参数。若执行不加参数的命令：ollama run deepseek-r1，则默认安装 7B 模型。

执行如下命令查看本地已下载的模型及其状态：ollama list。

每次启动 DeepSeek R1 大模型，执行如下命令即可：ollama run deepseek-r1。

启动后，模型会进入交互模式，用户可以直接输入问题并获取回答（见图 10-3）。

3. 本地部署通义千问 QwQ-32B

Ollama 同样也支持阿里的通义千问 QwQ-32B。通义千问 QwQ 仅用 320 亿参数，便与目前公认的开源最强 6 710 亿参数的满血版 DeepSeek-R1（370 亿被激活）相媲美。甚至，QwQ-32B 在多项基准测试中全面超越 OpenAI 在 2024 年 12 月 6 日发布的推理模型 GPT o1-mini。

安装 Ollama 的目录下打开 cmd 命令行窗口，执行如下命令：ollama run qwq，可以自动下载、安装并运行通义千问 QwQ（见图 10-4）。

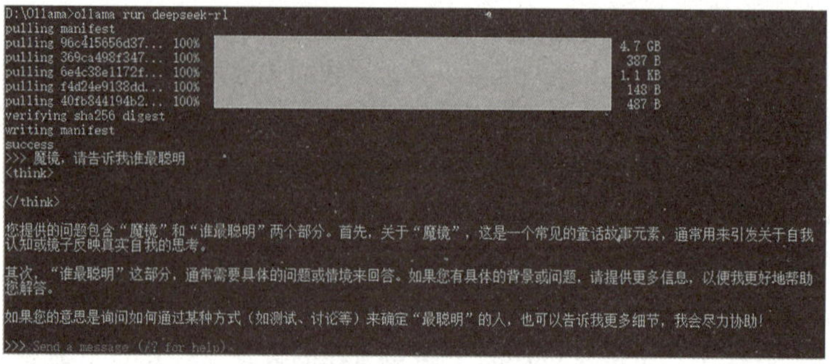

图 10-3　下载安装并运行 DeepSeek R1

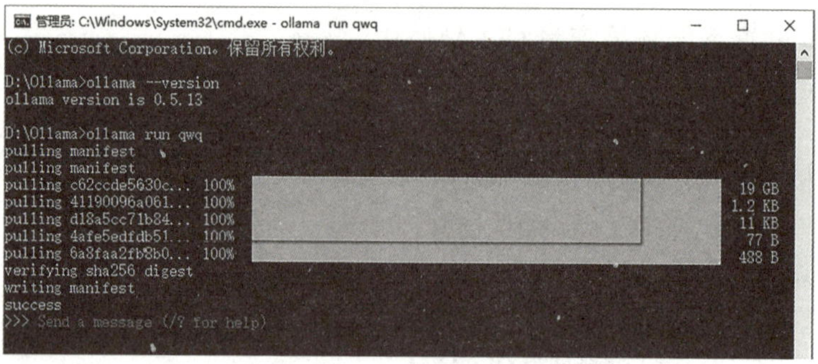

图 10-4　下载安装并运行 QWQ

4. 增强交互体验

为增强大模型应用交互体验，可以安装支持 Ollama 的 WebUI，如 Dify（开源的大语言模型应用开发平台）、AnythingLLM（本地化部署的私有化大语言模型应用框架，运行初始界面如图 10-5 所示）、Open WebUI（用户友好的自托管 Web 界面，旨在为大型语言模型提供图形化操作界面）等。

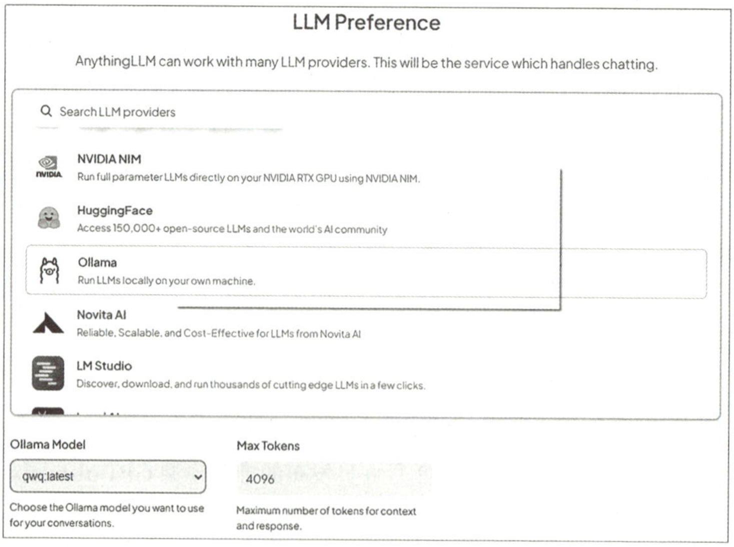

图 10-5　AnythingLLM 运行初始界面

10.3 AIGC

10.3.1 AIGC 概念

人工智能生成内容是指利用 AI 自动生成原创内容的技术。它结合了自然语言处理、计算机视觉和深度学习等先进技术，能够模拟人类的创造力和想象力，生成包括文本、图像、音频和视频在内的各种形式的内容。例如，OpenAI 开发的 ChatGPT 就是一种基于大模型的 AIGC 对话系统，能够理解和生成自然语言，提供信息、解答问题，并支持各种创意和实用的任务。《愚公移山》是世界首部 AI 技术参与到影视制作全流程的动画电影项目，是 AIGC 技术在影视动画产业的革命性应用，如图 10-6 所示。

图 10-6 全球首部 AI 动画电影《愚公移山》

视 频
动画电影《愚公移山》

10.3.2 提示词工程

提示词工程是指在应用 AIGC 语言大模型时，用户通过精心设计和优化，向 AIGC 工具输入指令（提示词），以获得更加准确和相关的输出结果的过程。提示词技术的关键在于，通过向模型提供一个或多个提示语或短语，来引导模型生成符合预期目标的响应。

通过 AIGC 工具的文本输入框输入并发送提示词就可得到生成内容，文心一言的输入框如图 10-7 所示。

图 10-7 文心一言的输入框

1. 提示词设计

1）提示词的基本组成

提示词的基本组成包含以下几个要素：

指令词（必备）：这是提示词的核心部分，用于指引大型 AI 模型如何进行回应。常见的指令词有“简述”“解释”“翻译”“总结”“润色”“撰写文章”“编写代码”等。

输入数据（必备）：这部分是提供给模型的问题或具体内容，确保其清晰、完整，从而帮助生成符合预期的回答。

背景信息（可选）：附加的相关信息有助于模型更准确地理解任务需求。

输出要求：明确指定期望模型输出的具体形式或指标，如输出格式、字数限制等。

2）提示词的分类与形式

目前在写作类等 AIGC 工具领域，提示词的主要形式见表 10-2。

表10-2　提示词的主要形式

提示词形式	定　义	示　例	适 用 场 景
关键词	高度概括性的单个词语或简短词语组合，用于引导 AI 模型捕捉核心概念或主题	人工智能、机器博弈、桥牌	快速抓取核心要点或概念简单的场景，主要用于生成图像、音乐等内容
短语	比关键词更具体和细致，能传达更多细节和情感色彩	无人机的发展历史	需要传递一定情境或情绪的场合，提供具体方向，让生成内容更具有针对性
句子	提供复杂和完整的情境描述，帮助 AIGC 工具生成精确和连贯的内容	请你描述情侣在雨后的夕阳映照下漫步校园的画面	需要高度定制化和精准输出的情况，如长篇文本写作、深度故事构思等
文本段落	组合关键词、短语、句子形成有头有尾、条理得当的连续性段落文字	我是一名计算机科学与技术专业大四学生，近期要参加一家互联网公司的面试。请帮我梳理一份高质量的面试指南，分为前期准备、面试问答、后期跟进三个环节。生成的指南必须不少于 1 000 字	适用于写作类 AIGC 工具，提供丰富详细的信息，适用于长篇文本写作等场景

使用最广泛的提示词有三大类，分别是要点式提示词、角色扮演式提示词及示例式提示词。

要点式提示词是最基础的提示词形式，通过列出关键主题、论点或细节，用于引导 AIGC 工具组织和构建具有特定要点和结构的内容。适用于写作类、图表类、图像类、音乐类、视频类等所有 AIGC 应用领域。例如，撰写一篇关于机器博弈的科普文章，要点包括机器博弈概念、机器博弈原理、机器博弈竞赛项目、机器博弈主要技术。

角色扮演式提示词是让AIGC工具扮演特定角色进行内容创作，如记者、专家、小说主角等。例如，输入“请你扮演一名社会公益者，撰写呼吁公众节能绿色环保的公开信”。可扮演的角色类型见表 10-3。

表10-3　可扮演的角色类型

角色类型	说　明	举　例
社会身份	模拟各种社会身份，以不同身份进行交流	父母、兄弟、朋友
专家学者	扮演不同领域的专家学者，提供专业的知识和见解	计算机专家、经济学家、医学专家、文案写作专家
名人	模拟古今中外名人	华罗庚、乔布斯

续上表

角色类型	说　明	举　例
职场职务	模拟各种职场职务，从基层员工到高管，展现不同职务的工作风格和内容	市场营销专员、项目经理
功能性工具	模拟某种具备特定功能的强大工具	公众号标题生成器

示例式提示词是指提供一个或多个样例，让 AIGC 工具借鉴或模仿样例的风格、格式或内容要素来生成新的内容。示例式提示词可以直接给出示例，例如，“模仿金庸系列小说的叙述风格，写一段发生在宋朝的武侠故事开头”；也可以先输入优秀示例，命令其学习提炼技巧，再根据这些技巧创作新的内容。即“先学习，再创作”，例如，提示词 1 “请分析下面这些广告文案共同的风格与特点：百度一下，你就知道；钻石恒久远，一颗永流传”，提示词 2 “现在根据分析结果，为一款折叠手机撰写五条广告文案”。

还可以通过特定的提示词指令模板，让 AIGC 工具可以主动生成提示词。例如：

提示词：“请根据我提供的行业、岗位或人群的对应工作领域，按照下面的模板生成该领域可能会用到的五条高频 ChatGPT 提示词。

我想让你扮演 ×× 角色，你擅长 ×× 任务，我想你帮我做 ××，具体要求如下：

1.……；2.……；3.……。

我提供的行业是：×××”

还可以用一些特定的符号，帮助用户条理清晰地梳理提示词内容，包括序号、占位符、分隔符、界定符等，详见表 10-4。

表10-4　提示词符号

符号类型	说　明	举　例
序号	用于标识顺序或步骤	1.、2.、3.
占位符	用于表示待填充或待替换的内容	[ ]、( )
分隔符	用于分隔不同部分或内容	——
界定符	用于界定某个文字或表示特定意义的词语	“ ”、‘ ’

此外，在一些更专业的领域，还可以使用编程语言向 AIGC 工具发布命令，如 Markdown。

Markdown 是一种轻量级标记语言，可以作为一个强大的提示词工具，帮助用户更精确地控制生成内容的格式和结构。表 10-5 列出 ChatGPT 中常用的 Markdown 语法示例，使用 Markdown 可以使聊天对话更加易读和清晰，同时也便于后续的处理和解析。

表10-5　ChatGPT中常用的Markdown语法示例

符　号	说　明	举　例
#	在文本前加上“#”来创建标题，“#”的数量表示标题的级别	# 一级标题 ## 二级标题
* 或 -	在文本前加上“*”或“-”来创建无序列表	* 无序列表 1 * 无序列表 2

续上表

符　号	说　明	举　例
数字	在文本前使用数字加点创建有序列表	1. 有序列表 2. 有序列表
>	使用 “>” 创建引用文本块	> 引用的文字
**	使用 ** 包围文本可以使其显示为粗体	** 粗体文本 **
*	使用 * 包围文本可以使其显示为斜体	* 斜体文本 *
[]()	使用 []() 创建链接	[链接文字](链接 URL)
`![]()`	使用 `![]()` 可以插入图片	! [图片描述](图片 URL)

3）提示词设计的原则

在设计提示词时，需遵循以下原则：

（1）明确性：确保指令词和输入数据清晰易懂，使模型能够准确理解任务要求。

（2）完整性：提供充分的背景信息，帮助模型全面把握任务的上下文。

（3）具体性：在输出要求中明确指定所期望的输出格式和结构，以便模型生成符合预期的结果。

（4）适应性：根据目标受众的需求调整提示词，确保生成内容的相关性和适宜性。

（5）可复用性：有效的提示词组合和技巧可在不同场景或任务中重复使用，节省时间并提高效率。

遵循这些原则，能够设计出有效的提示词，提升大型 AI 模型的输出质量与任务执行效率。

2. 提示词优化技巧

1）使用分隔符清晰标识输入部分

通过使用明显的分隔符（如反引号、引号、尖括号等）来清晰地区分输入的不同部分，有助于减少提示注入问题，即防止用户输入的文本不符合预期。

2）要求模型输出结构化格式

在设计提示词时，明确要求模型以特定格式（如 JSON、HTML 等）返回结果，这有助于使模型的输出更易于解析和使用，尤其是在将结果整合进其他系统或应用时，结构化输出显得尤为重要。

3）要求模型检查条件是否满足

在执行任务前，要求模型先确认是否满足特定条件。如果条件未达到，模型应反馈错误或提示信息。这种方法能帮助用户提前发现潜在问题，提升交互的准确性和有效性。

4）通过具体示例引导模型

在提示词中提供一些示例，帮助模型理解用户期望的输出格式和内容。示例能减少用户意图的模糊性，提升模型对任务的理解，使其生成更准确的响应，并减少虚假知识的产生。

5）给模型足够的时间进行推理与思考

在 Prompt 设计中，应允许模型在生成响应之前进行思考和推理，以提升输出的质量和准确性。通过这种方式，模型能更全面地理解问题，提供更合理和深入的回答，从而减少错误和虚假知识。

6）Prompt 优化迭代

在使用大语言模型创建应用时，Prompt 的设计和优化通常需要多次迭代才能获得理想效果。优化迭代的关键步骤包括：

明确任务目标和期望输出：在开始前，清晰地定义所需结果，确保理解任务的核心要求。

编写初步 Prompt：根据任务构思，将要求转化为具体的指令，确保 Prompt 能够引导模型生成预期输出。

分析模型输出：运行模型并检查其生成的输出是否符合预期，识别不准确或不相关的内容。

优化 Prompt：根据分析反馈，逐步调整 Prompt 的结构和内容，提升输出的质量和相关性。

10.3.3　大模型与 AIGC 应用

1. 大模型与 AIGC 赋能生活

大模型与 AIGC 的应用正在为各个领域带来深刻的变革，极大地提升了工作和生活效率。

在日常事务与工作管理方面，大模型作为智能助手，可以帮助用户高效处理繁琐事务，如日程安排、提醒设置和电子邮件处理，简化了工作流程，使得生活更加有序。

在信息获取与知识普及方面，大模型通过自然语言处理技术帮助用户快速获取准确的信息，避免了信息过载问题，能够在学习新知识、了解行业动态和解决日常问题时提供支持，节省时间并提高效率。

在教育和学习领域，大模型为个性化学习提供了支持，尤其对学生而言，它不仅能解答问题，还能提供学习资源和定制化建议，帮助学生提高学习效率并激发学习兴趣。

创意与内容生成方面，大模型帮助创作者高效地生成文章、故事、诗歌，以及广告文案等创意内容，大大节省了时间和精力，推动创意产业的发展。

与此同时，客户服务与支持领域也得到了提升，企业通过大模型提供 24/7 的客户支持系统，使得客户的需求得到快速响应，提升了客户体验并提高了企业的工作效率。

在健康与心理支持方面，尽管大模型无法替代专业医生，但它为用户提供了基本的健康建议和心理调适指导，促进了身心健康。

而在决策支持领域，尤其是商业和金融等复杂决策中，大模型可以帮助用户分析海量数据，做出更明智的决策，优化决策过程。

在跨语言沟通方面，大模型的翻译能力使得不同语言背景的人可以轻松沟通，促进了全球化背景下的文化交流。

此外，社交媒体与娱乐领域也得到了大模型的影响，社交平台通过大模型进行个性化推荐，提升用户体验，而在游戏和社交聊天方面，大模型使互动变得更加有趣。

2. 大模型与 AIGC 赋能科研

大模型在科研领域的应用越来越重要，体现在多个方面。首先，科研人员可以利用大模型迅速处理和分析大量文献资料，帮助他们高效地进行文献检索，从而节省了大量时间和精力。在数据驱动的科研领域，大模型同样能够辅助研究人员进行数据分析，识别数据中的潜在模式、趋势和异常，提供有效的数据可视化和统计支持，帮助研究人员更好地理解和解读数据。此外，大模型还能为实验设计提供建议，帮助研究人员制定科学合理的实验方案，并对实验设计进行优化，提升实验的精确度和可靠性。

在科研论文的撰写中，大模型为研究人员提供了语言上的支持，不仅能够帮助生成论文初稿，还能提出结构上的优化建议，并自动检查语法和拼写错误，提升论文的质量和流畅度。大模型广泛的知识库还促进了跨学科合作，研究人员可以借助与大模型的互动，获取来自不同学科的知识和见解，从而推动创新和跨领域的科研合作。同时，大模型能够构建复杂的知识图谱，将不同领域的知识整合在一起，帮助研究人员快速获取所需的信息，进而为解决复杂的科研问题提供思路和方案。

在科研过程中，大模型还能够为研究提供伦理和合规方面的指导，确保科研活动符合法律规定和道德规范。此外，大模型在科研人员的培训和教育中也起到了重要作用，提供个性化的学习资源和指导，帮助研究人员掌握新技术和方法，提升科研能力。通过对文献检索、数据分析、实验设计及论文写作等科研工作多方面的支持，大模型大大提高了科研效率与质量，推动了科学研究的不断创新与发展。

3. 大模型与 AIGC 赋能教学

大模型在教育领域的应用日益增强，正在改变传统的教学方法和学习体验。首先，大模型可以为学生提供个性化的学习支持，根据每个学生的学习进度和需求，推荐量身定制的学习资源和建议。学生通过与大模型的互动，能够及时获得问题的解答和指导，帮助他们克服学习中的困难，从而激发主动学习的积极性。此外，大模型还能够根据学生的兴趣和能力，推荐符合他们需求的课程和学习材料，推动个性化学习的实现。

在教育内容的生成和优化方面，大模型也起着至关重要的作用。教师可以借助大模型生成教案、课件和练习题，节省备课时间，提升教学效率。与此同时，大模型还能帮助教师设计更具吸引力和互动性的课程内容，从而激发学生的学习兴趣和参与感。在语言学习方面，大模型可以提供即时的翻译服务和语法纠正，帮助学生提高语言能力，促进跨文化沟通。

大模型还可以在教育评估中发挥积极作用。通过分析学生的学习数据，它能够提供个性化的反馈和评估，帮助教师了解学生的学习进展。这种数据驱动的评估方式能更准确地反映学生的学习成果，从而有助于教师进行针对性的教学调整。此外，大模型还可以为教师提供专业发展支持，帮助他们获取最新的教育研究成果和教学方法，提升其教学水平和专业素养。

随着远程教育和在线学习的兴起，大模型的应用为教育资源的普及和公平提供了新的解决方案。无论是偏远地区的学生，还是在职人员，都能够借助大模型获得优质的教育资源，打破了传统教育的时间和空间限制。通过个性化学习支持、教育内容生成、评估反馈，以及教师专业发展的多重赋能，大模型显著提升了教育的质量与效率，推动了教育领域的创新与变革。

4. 大模型与 AIGC 赋能学习

ChatGPT 在学生学习体验中的作用可以通过多方面体现。首先，它能提供个性化的学习支持，根据每个学生的学习进度和兴趣，为其量身定制答疑和建议，从而帮助学生找到最适合自己的学习路径。其次，ChatGPT 具备即时反馈的功能，学生在学习过程中遇到问题时，可以随时提问并获得准确的解答，这种即时性增强了学习的连贯性和有效性。

此外，ChatGPT 还能够推荐各种学习资源，包括文章、视频、习题和在线课程，帮助学生从多角度理解和掌握知识。对于学习外语的学生，ChatGPT 可以进行语言对话练习，提供语法与词汇的解释，帮助提升学生的语言能力和口语表达技能。在编程和技术学习方面，ChatGPT 能够解决学生的编程难题，提供代码示例和技术指导，推动学生在计算机科学及相关领域的深入学习。

通过与 ChatGPT 的互动，学生能够锻炼批判性思维和创造力，在讨论中探索不同的观点和解决方案，从而培养独立思考的能力。此外，ChatGPT 还能帮助学生规划学习时间，提供高效的时间管理建议，避免拖延和焦虑。在学习过程中，学生可能会感到压力或焦虑，ChatGPT 能够为其提供情感支持和应对策略，帮助保持积极的学习心态和心理健康。通过这些多维度的支持，ChatGPT 显著提升了学生的学习效率和成果，促进了他们的全面发展。

10.3.4 AIGC 工具简介

近年来，随着 AI 技术的进步，AIGC 工具在写作、图表、图像、音乐、视频等诸多应用场景展现出巨大的应用潜力。从初创公司到科技巨头都在积极布局这一新兴领域，市场上涌现出了许多优秀的 AIGC 工具产品，表 10-6 汇总了一些常用的 AIGC 工具。

表10-6 常用的AIGC工具简介

工具名称	类别	简介
ChatGPT	写作类	OpenAI 推出的是一款聊天机器人程序。它基于深度学习的自然语言处理模型，能够模仿人类对话风格生成文本；具备搜索功能，可以实时进行网络搜索，为用户提供最新资讯和答案
文心一言	写作类 图表类	百度基于 ERNIE 大模型技术，具备跨模态、跨语言深度语义理解与生成能力；能够进行对话互动、回答问题、生成文章；支持生成图像、表格等多种内容
Copilot	写作类	微软依托于底层大语言模型在 Windows 11 中加入的 AI 助手，集成于 Microsoft 365 应用，如 Word、Excel 等，提供实时写作和编程建议；可利用 GPT 系列模型的自然语言处理能力，理解用户意图并生成相应内容
通义	写作类	阿里云推出的语言模型，基于云计算和大数据技术的智能问答系统，能够快速响应用户的查询，并提供准确、相关的答案；可免费使用文档和图片解析功能
讯飞星火	写作类	科大讯飞发布的 AI 大模型，有着丰富的插件和 AI 助手应用
Claude	写作类	Claude 是 Anthropic 公司研发的先进人工智能工具，擅长长文本处理，支持同时上传多个附件（每个不超过 10 MB），实现跨文本的对比、整合与解读
智谱清言	写作类	由清华智谱打造的新一代认知智能通用模型。基于国内自主研发的中英双语对话模型 GLM-4，以通用对话的形式为用户提供智能化服务，还具备免费画图、长文档解读、数据分析、联网功能
豆包	写作类	字节跳动旗下免费 AI 对话工具，提供网页端、iOS 端和 Android 端应用程序，可使用手机号和抖音账号登录
天工 AI	写作类	昆仑万维基于大语言模型研发的一款对话式 AI 产品。拥有强大的自然语言处理和智能交互功能，支持 AI 对话、搜索智能总结、阅读网页链接和快速写作
DeepSeek	写作类	杭州深度求索（DeepSeek）官方推出的推理型 AI 助手，多项性能指标对齐海外顶尖模型
紫东太初	写作类	中国科学院自动化研究所和武汉人工智能研究院推出新一代多模态大模型，支持多轮问答、文本创作、图像生成、3D 理解、信号分析等全面问答任务，拥有更强的认知、理解、创作能力，带来全新互动体验

续上表

工具名称	类别	简介
Kimi	写作类	MoonshotAI 开发的多语言对话 AI，擅长长文本处理，支持 20 万字上下文输入，具备搜索和网页内容解析能力，可联网阅读网页链接内容，支持上传多种格式办公文档和图片进行解读
WPS AI	图表类	它是一款集成在金山软件公司出品的办公软件 WPS Office 中的人工智能助手；可生成基本的图表，生成与编辑 PPT，还能进行复杂的数据分析
Xmind AI	图表类	思维导图软件 Xmind 推出的智能增强功能模块；利用 Xmind AI，用户可以通过自然语言输入快速生成思维导图结构，减少手动创建节点和连线的工作量
百度文库 AI	图表类	可进行思维导图生成，支持读取文档
TreeMind	图表类	新一代的 AI 思维导图软件。提供智能思维导图制作工具和丰富的模板，支持思维导图（又称脑图）、逻辑图、树形图、鱼骨图、组织架构图、时间轴、时间线等多种专业格式
知犀 AI	图表类	一键生成思维导图的 AI 软件，还可以选中任意主题无限拓展灵感。支持随时随地在线生成、编辑导出思维导图
Sheet Chat	图表类	支持智能创建和编辑表格、生成图表、翻译内容，甚至可以与表格进行对话，获取洞察和帮助
AiPPT	演示文稿类	能根据用户输入的主题关键词或概述，快速自动生成一份完整且结构严谨的 PPT；内建了一个庞大的模板库，拥有超过 10 万套定制级 PPT 模板及丰富的素材资源
Tome	演示文稿类	核心亮点在于简洁直观的操作方式。用户只需输入一段话，Tome 便能据此自动生成连贯逻辑清晰的 PPT，包括但不限于精练的文字叙述、可视化图表，以及与主题紧密贴合的图片素材
iSlide	演示文稿类	PPT 插件，提供海量模板、图标、设计工具，可一键优化布局与统一风格，提升制作效率
Presentations.ai	演示文稿类	根据输入生成完整的 PPT，可以自定义设计，确保品牌一致性，并轻松共享和协作 PPT
闪击 PPT	演示文稿类	通过目录大纲快速生成 PPT，支持程序自动排版。目前只提供简约风格，但有几百套模板可供选择
无界 AI	图像类	功能强大且易于上手的综合性 AI 绘画工具。它集成了 Prompt 搜索、AI 图库、AI 创作、AI 广场等多种功能，为用户提供了一站式的 AI 搜索、创作、交流、分享服务
美图秀秀	图像类	一款集 AI 修图与设计于一体的大众化图像处理软件，凭借智能化功能简化图像美化、设计过程，使用户无须专业技能即可轻松编辑图片、拼图、设计 logo 及海报等，实现创意表达与视觉内容创作
Stable Diffusion	图像类	它是一款强大的开源 AI 绘画工具，为许多其他 AIGC 工具提供技术支持
DALL · E3	图像类	由 OpenAI 开发的文本到图像生成系统，引入了与 ChatGPT 的集成系统，使得用户可以通过简单的对话来创建独特的图像；还引入了提示重写的新功能，使用 GPT-4 优化所有提示，以提高生成图像的质量
Suno	音乐类	它是一款强大的人工智能音乐生成器，由麻省理工团队开发。用户可以通过简单的文本提示创作多种音乐风格的高质量音乐和语音，包括旋律、和声、节奏及人声

续上表

工具名称	类　别	简　介
网易天音	音乐类	网易推出的一站式 AI 音乐创作工具，集成了 AI 智能快速编曲、作词与创作、一键 DEMO 和虚拟歌姬歌声合成等功能，支持用户快速创作音乐作品
TME Studio	音乐类	专业音乐创作与制作平台，整合了 AI 技术，赋能音乐创作者进行高效的音乐制作、混音、智能谱曲等操作
ACE Studio	音乐类	免费的 AI 音乐合成工具，让用户可以通过输入歌词和旋律来生成高度拟人化的歌声，提供实时合成和高品质输出功能，适合音乐爱好者和专业用户制作虚拟歌手歌曲
BGM 猫	音乐类	在线背景音乐生成器，用户可以根据不同场景、风格和情绪标签，一键生成匹配的背景音乐，无须下载软件，在线即可完成定制化音乐制作，尤其适合视频制作、广告配乐等应用场景
SOUNDRAW	音乐类	通过选择不同标签快速生成音乐，支持众多音乐流派、主题、音乐长度与旋律速度，提供免费无限次数的生成机会
Sora	视频类	由 OpenAI 开发的 AI 视频生成模型，能够根据文本描述生成长达 60 s 的视频，具有复杂场景和角色生成能力，支持多镜头生成，并模拟真实物理世界的运动
腾讯智影	视频类	腾讯推出的云端智能视频创作工具，提供视频剪辑、素材库、文本配音、数字人播报、自动字幕识别等功能，助力用户进行视频化表达
万彩微影	视频类	AI 自动生成动画短视频，提供大量短视频模板。企业及个人可以高效、快速、智能地制作短视频作品
一帧秒创	视频类	智能视频创作平台，支持图文转视频，通过快速识别语义、划分镜头与匹配素材，分钟左右便可生成视频；另外同样支持数字人播报、智能配音
剪映	视频类	知名手机端与 PC 端视频编辑软件，专为社交媒体短视频制作而设计，提供文字转视频功能，通过文字智能匹配视频素材
Runway	视频类	提供先进的视频处理功能，如根据文本生成图像、视频局部无损放大、动态追踪、智能调色等；通过 AI 技术，实现对视频内容的智能分析和处理，提升视频质量和创作效率
Stable Video	视频类	提供“图生视频”和“文生视频”功能，支持与生成视频的参数编辑
腾讯会议 AI 小助手	办公会议类	基于腾讯自研的通用大语言模型“混元”，覆盖会议全流程；能实时生成会议纪要、提炼议题，支持会后整理重点，跟进事项，提升开会和信息流转效率
飞书妙记	办公会议类	通过语音识别技术将会议内容实时转写为文字，并生成会议纪要；支持多语种识别，能自动区分发言人，提供会议摘要和关键词提取功能
麦耳会记	办公会议类	提供实时语音识别转写、关键词提取、会议纪要自动生成等功能；支持多种会议场景，如线上会议、研讨会等，并可与多种办公软件无缝对接
通义听悟	办公会议类	结合语音识别和自然语言处理技术，实现高准确度的语音转写；同时提供全文摘要、章节速览、发言总结等功能，帮助用户高效“阅读”音视频内容
讯飞听见	办公会议类	基于科大讯飞领先的智能语音技术，实现会议内容的实时转写、翻译和摘要生成；支持多语种识别，提供丰富的会议管理功能，如发言人识别、关键词标注等

续上表

工具名称	类　别	简　介
钉钉 AI 助手	办公会议类	作为钉钉平台的智能助手，能够提供语音识别、语义分析等功能；支持会议内容的实时转写、整理和总结；同时能够结合钉钉的工作流，自动提醒待办事项，提升团队协作效率
秘塔 AI 搜索	搜索引擎类	基于大模型技术，提供无广告、高质量、结构化的搜索结果；以思维导图、大纲和在线演示文稿方式呈现信息；答案基于权威媒体或专业网站，提供详细来源；提供多种搜索模式：简洁、深入、研究等
天工 AI 搜索	搜索引擎类	整合传统搜索引擎功能与大语言模型技术；对话式交互，精准识别搜索意图；实时回答用户问题，迅速抓取热点新闻；提供个性化答案；支持简洁、增强、研究三种搜索模式
Luma AI	3D 建模类	Luma AI 是一款 3D 建模类 AIGC 工具，能够将文字描述、图片或视频素材快速转化为高质量的 3D 模型与动画
Meshy	3D 建模类	Meshy 是一款 3D 建模类 AIGC 工具，旨在简化 3D 内容创建过程，无须专业雕塑或扫描工具
GPTs	AI 智能体搭建工具	允许用户定制个性化 AI 助理。无须编程能力，用户可在 ChatGPT 界面上创建专属 GPTs
扣子 Coze	AI 智能体搭建工具	北京抖音信息服务有限公司推出的 AI 聊天机器人开发平台，无代码开发环境；提供工作流、知识库等高级功能，支持长期记忆功能
智谱 AI	AI 智能体搭建工具	北京智谱华章科技有限公司推出的人工智能大模型开放平台。应用场景广泛，包括智能客服、语音助手、内容审核、个性化推荐等

10.4　挑战与展望

10.4.1　挑战

1. 大模型与 AIGC 的局限性

大模型的训练需要庞大的计算资源，这使得训练过程既耗时又昂贵，通常需要极高的计算能力。为处理大规模数据集，通常需要依赖 GPU 和 TPU 集群，这产生了显著的能耗和成本。由于这些高昂的资源需求，只有大企业或具备充足资源的研究机构才能承担。此外，在大模型的部署和推理阶段，计算资源需求同样很高，这限制了它们在低功耗设备或资源受限环境中的应用。同时，庞大的模型参数和数据存储要求增加了存储成本，尤其是在需要频繁进行迭代和版本控制时。这些高资源需求不仅提高了技术门槛，也给可持续发展和绿色计算带来了挑战，急需在确保性能的基础上探索更加高效且节能的计算和存储解决方案。

尽管大模型的高计算和存储需求存在着诸多挑战，限制了其在实际应用中的普及，但随着技术创新和资源管理的优化，这些问题是可以克服的。未来，随着技术的不断进步及社会对可持续发展的关注，大模型的计算和存储需求有望得到有效缓解，从而更好地推动各行业的发展。

此外，大模型的训练和使用过程中涉及了大量数据，这也带来了数据泄露、滥用和隐私侵犯的风险。尤其是在云端进行训练时，数据在传输和存储过程中的安全性成为了一个重要的隐患。同时，在模型流转和部署过程中，对抗攻击、后门攻击等威胁也严重影响着数据的安全性。

再者，大模型与 AIGC 本身存在一个很致命的缺陷——幻觉（hallucination）问题，会由人工智能算法生成看似合理但却虚假或有误导性的响应。由于存在幻觉的可能性，因此应当谨慎应用大模型与 AIGC。

2. 大模型与 AIGC 的挑战

随着技术的不断进步，大模型需要不断进行更新和优化，以适应不断变化的应用需求和场景。然而，当前的架构和算法在处理海量数据和复杂任务时仍有局限性，亟需进一步改进。例如，尽管 Transformer 架构在大模型应用中广泛使用，但仍存在一些问题，如冗余参数和低效的计算性能。此外，将大模型有效集成到现有系统中，并探索其在新领域的应用，也面临经验不足的挑战。如何在实际业务中有效应用大模型，并提高其稳定性和可靠性，依然是亟待解决的难题。另一方面，投入和效益之间的平衡问题也是企业和研究机构关注的核心。由于大模型的复杂性和不确定性，进行成本效益评估变得格外困难。

大模型的进一步发展离不开跨学科的专业人才的支持，涉及计算机科学、数学、统计学等多个领域。然而，市场上具有这些综合技能的人才仍较为稀缺，这在一定程度上限制了大模型的发展步伐。

在一些对实时性要求极高的应用场景，如自动驾驶和高频交易中，大模型需要能够快速响应环境变化，因为即使是毫秒级的延迟，也可能影响安全性和准确性。然而，由于计算复杂度、硬件限制、网络延迟和数据传输速度等多重因素的制约，大模型在实时处理方面仍然面临不少挑战。

3. 大模型与 AIGC 应用中的伦理与法律问题

随着大模型和 AIGC 工具在自然语言处理、计算机视觉等领域的广泛应用，伦理问题逐渐成为技术发展中不可忽视的问题。这些问题不仅影响到技术的设计和应用，还可能对社会、文化和法律等方面产生深远的影响。以下将深入探讨大模型在实际应用中面临的几大伦理问题，包括偏见与歧视、隐私保护、误信息传播、透明性和可解释性等方面。

1）隐私问题

在大模型的训练过程中，需要大量的数据，这些数据有时可能包含个人隐私信息。在没有充分知情的情况下，个人数据可能被用于训练，这就引发了隐私泄露的风险。更严重的是，模型可能在生成内容时无意中透露训练数据中的敏感信息，进一步侵犯个人隐私。因此，如何在数据使用过程中保护用户隐私，成为了一个亟待解决的伦理问题。

2）虚假信息

大模型在生成文本、图像等内容时，可能无意中产生误导性或虚假的信息。这在社交平台和新闻媒体上尤为突出，生成的内容可能被误用以传播谣言、阴谋论或假新闻。大模型生成的内容通常具有较高的流畅性和可信度，用户容易将其误认为真实，从而导致误导决策和社会混乱。因此，如何确保模型生成内容的真实性和可靠性，成为一个重要的伦理挑战。

3）偏见与歧视

大模型的训练数据往往来源于互联网上的海量信息，这些数据可能包含已有的社会偏见和歧视。当模型在这些数据上进行学习时，它可能会继承并放大这些偏见，从而在生成内容时展现出性别、种族等方面的歧视性。例如，某些语言模型在生成文本时，可能无意间加剧社会对特定群体的刻板印象。这种偏见不仅影响模型生成内容的公正性，也可能对社会的平等、和谐产生不利影响。

4）透明性与可解释性

由于大模型的复杂性，其决策过程通常缺乏透明性。对于用户和开发者而言，很难理解模型是如何做出某些决策或生成特定内容的。这种不透明性在医疗、法律等高风险领域尤为显著，因为模型的决策可能直接影响到人们的生命和财产安全。因此，提高模型的透明度和可解释性至关重要，使用户能够理解模型的运作原理，并在需要时对其决策进行审查和质疑。

5）法律与责任

随着大模型的应用不断扩展，相关的法律和责任问题也逐渐显现。此外，现有的法律框架可能不足以应对大模型所带来的新挑战，如知识产权保护、数据隐私和责任归属等。AIGC 生成内容的版权归属和真实性验证也面临困境，需要建立完善的法律法规和行业标准来加以规范。因此，需要制定新的法律法规，以适应大模型的快速发展，并解决相关的法律问题。

尽管大模型具有巨大的应用潜力，但也伴随着一系列复杂的伦理问题。为了确保技术在推动社会进步的同时，能够最大限度地避免负面影响，开发者、研究者和政策制定者必须共同努力，建立起一个完善的伦理框架。只有在明确的伦理规范和社会共识的基础上，大模型与 AIGC 才能为社会创造更大的价值和积极影响。大模型与 AIGC 的未来充满希望与挑战。它们将以前所未有的力量改变人们的生活、工作和社会形态，引领人类进入一个全新的智能时代。人们需要积极拥抱这一变革，充分发挥技术的优势，同时妥善应对可能出现的问题，让科技更好地造福人类。

10.4.2 展望未来

随着人工智能技术的飞速进步，大模型的应用前景变得愈加广阔，并逐渐成为各行各业关注的焦点。预计未来几年内，随着技术的不断演进，算法模型不断优化及应用场景日益广泛，AIGC 市场将迎来爆发式增长，大模型将展现出更强的能力，产生更深远的社会影响，具体表现在以下几个方面：

1. 技术突破

当前，大模型技术正处于迅速发展之中，新的算法和技术不断涌现。随着大模型参数规模持续扩张，计算能力不断增强和算法的不断优化，未来的大模型将在性能上持续提升，应用领域也将不断扩展。特别是在多模态（如图像、音频、文本等）技术方面，大模型已逐渐进入一个“原生多模态”的时代，例如，OpenAI 的 GPT-O3、杭州深度求索的 DeepSeek 和谷歌的 Project Astro 已经展示了强大的多模态处理与逻辑推理能力。

未来，人们将看到更多的大模型具备跨越文本、图像、音频等多种感知方式的能力，这将使它们能够应对更加复杂和多样化的应用需求。AIGC 也将在技术层面迎来重大突破。生成的内容更加逼真、细腻，与人类创作的作品难辨真伪。同时，语义理解和逻辑推理能力的提升，将让 AIGC 不再只是简单的内容拼凑，而是能够创作出具有深度思想、情感共鸣和独特创意的作品。

2. 新型交互

随着芯片技术的突破和终端设备智能化的不断升级，端侧大模型的应用将变得越来越普及。

智能终端设备，如 AI 手机、AI 计算机及人形机器人，将搭载强大的大模型，提供更加智能化、便捷的交互体验。借助语音、图像等多种交互方式，用户将能够与智能设备进行更加自然和高效的互动，享受个性化的服务。

3. 行业变革

大模型将进一步深度应用于各个垂直行业，成为推动行业智能化升级的核心力量。娱乐产业，电影、游戏、音乐等领域将被大模型与 AIGC 深度改写。无论是医疗、教育，还是金融等领域，都会借助大模型实现更加精准的诊断、个性化的教学计划和智能化的风控管理。AIGC 技术可以快速生成虚拟演员、场景和音乐，大大降低制作成本，缩短制作周期，同时为观众和玩家带来前所未有的沉浸式体验。AIGC 生成的教学资源，将使学习过程更加生动有趣，激发学生的学习积极性和创造力。AIGC 技术能够生成虚拟的医疗影像和病例，用于医生的培训和模拟手术，提高医疗人员的专业技能和应对复杂情况的能力。随着技术的不断成熟，大模型与 AIGC 技术的商业化进程将加速，越来越多的企业将探索如何将大模型与 AIGC 技术应用于实际业务，从而推动公司业务的增长与转型。

4. 开源与创新

开源大模型的推广将促进技术共享和快速传播，为全球的开发者和中小型企业提供更多低成本、高效的技术解决方案。开源社区将为全球知识的交流与技术的协同创新提供平台，推动大模型技术的进一步突破和发展。通过全球范围内的合作，业界将共同应对大模型发展中的技术挑战，推动人工智能技术的不断进步。

综上所述，未来大模型技术的演进趋势将展现出技术加速迭代、多模态融合、端侧智能普及、行业应用深化与商业化加速，以及开源与全球协同创新等多种特征。这些趋势将推动大模型在更广泛的领域发挥作用，提升人类社会的智能化水平，提供更加高效、个性化的服务体验。

小　　结

本章围绕大模型与 AIGC 展开，介绍了其概念、架构、构建、提示词工程，探讨了面临的挑战与未来展望，主要的知识点如下：

（1）大模型是含海量参数和复杂结构的机器学习模型，依据输入数据类型可分为语言、视觉和多模态大模型。它通过 Transformer 架构处理数据，经预训练和微调提升能力，具有参数量庞大、依赖海量数据训练等特点。AIGC 则是利用 AI 自动生成内容的技术。重要的大模型架构有 Transformer，以及在此基础上发展的 BERT、GPT 等。

（2）构建大模型需收集和准备数据，设计合适的架构，进行训练与优化，再评估调整。提示词工程是优化 AIGC 输出的关键，通过精心设计提示词，遵循明确性等原则，运用分隔符、示例引导等技巧，能提升模型输出质量。

（3）大模型与 AIGC 在多领域应用广泛，能赋能生活、学习、科研和教学，提升效率和体验。但它们也面临诸多挑战，如高资源需求、架构算法待优化、人才短缺、实时处理困难等，还存在偏见与歧视、隐私保护等伦理法律问题。

（4）展望未来，大模型技术将快速发展，多模态集成度更高，端侧应用更普及，在各行业深耕并加速商业化。同时，开源与协作创新将推动技术进步，有望提升社会智能化水平，提供更优质服务，但也需应对技术发展带来的新问题。

习　题

1. 简述自然语言处理的基本流程。
2. 简述什么是大模型。
3. 简述重要的大模型架构有哪些。
4. 简述大模型构建的关键步骤和要素。
5. 简述什么是 AIGC。
6. 简述 AIGC 应用主要有哪些。
7. 简述人们在日常学习、生活中会用到哪些 AIGC 工具。
8. 简述如何合理应用 AIGC 工具。

第11章 智能体

在这个信息量剧增的时代，科学技术发展所需的计算复杂度也随之增加，集中式系统已经无法满足该需求，因此，分布式系统应运而生。计算机技术和人工智能技术的提升，以及互联网和万维网的出现与发展，推动了分布式人工智能（distributed artificial intelligence, DAI）技术的研究，使其成了人工智能的一个重点研究方向。智能体（Agent）的概念起源于人工智能和机器人技术，随着计算机科学的发展，智能体技术逐渐成熟，广泛应用于包括智能家居、自动化客服、智能推荐系统等多个领域。目前，智能体被科技领域公认为确定性最高的、最具商业价值和未来想象力的AI技术之一。它不仅是一个技术术语,更是和人们生活息息相关的智能工具。

学习目标

（1）了解分布式人工智能的概念、特点及分类。

（2）了解机器人的概念、技术与分类。

（3）了解智能体的概念、特性、结构和类型。

（4）了解多智能体系统的概念、特点、基本模型与体系结构等。

11.1 分布式人工智能

11.1.1 分布式人工智能的概念

分布式人工智能一词源于1980年MIT召开的首届DAI国际会议，是面向未来通用人工智能的新一代人工智能范式。它主要研究如何利用逻辑上或物理上分布在不同地点或设备上的多个智能系统通过并行和协作的方式，来共同解决问题、学习和协作。

在分布式人工智能中，联合学习和模型协作是两个重要的概念，它们有助于实现更强大和智能的应用。

联合学习（federated learning）是一种分布式机器学习方法，其中模型的训练不是在集中式服务器上进行，而是在多个设备或节点上进行。每个节点在本地训练模型，然后仅共享模型参数的更新，而不共享原始数据。这有助于解决隐私和数据安全的问题，因为数据不离开本地设备。联合学习在智能手机、边缘设备和医疗领域等敏感数据的应用中具有潜力，同时也可以实现更高的模型个性化。

模型协作是指多个独立的模型共同协作以解决复杂的问题。这些模型可以分布在不同的环境中，例如，云端和边缘设备，或者在不同的应用程序之间。模型协作可以实现知识共享和集成，以提高模型的综合性能。例如，语音识别模型可以与自然语言处理模型协作，以实现更准确的语音转文本和文本理解。

11.1.2 分布式人工智能的特点

分布式人工智能具有以下特点：分布性、并行性、开放性、协作性、容错性、连接性和独立性。这些特性使其能够有效克服单一智能系统在功能、空间分布和资源方面的局限性。

（1）分布性是指整个系统中的信息，如数据、知识和控制等，在逻辑上或物理位置上都是分布式存储和控制的，不存在全局数据存储和全局控制。

（2）并行性是指系统可以同时进行两种或两种以上的工作，并行地求解问题，提高子系统的求解效率。

（3）开放性是指通过网络互连的方式将不同分布的系统联系在一起，不仅便于扩充系统规模，还使系统具备更强的开放性和灵活性。

（4）协作性是指各个子系统协调工作，解决单个系统无法解决的复杂问题。

（5）容错性是指系统具有较多的冗余处理节点、通信路径和知识，能够使系统在出现故障时，仅降低处理速度或求解精度，不影响系统正常工作，提高了系统工作的可靠性。

（6）连接性是指在问题求解过程中，各个子系统可通过计算机网络进行相互连接，降低了求解问题的通信代价和求解代价。

（7）独立性是指系统可把求解任务划分为多个相对独立的子任务，不仅降低了子系统求解问题的复杂程度，还降低了软件设计开发的复杂程度。

11.1.3 分布式人工智能的分类

根据研究重点和应用场景的不同，分布式人工智能可分为以下几类：

1. 按智能体协作方式分类

分布式人工智能一般分为分布式问题求解（distributed problem solving, DPS）和多智能体系统（multi-agent system, MAS）两种类型。

DPS 的研究目标是要建立一个由多个子系统构成的协作系统，各子系统间协同工作，对特定问题进行求解。在 DPS 系统中，待解决的问题被分解为一些子任务，并为每个子任务设计一个问题求解的任务执行子系统。通过交互作用策略，系统被设计成一个统一的整体，采用自顶向下的设计方法，确保问题处理系统能够满足顶部给定的要求。

MAS 研究如何在一群自主的智能体间进行智能行为的协调。每个智能体是独立的实体，能够进行局部决策和行动，并通过通信和协调与其他智能体交互。MAS 包含多个局部的问题、概念模型和成功标准，采用自底向上的设计方法，通过智能体的局部交互实现全局的智能行为。

2. 按智能体的自主性和协作目标分类

分布式人工智能一般分为协作式多智能体系统（cooperative MAS）、竞争式多智能体系统（competitive MAS）、混合式多智能体系统（hybrid MAS）。

协作式多智能体系统智能体具有共同目标，通过紧密协作完成任务，如共享资源、协调动作。

竞争式多智能体系统智能体以自身利益最大化为目标，可能存在冲突或竞争关系，需通过博弈论等方法解决矛盾。

混合式多智能体系统智能体之间既有合作也有竞争，需平衡个体目标与集体利益。

3. 按系统架构和通信模式分类

分布式人工智能一般分为集中式控制下的分布式系统和分布式对等（P2P）系统两种类型。

集中式控制下的分布式系统存在一个中央控制节点，负责全局规划、任务分配和协调。分布式节点（智能体）仅执行具体任务，依赖中央节点进行信息同步。

分布式对等（P2P）系统无中央控制节点，智能体以对等方式直接通信和协作。系统通过分布式算法（如共识机制、分布式一致性协议）实现协调。

4. 按应用领域和技术融合分类

分布式人工智能一般分为分布式专家系统（distributed expert system）、分布式机器学习（distributed machine learning）、分布式智能传感器网络（distributed intelligent sensor network）。

分布式专家系统将专家系统的知识库和推理机制分布到多个节点，每个节点处理特定领域的子问题。通过节点间协作解决跨领域的复杂问题。

分布式机器学习将机器学习任务（如模型训练、推理）分布到多个计算节点上，通过并行计算提高效率。

分布式智能传感器网络由大量分布式传感器节点组成，每个节点具备一定的感知、计算和通信能力。通过协同处理感知数据，实现环境监测、目标追踪等功能。

11.1.4 分布式人工智能的应用和发展

分布式人工智能在多个领域都有广泛的应用，表 11-1 列出了分布式人工智能典型的应用领域。

表11-1 分布式人工智能典型的应用领域

应 用	说 明
边缘计算	在边缘设备上进行分布式人工智能处理，包括智能手机、智能家居设备和传感器，以实现更快速地决策和减少云端通信的需求
医疗保健	联合学习和模型协作可用于跨医疗设备和医疗机构之间的医疗图像分析、疾病诊断和患者监测，以提高医疗保健的效率和精确性
自动驾驶与智能交通	分布式人工智能可以在车辆之间共享道路信息和协作决策，以实现更安全和高效的自动驾驶和交通管理系统
金融服务	分布式人工智能可以用于欺诈检测、风险管理、交易分析和智能客户服务，以提高金融服务的效率和安全性
工业自动化	在制造业中，分布式人工智能可以用于监控和优化生产线、机器人协作和质量控制，以提高生产效率和质量

分布式人工智能未来发展潜力巨大，分布式人工智能的应用领域将不断扩大，未来趋势包括更高级的隐私保护、更广泛的协作、自主性能的增强、与增强现实和虚拟现实的结合，以及边缘计算的增长，具体见表 11-2，这将推动人工智能在各个领域的普及和改善人们生活的各个方面。

表11-2 分布式人工智能发展趋势

未来趋势	说明
更高级的隐私保护	分布式人工智能将更多地关注隐私保护，采用更先进的加密和隐私保护技术，以确保个人数据的安全性
更广泛的协作	分布式人工智能将在更多领域实现模型协作，包括多个垂直领域的智能系统协同工作，以解决更复杂的问题
更自主与智能的系统	分布式人工智能将更加自主和智能，能够自主做出决策，而不仅仅是集中式模型的执行者
与增强现实和虚拟现实结合	分布式人工智能将与增强现实和虚拟现实技术结合，以实现更具沉浸感的用户体验和更高水平的交互性
边缘计算的增长	随着边缘计算的普及，分布式人工智能在边缘设备上的应用将继续增长，以实现更低的延迟和更高的性能

11.2 机 器 人

机器人，本质上是一种旨在替代人类执行工作任务的机器设备。而智能机器人则是指集成多学科先进技术、具备感知、决策和执行能力、能够模仿或执行人类的行为和任务的复杂系统。通常，它需要通过摄像头、激光雷达等多种传感器感知环境，将收集的数据传输到控制系统进行预处理、特征提取并制定决策，再由电机、液压系统等执行机构执行动作。此外，还能根据执行结果和环境变化，通过传感器反馈、学习算法等进行自我调整。同时，具备语音识别合成、网络通信等交互与通信能力。

目前，可以将智能机器人大致分为通用自主机器人、专用机器人、半自主机器人、人形机器人、纳米机器人五种类型。其中，通用自主机器人功能多样，能独立执行多种任务且具备人工智能；专用机器人用于执行特定或有限范围内任务，如工业机器人、医疗机器人；半自主机器人需人工输入和控制，用于辅助性工作；人形机器人模仿人类外形和行为，主要用于服务或娱乐领域；纳米机器人体积微小，可用于医疗、制造等领域，目前技术尚在发展初期。

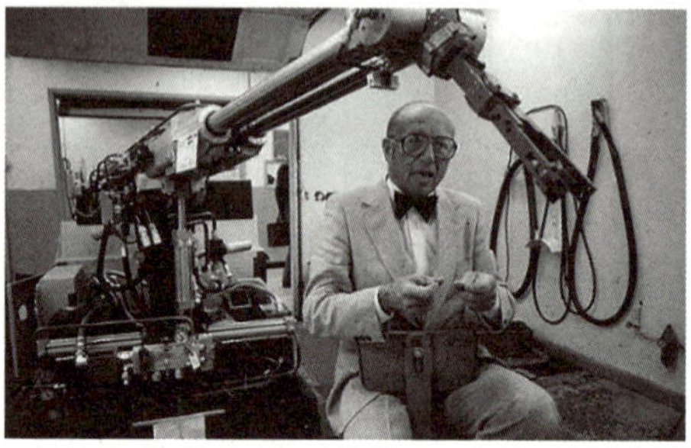

图 11-1 Joseph Engelberger 和 Unimate

机器人的历史可以追溯到古代，但现代机器人的发展始于 20 世纪。

1959 年，乔治・德沃尔（George Devol）和约瑟夫・恩格尔伯格（Joseph Engelberger）发明了世界上第一台工业机器人——尤尼梅特（Unimate），如图 11-1 所示，该发明标志着机器人技术的重大飞跃，开启了机器人广泛参与工业生产的新纪元，实现了用机器代替人力自动化作业的梦想。

1968 年，美国斯坦福研究所研发成功世界第一台智能机器人 Shakey。Shakey 具备一定人工智能，能够自主进行感知、环境建模、行为规划并执行任务（如寻找木箱并将其推到指定目的位置）。

1986 年，本田推出阿西莫（ASIMO）机器人，它是全球最早实现较为稳定和自然双足行走能力的机器人之一，采用了当时先进的步态控制技术，能够实时预测动作、提前改变重心，从而实现平稳地行走、奔跑、上下楼梯等动作。此后诞生的人形机器，多多少少都能看到 ASIMO 的影子，或将其作为技术参考。

20 世纪 90 年代，计算机技术和人工智能技术的初步发展，让机器人模仿人进行逻辑推理的第三代智能机器人研究逐步开展。

1992 年，美国麻省理工学院马克·雷伯特（Marc Raibert）创立了波士顿动力公司，专注于开发高度复杂的机器人，包括人形机器人和四足机器人等，广泛应用于工业、军事和服务业等多个领域。2013 年，该公司被 Google X 收购，随后被软银集团收购。2020 年 12 月，被韩国现代汽车公司收购。

视频

波士顿动力公司的人形机器人和机器狗

2022 年 9 月，马斯克在特斯拉人工智能日上，发布了特斯拉首款人形机器人——擎天柱（Optimus），该产品搭载特斯拉同款的自动驾驶软件系统和传感器。

视频

特斯拉公司的人形机器人擎天柱

随后两年，AI 大模型席卷全球，人形机器人也在 AI 的加持下，开始展现出远超以往的能力。

21 世纪，中国也诞生了许多知名的机器人初创公司，例如，智元机器人、宇树科技、银河通用、星动纪元、星尘智能等，他们的产品广泛应用于制造业、服务业、医疗、军事等领域，宇树科技的人形机器人和机器狗如图 11-2 所示。

在科技快速发展的当下，智能机器人已融入人们的日常生活中。从工厂流水线到军事战场，再到 2025 年春节晚会现场，智能机器人已在越来越多的场景中发挥作用。

图 11-2 宇树科技的人形机器人和机器狗

视频

宇树科技的人形机器人和机器狗

11.3 智能体概述

11.3.1 智能体的概念与特性

在人工智能领域，智能体是指能够感知环境并采取行动，以实现特定目标的代理体。亦可以说，智能体是一种可以自主执行任务、做出决策，并与环境互动的程序或系统。它可以是软件、硬件或一个系统，具备自主性、适应性、交互性和智能性等特征。它是一类能够在一定的上下文语境或环境中感知、学习，并根据信息作出反应，完成特定的目标的数字智能助理。

智能体通过传感器感知外界环境，根据自身学习到的知识和算法进行判断和决策，通过执行器对环境产生影响，从而实现预定的目标。智能体在人工智能领域广泛应用，常见于自动化系统、机器人、无人机、虚拟助手、聊天机器人和游戏角色中，其核心在于能够自主学习和持续进化，以更好地完成任务和适应复杂环境。例如，可以将扫地机器人看作一个智能体，它通过摄像头、红外传感器等设备感知周围的环境，并通过马达等执行器与环境互动。

智能体是一个独立的智能实体，具有多种特性。

（1）行为自主性：智能体可以控制自身的行为，其行为是自发的、主动的、有目标和意图的，并能够根据目标和环境要求规划短期行为。

（2）系统适应性：智能体在感知环境和作用环境的同时，可以将新建立的智能体直接集成到原有系统中，可见，智能体具有很强的适应性和可扩展性。

（3）作用交互性（反应性）：智能体可以与环境进行交互，能够感知所处环境，并通过自己的行为结果作用于环境。

（4）结构分布性：在逻辑上或物理上分布和异构的实体（如数据库、知识库、控制器、感知器和执行器等），在多智能体系统中具有分布式结构，有利于技术集成、资源共享和性能优化。

（5）功能智能性：智能体的功能具有较高智能性，这种智能是构成社会智能的一部分。

（6）工作协作性：各个智能体可以合作、协调工作，求解单个智能体无法处理的难题，提高处理问题的能力。

（7）运行持续性：智能体的程序启动后，可以在长时间内维持运行状态，即使运算停止，智能体也不会立即结束运行。

（8）面向目标性：智能体可以在某种目标指导下做出适当的行为，并为实现其内在目标采取主动行为。

（9）环境协调性：智能体存在于环境中，感知环境并影响环境，与环境保持协调，两者之间相互依存、相互作用。

（10）存在社会性：社会是由多个智能体构成的，每个智能体都不是孤立存在的，而是具有社会性的，它们通过社会规则进行社会推理，实现社会意向和目标。

11.3.2 智能体的结构与类型

人工智能的任务可以视为设计智能体程序，即实现智能体从感知到执行动作的映射。这个智能体程序需要在某种计算机设备（称为结构）上运行。简单的智能体结构可能仅仅是一台计算机，而复杂的结构则可能包括特定的硬件设备，如图像采集设备、声音滤波器等。

因此，智能体、程序和结构之间的关系可以表述为：智能体 = 程序 + 结构。

在计算机系统中，智能体包含独立的外部设备、输入/输出驱动设备、功能操作处理程序、数据结构和相应的输出。程序的核心部分是决策生成器或问题求解器，它根据全局状态、任务和时序信息，指挥各个功能模块的操作，并将工作状态和重要结果传送至全局数据库。

结构为多个智能体在多个计算机上并行工作提供了支持，此外，它还提供了共享资源、智能体间的通信工具及协调机制，以实现多个智能体在同一目标下的并行与协调工作。

根据智能体 Agent 的功能和应用场景，Agent 可以大致分为以下四类：

（1）基于规则的 Agent（规划设定）：这类 Agent 依赖于明确的指令或规则来做决策和驱动任务。例如，基于规则的专家系统能够根据预设的知识库，快速给出解决方案。

（2）学习型 Agent（反思）：这些 Agent 具有自我学习纠偏的能力，可以通过数据训练不断优化和迭代自身。例如，机器学习算法可以通过历史数据来提高预测准确性等。

（3）自主 Agent（工具调用）：自主 Agent 具有高度的独立性，它们能够在缺乏人类干预的情况下，自主做出决策，尽可能做到感知系统和决策系统的高度一致后驱动任务进度。例如，无人驾驶汽车、AI 检索引擎便属于此类。

（4）群体 Agent（多智能体协作）：这类 Agent 通过协作与协调实现目标，通常模拟自然界中的群体行为。例如，蚂蚁觅食或鸟群飞行的模式、LangChain 智能体。

当然，还有其他不同分类方法。魏斯在 *Multiagent Systems* 一书中将智能体分为逻辑驱动的智能体、反应型智能体、信念—愿望—意图智能体和分层架构智能体四个类别。Russell 和 Norvig 在《人工智能：一种现代方法》书中提出了简单反射智能体、基于模型反射智能体、基于目标的智能体、基于效用的智能体、学习智能体五种分类方法。

此外，还有根据结构及属性不同，将智能体划分为反应式智能体、慎思式智能体、复合式智能体、跟踪式智能体、基于目标的智能体和基于效果的智能体几个类别，下面对这几类分别予以简单介绍。

1. 反应式智能体

反应式智能体是一种能够对当前环境实时作出反应的智能体，其体系结构示意图如图 11-3 所示。它依赖于预设的条件 - 动作规则，这些规则定义了智能体的行为集合及其约束条件。这些规则将外部感知信息与智能体的行动相连接。当外界刺激满足特定条件时，智能体会立即调用相关规则并产生对应的反应。

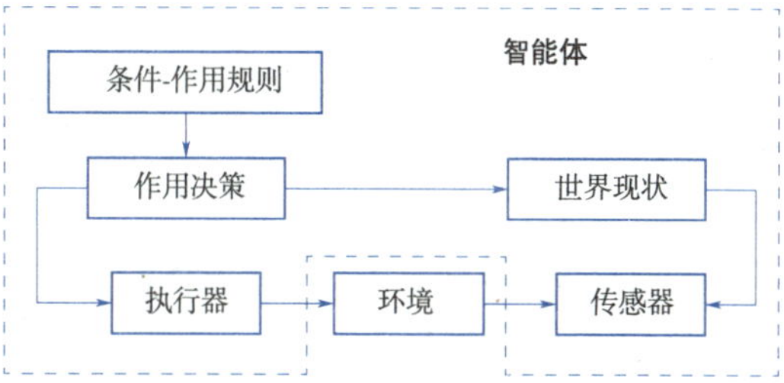

图 11-3　反应式智能体体系结构示意图

因此，反应式智能体通过感知环境信息来触发相应的行动，而不涉及复杂的逻辑推理或中间状态表示。这也意味着，反应式智能体没有内部状态。尽管它能够感知外部变化并做出反应，但由于其智能程度较低且缺乏灵活性，通常只适用于较为简单的任务和环境。

2. 慎思式智能体

慎思式智能体，也称为认知式智能体，是一种基于知识的智能系统，其核心包括环境描述和基于逻辑推理的智能行为。该系统通过传感器获取外部环境信息，然后根据内部状态对信息进行融合，进而更新当前状态的描述。接着，借助知识库，慎思式智能体制定行动计划，并根据目标生成一系列动作，从而影响环境，其体系结构示意图如图 11-4 所示。

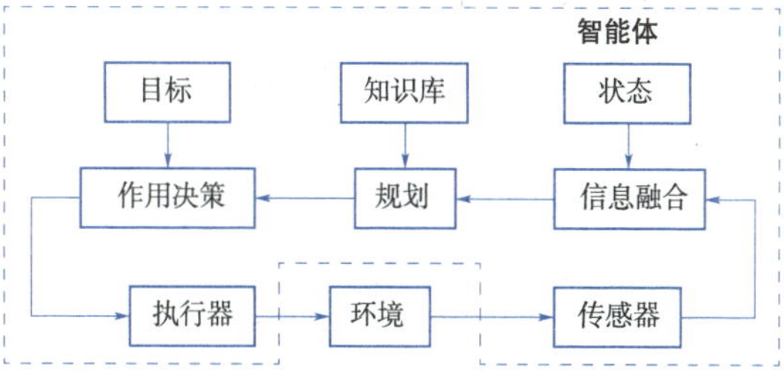

图 11-4　慎思式智能体体系结构示意图

慎思式智能体展现了较高的智能水平，但也存在一些局限性，比如，它无法迅速响应环境变化，执行效率较低等。慎思式智能体产生局限性的原因主要因为以下两点：

（1）慎思式智能体中的环境模型通常是基于事先已知的假设进行构建的，因此对于动态变化的环境，它存在一定的适应性不足，无法应对未知或快速变化的环境。

（2）由于缺乏足够的知识支持，执行慎思式智能体时，需要向模型提供新的环境信息来更新其状态，但这一过程通常较为复杂，且实现起来存在困难。

3. 复合式智能体

复合式智能体是在一个系统内部结合多种相对独立且能并行执行的智能模块。其结构通常包含感知器、执行器、反射、建模、通信、决策生成和规划等部分，如图 11-5 所示。

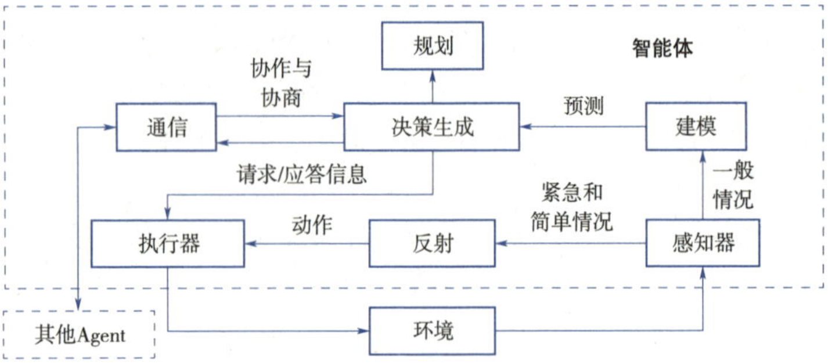

图 11-5　复合式智能体体系结构示意图

复合式智能体通过感知器模块来获取外部环境信息，并将这些信息抽象处理后传送给各个处理模块。如果感知到简单或紧急的情况，信息将被传递至反射模块，系统会迅速作出决策并通过执行器模块发出相应的动作指令。

复合式智能体融合了多种智能体的优点，因此具备较强的灵活性和快速响应的能力。

4. 跟踪式智能体

跟踪式智能体也可称为跟踪世界智能体，是在反应式智能体的基础上，增加内部状态获得的智能体。

跟踪式智能体具有内部状态，包括原有的内部状态、世界如何独立发展智能体信息和智能体自身作用如何影响世界信息。跟踪式智能体通过将传感器感知的信息与原有的内部状态相结合的方式，产生对现有状态的更新描述，并通过找到一个条件与现有环境匹配的规则进行工作。

5. 基于目标的智能体

基于目标的智能体在做出决策时，不仅需要了解当前的状态，还需要具有描述环境情况的目标信息。

这种智能体能够将目标信息与可能的行动结果结合起来，从而选择能够实现目标的行为。它具备较高的灵活性，能够根据设定的不同目标产生相应的行动，只需定义新的目标，便能触发新的行为方案。

6. 基于效果的智能体

仅有目标并不足以做出高质量的决策。如果一个世界的状态比另一个的状态更优，那么它对智能体的效果也更好。因此，效果可以视为一种将状态映射到实数的函数，用来描述与目标相关的满意程度。在两种情况下，一个完整的效果函数能够帮助智能体做出理性的决策：

（1）当智能体只能实现某些目标时，效果函数可以帮助指定合适的替代方法。

（2）当智能体有多个目标，但无法确定哪一个目标一定能实现时，效果函数可以根据目标的重要性和成功的可能性，提供估算和决策依据。

需要注意的是，在做出决策之前，智能体需要比较不同行动所带来的效果。

11.3.3　智能体通信

合作能够带来共赢，且所获得的整体收益通常远超过各部分单独的利益。而通信则是实现合作的关键条件。如果多个智能体希望进行信息共享和交流，就必须依赖通信。通信不仅是提高智能体智能的重要手段，也是展示智能体社会性的一种方式，更是增强智能体实际应用价值的不可或缺的组成部分。

智能体之间进行通信就是改变信息载体，将载体发送到接收智能体的可观察环境中。

1. 智能体通信的类型

在智能体之间进行通信时，经过授权的智能体可以通过调用其他智能体的方法来传递信息。一般来说，智能体通信的方式可分为两种：一种是通过 Tell 和 Ask 进行的信息交换，另一种则是通过形式化语言进行的通信。

1）使用 Tell 和 Ask 通信

智能体之间共享一种统一的内部表示语言，并通过通信界面 Tell 和 Ask 通信来访问相互的知识库，如图 11-6 所示。两个使用相同内部语言的智能体通过 Tell 和 Ask 接口，借助知识库进行直接的信息交换。每个智能体除了具备感知和执行端口外，还拥有连接知识库的输入 / 输出端口。

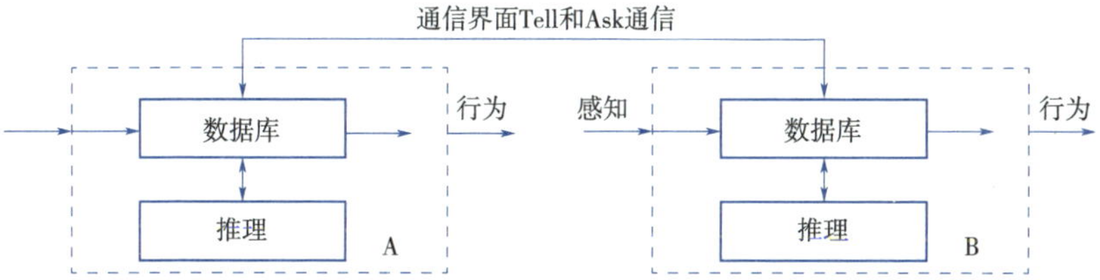

图 11-6　两个智能体通过通信界面 Tell 和 Ask 通信的示意图

2）使用形式语言通信

大多数智能体的通信是通过语言而不是通过直接访问数据库而实现的。图 11-7 所示为两个智能体通过语言进行通信的基本结构。在这种情况下，外部通信语言可以与每个智能体的内部表示语言不同，并且每个智能体的内部语言可能各不相同。只要每个智能体能够可靠地将外部语言转换为内部语言，它们之间就无须统一的内部符号。这种通信方式依赖外部语言，在交流过程中，一些智能体能够执行与语言相关的操作，而另一些智能体则能够感知这些语言。

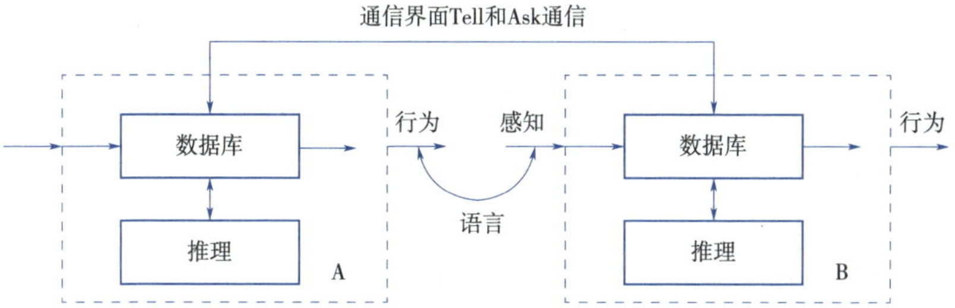

图 11-7　两个智能体通过语言进行通信的基本结构示意图

2. 智能体通信的方式

智能体通信是多智能体系统实现问题求解的关键。通信方式可分为消息 / 对话系统和黑板系统。

1）消息 / 对话系统

消息 / 对话系统是实现协调策略的核心，所有的智能体通过遵循一定的协议进行信息交换，从而建立起有效的通信和协调机制。为了支持这些协调策略，通信协议必须清晰地定义通信过程、消息格式，以及使用的通信语言。此外，智能体之间的通信本质上是知识的交换，所有参与通信的智能体都必须理解并掌握通信语言的语义。

在基于消息的多智能体系统中，发送智能体将指定的消息发送给接收智能体。消息在两个智能体之间直接交换，且在此过程中不涉及任何缓冲。通常情况下，发送智能体需要为每条消息指定一个唯一的地址，只有目标智能体能够接收并读取该消息。

2）黑板系统

黑板系统采用合适的结构来支持分布式问题求解。在多智能体系统中，黑板系统提供了一个共享的工作区，智能体可以在这个工作区上查看问题、数据及求解记录等内容，并将自己的求解结果写入黑板，供其他智能体在解决问题时参考和使用。在这种模型中，智能体之间不能直接进行通信，所有的信息交换都必须通过共享的媒介——黑板来完成，同时，每个智能体可以独立地处理自己的任务。

黑板系统适用于任务共享系统和结果共享系统。随着智能体数量的增加，黑板上的数据也会增多，这可能导致访问黑板时效率下降，因此黑板系统应为智能体提供不同的区域，以保证高效的操作。

11.3.4 多智能体系统

1. 概念与特点

多智能体系统（multi-agent system, MAS）是一种全新的分布式人工智能技术。自 20 世纪 70 年代出现以来得到迅速发展，已经成为一种进行复杂系统分析与模拟的思想方法与工具。

视 频

多智能体系统

多智能体系统是由多个分布在网络中交互的智能体组成的系统，这些智能体通过松散耦合的方式协同工作。每个智能体不仅具备独立的问题求解能力和行为目标，还能够互相合作，以实现共同的整体目标，进而解决那些单一智能体无法应对的复杂问题。由于多智能体系统由多个智能体构成，它不仅具备单个智能体的特性，还具有以下特点：

（1）数据在多智能体系统中是分散存储或分布式存储的。

（2）多智能体系统的运行过程中存在并发、并行和异步的特点。

（3）系统中的每个智能体都掌握不完全的信息，并且具备独立的问题求解能力。

（4）多智能体系统没有一个统一的全局控制机制。

2. 基本模型与体系结构

多智能体系统的基本模型与其应用环境密切相关，而其体系结构则直接决定了系统在异步性、一致性、自主性和自适应性方面的表现和程度。

1）多智能体系统的基本模型

针对不同的应用环境，从不同的角度提出了多种不同的多智能体系统，其基本模型包括信念 - 愿望 - 意图（belief-desire-intention, BDI）模型、协商模型、协作规划模型和自协调模型等。

BDI 模型是一个基于概念和逻辑的理论模型，它是研究智能体理论和推理机制的基础。

协商模型：它是通过协商策略实现智能体的协作行为。例如，对资源缺乏的智能体动态环境进行任务分解、任务分配、任务监督和任务评价等。

协作规划模型：主要用于规划多智能体系统的协调一致问题。智能体之间的相互作用以通信规划和目标的形式抽象表达，以通信原语描述规划目标，相互告知自身的期望行为，利用规划信息调节自身的局部规划，达到共同目标。

自协调模型：它是建立在开放和动态环境下的多智能体系统模型，它可以随环境变化自适应地调整行为，其动态性表现在系统组织结构的分解重组和多智能体系统内部的自主协调等方面。

2）多智能体系统的体系结构

多智能体系统的体系结构决定了信息的存储、共享和通信方式。因此，体系结构中需要有共同的通信协议或传递协议。针对特定应用，应选择与其能力要求相匹配的体系结构。常见的多智能体系统体系结构包括网络结构、联盟结构和黑板结构等。

在网络结构中，各智能体之间是直接通信的，且通信和状态信息是固定的。在这种结构中，智能体需要了解何时何地发送消息、哪些智能体可以合作，以及其他智能体具备的能力等。然而，当智能体数量增多时，逐个通信的方式可能会导致效率降低。

在联盟结构中，多个近距离的智能体通过协助者智能体进行交互，而远程智能体之间的互动则由局部智能体群体的协助者智能体来协调。这种结构中的智能体无须了解其他智能体的详细信息，因此具有较高的灵活性。

在黑板结构中，局部智能体将信息存储在共享的黑板上，从而实现局部数据共享。然而，为了实现数据共享，要求一定范围内的智能体具有统一的数据结构或知识表示，这限制了智能体设计和构建的灵活性，因此黑板结构在开放的分布式系统中不容易应用。

11.3.5 智能体的应用

智能体的应用领域非常广泛，主要的应用场景包括智能客服、智能推荐系统、智能家居、无人驾驶、游戏、机器人、交通、医疗、教育、军事等，详见表11-3。在这些领域中，智能体系统可以提高系统的性能和效率，增强系统的鲁棒性和可扩展性，实现系统的自适应和演化，促进系统与人类的协同和互动。

表11-3 智能体系统的应用

应 用	说 明	举 例
智能客服	许多企业使用智能体来提供24/7的客户服务。这些智能体能够理解并处理客户的查询，提供即时的解答，显著提高了客户体验	小米系统中的智能语音客服——小爱同学
智能推荐系统	通过分析用户的行为和偏好，智能体能够向用户推荐最符合其需求的产品或服务。这在电商平台和内容平台中尤其常见	淘宝和京东商城的定向广告
智能家居	智能体在智能家居设备中的应用使得人们能够通过语音命令或手机应用控制家中的各种电器，提升了生活的便利性	通过语音或手机遥控电视、窗帘、空调、扫地机器人等
无人驾驶	无人驾驶汽车和各种服务智能体依赖先进的智能智能体技术，能在复杂环境中自主导航和决策	目前市场上无人驾驶汽车主要包括特斯拉、谷歌的Waymo、百度Apollo、通用汽车的Cruise、AutoX、小马智行等，这些品牌在无人驾驶技术方面各有特色

续上表

应　用	说　明	举　例
机器人	机器人是多智能体系统的一个重要的应用领域，它可以使机器人完成更复杂和更困难的任务，提高机器人的灵活性和可靠性 多智能体系统可以使机器人根据环境的变化和任务的需求，自动地调整自己的策略和角色，能够与其他机器人或人类进行有效的交互和协作	在一个智能仓库中，每个运输机器人都是一个智能体，它们需要根据订单的内容和优先级，选择合适的货物和路径，同时也需要与其他机器人进行避让和协作，以提高仓库的运营效率和客户满意度 在一个智能救援任务中，每个救援机器人都是一个智能体，它们需要根据灾害的类型和程度，选择合适的工具和方法，同时也需要与其他机器人进行协同和支持，以提高救援的成功率和安全性
交通	交通是多智能体系统的一个重要的应用领域，它可以使交通系统实现更高的效率和安全性，减少交通的拥堵和事故 多智能体系统可以使交通系统根据实时的数据和预测的模型，自动地优化自己的参数和策略，能够与其他交通系统或人类进行有效的交互和协作	在一个智能交通系统中，每辆车都是一个智能体，它们需要根据路况和交通规则，选择合适的速度和路线，同时也需要与其他车辆和行人进行沟通和协调，以避免碰撞和拥堵 在一个智能停车系统中，每个停车位都是一个智能体，它们需要根据车辆的类型和需求，选择合适的价格和时长，同时也需要与其他停车位进行竞争和合作，以提高停车的利用率和收入
游戏	在一个智能游戏系统中，每个游戏角色和场景都是一个智能体，它们需要根据游戏的规则和目标，选择合适的动作和策略，同时也需要与其他游戏角色和场景进行协作和竞争，使游戏中的角色和场景更加真实和有趣，以提高游戏的可玩性和挑战性；使游戏中的智能体具有更高的智能和自主性，能够根据不同的任务和角色进行自适应和演化，能够与玩家进行有效的交互和协作，能够遵守游戏规则等	在一个足球游戏中（如实况或 FIFA），每个球员都是一个智能体，它们需要根据比赛的情况和规则，选择合适的位置和动作，同时也需要与其他球员进行沟通和协作，以达成进球或防守的目标 在一个战争游戏中，每个士兵都是一个智能体，它们需要根据战场的环境和敌人的行为，选择合适的武器和策略，同时也需要与其他士兵进行协调和配合，以达成攻击或防御的目标
教育	多智能体系统可以使教育系统实现更高的效果和满意度，提高教育的个性化和适应性 多智能体系统可以使教育系统根据学习者的特征和需求，自动地调整自己的内容和方式，能够与其他教育系统或人类进行有效的交互和协作	在一个智能教育系统中，每个教师、学生、课程和资源都是一个智能体，它们需要根据学习的目标和进度，制定合适的教学和学习计划，同时也需要与其他智能体进行反馈和评估，以提高教育的效果和满意度
军事	多智能体系统开启未来战场的全新模式，它可以使军事系统实现更高的效能和安全性，提高军事的战略和战术 多智能体系统可以使军事系统根据实时的情报和预警，自动地调整自己的参数和策略，能够与其他军事系统或人类进行有效的交互和协作，能够遵守人类的伦理和法律等	在一个智能战争系统中，每个士兵、武器、装备和目标都是一个智能体，它们需要根据战场的情况和敌人的行为，选择合适的行动和策略，同时也需要与其他智能体进行协作和竞争，以达成攻击或防御的目标 在一个智能侦察系统中，每个无人机、卫星、雷达和传感器都是一个智能体，它们需要根据任务的要求和资源的限制，选择合适的位置和角度，同时也需要与其他智能体进行信息的收集和分析，以提高侦察的准确性和及时性

11.4 挑战与前景

11.4.1 挑战

智能体系统虽然有着广泛的应用，但是也面临着一些挑战和困难。

智能体系统需要适应不同的环境和任务，这些环境和任务往往是不确定的和动态的，可能随时发生变化和干扰，如噪声、故障、攻击等。这些变化和干扰可能导致系统性能和效益的下降，甚至导致系统的失效和崩溃。

智能体系统需要与人类进行有效的参与和影响，这需要考虑人类的特征和需求，如情感、偏好、信任、隐私等。这些特征和需求可能与智能体的目标和行为不一致，可能导致系统的冲突和矛盾，甚至导致系统的不受欢迎和不被接受。

智能体系统涉及多个智能体之间的复杂的交互和协调，需要使用一些高级的算法和技术，如博弈论、机器学习、优化理论、分布式计算等。这些算法和技术不仅需要高度的理论基础和实践经验，而且也需要大量的计算资源和时间，可能导致系统的效率和稳定性降低。

另外，智能体系统需要遵守人类的伦理和法律，这需要制定一些规则和标准，如公平、透明、可解释、可控等。这些规则和标准可能与智能体的优化和演化相冲突，可能导致系统的限制和抑制，甚至导致系统的不合法和不道德。

11.4.2 发展前景

智能体技术涉及多个学科和领域，如计算机科学、数学、经济学、心理学、社会学、生物学等。这些学科和领域可以相互借鉴和启发，形成一些新的理论和模型，如智能体强化学习、智能体博弈论、智能体社会网络等。这些理论和模型可以提高智能体系统的水平和能力，也可以促进人类智能的理解和发展。

智能体系统可以利用一些先进的技术和工具，如云计算、大数据、物联网、区块链等。这些技术和工具可以提供更多的计算资源和数据来源，也可以提供更高的安全性和可信度。这些技术和工具可以使智能体系统处理更复杂和更困难的问题，也可以使智能体系统应用于更多的领域和场景。

智能体系统可以为人类提供更多的服务和帮助，这些服务和帮助可以提高人类的生活质量和幸福感，也可以提高人类的知识和技能。这些服务和帮助可以使多智能体系统与人类形成更紧密和更和谐的关系，也可以使智能体系统与人类共同实现更高的目标和价值。

小　　结

本章首先介绍分布式人工智能的概念、特点和分类，其次介绍了机器人技术与应用，接着又介绍了智能体（Agent）的概念、特性、结构和类型、通信，以及多智能体系统的概念、特点、基本模型、体系结构，最后介绍智能体的应用及面临的挑战与发展前景。本章的知识点如下：

（1）分布式人工智能主要研究如何使分布在逻辑或物理位置上的智能系统能够并行工作并相互协作，以解决多任务问题。它可以分为两种类型：分布式问题求解和多智能体系统。

（2）在人工智能领域，智能体指的是能够自主、灵活地与环境进行交互的程序或实体。智能体的结构类型包括：反应式智能体、慎思型智能体、跟踪型智能体、基于目标的智能体、基于效果的智能体和复合型智能体。

（3）智能体之间的通信指的是改变信息载体并将其发送到接收智能体可以观察到的环境中。通信的方式包括使用 Tell 和 Ask 通信，以及采用形式化语言进行通信。通信形式可以是消息 / 对话系统或黑板系统。

习　题

1. 简述分布式人工智能的概念与特征。
2. 简述智能体的概念与特性。
3. 简述智能体的结构和类型。
4. 简述智能体的通信类型与方式。
5. 简述多智能体系统的概念。
6. 简述多智能体系统的特点。
7. 简述多智能体系统的模型。
8. 简述多智能体的体系结构。
9. 简述智能体的应用与发展前景。

第 12 章 人工智能在各个领域的应用

人工智能产业是以人工智能关键技术为核心的、由基础支撑和应用场景组成的、覆盖领域非常广阔的产业。人工智能产业分三层：基础层、技术层、应用层。

人工智能产业的基础层由基础设施构成，主要包括算力、大数据、传感器、云平台等；人工智能产业的技术层涵盖人工智能的技术，如机器学习、计算机视觉、自然语言处理等；人工智能产业的应用层是应用场景，比如智慧交通、智能医疗、智慧教育等。

本章关注人工智能产业的应用层，阐述人工智能在不同领域中不同场景下的应用。

学习目标

（1）了解人工智能的应用领域。

（2）理解人工智能在不同领域的未来发展。

（3）掌握人工智能在不同领域的应用场景。

12.1 人工智能在交通领域的应用

12.1.1 应用场景

人工智能在交通领域的应用广泛，主要在智慧交通管理、智慧行车、泊车与导航方面有所体现。

1. 智能行车、导航与泊车

智能行车的技术以自动驾驶技术为典型代表。自动驾驶技术是通过车载传感器、激光雷达、摄像头等设备，实时感知行车的周围环境，实现车辆自动行驶的技术。自动驾驶车辆根据感知到的环境信息，如道路标志、其他车辆及行人等，做出加速、减速、转向等一系列驾驶操作，确保安全行驶。自动驾驶在家用汽车领域被广泛应用。

智能行车的发展方向是智能座舱。智能座舱可以让驾乘人员得到舒适体验。例如，根据主驾驶座位的人员智能调整驾驶模式、调整防线盘高度、调整座椅、调整头枕；根据环境情况调整车内温湿度、调整车窗上显示景色；根据驾乘人员心情选择音乐，为儿童选择卡通片等，如图 12-1 所示。

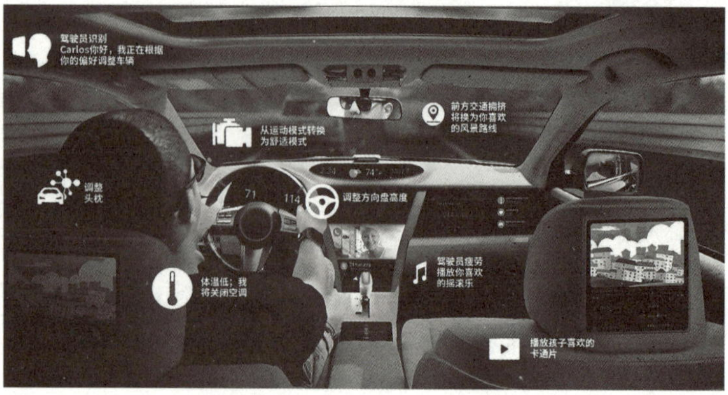

图 12-1　家用汽车的智能座舱

除了在私家车领域，自动驾驶在其他车辆也进行了应用。自动驾驶在公共交通领域也在扩大应用，如图 12-2 所示。自动驾驶车辆可以在特定区域或路线上运行，提供快递服务，如图 12-3 所示。自动驾驶车辆也在农业上进行应用，提升农业机械的效率，如图 12-4 所示。

图 12-2　自动驾驶公共汽车

图 12-3　京东公司的无人配送车

图 12-4　自动驾驶的农业车辆

车辆在到达目的地之前，需要规划行车路线和导航。智能化的路线规划能够结合高精度地图与实时交通数据，选择路线较短且避开拥堵的最优路线，提供更顺畅的驾驶体验。在车辆行驶过程中，智能化的导航全程在线陪伴，能够根据最新的路况信息和天气信息等重新推荐路线，避免因事故等原因造成延误，如图 12-5 所示。

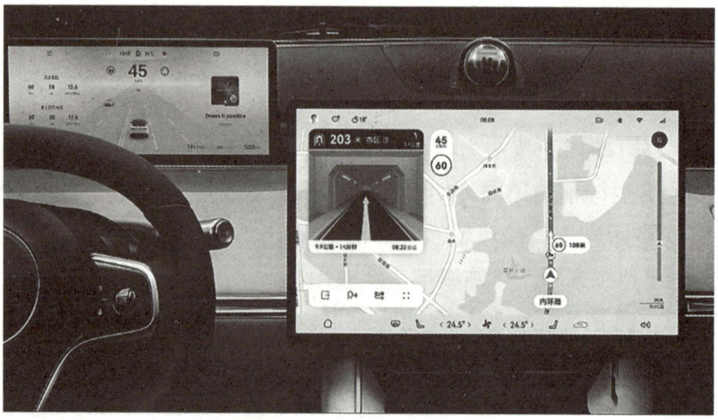

图 12-5　车载智能导航系统

车辆需要停止泊车进入停车场时，智能停车场管理系统能够通过摄像头自动识别进入车辆的车牌号码，能够实现车辆的快速入场、出场及自动计费。在寻找停车场的停车位的过程中，停车场管理系统使用传感器或图像分析技术帮助驾驶员找到可用停车位。

同时，在车载的泊车辅助系统（auto parking assist, APA）开启后，使用车载摄像头和传感器测量车位空间的大小，通常会自动寻找比汽车体积大 20% 的车位空间，然后让汽车自动转向，实现智能泊车入位，如图 12-6 所示。

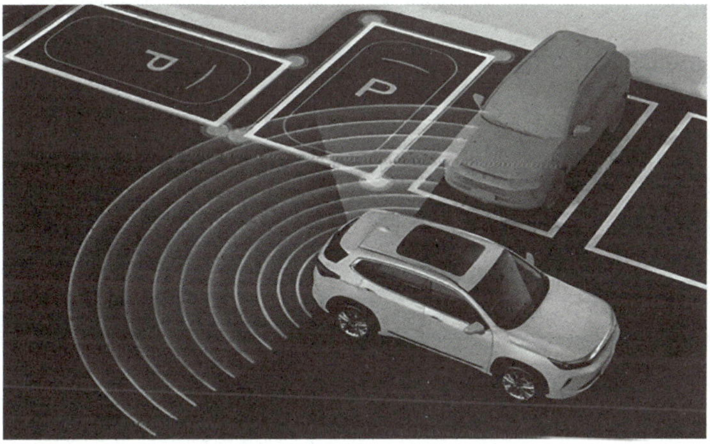

图 12-6　智慧泊车示意图

2. 智慧交通管理

交通管理涉及很多基础设施和移动车辆与行人。因此在交通管理过程中，需要考虑诸多因素。借助人工智能，实现了智慧交通管理，提升了交通管理的效率和效果。

在基础设施管理方面，智能交通信号灯系统能够实现交通信号的实时优化。智能交通信号灯系统利用传感器和摄像头等设施对某个路口的车流量进行实时监测，对路口的所有交通灯进行联合动态调整，主要调整路口信号灯的配时，以缓解交通流量大带来的拥堵情况。例如，北京、上海等大城市已开始部署智能交通信号灯系统，通过分析交通流量来自动优化，如图 12-7 所示。

图 12-7　智能交通信号灯系统示意图

在移动车辆和行人的管理方面，智慧交通流量管理可以实时监测交通状况，根据历史和实时等多维数据进行分析，识别交通流量变化的模式，提前预测高峰时段和潜在拥堵区域，助力交通管理系统的精准预测。同时，智慧交通调度可以通过科学调度道路资源，调节车辆分布，引导车辆合理出行，缓解特定区域的交通压力，如图 12-8 所示。

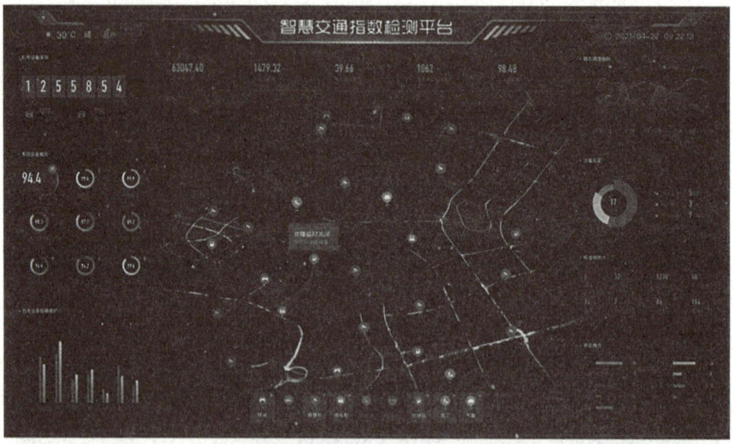

图 12-8　智慧交通指数监测平台

在交通事故处理方面，智慧交通管理系统对道路监控视频进行实时分析，能够识别交通事故、违章行为、异常车辆等，及时通知相关部门和工作人员进行远程处理或现场处理。同时，人工智能技术能够快速分析和评估事故现场的状况，从而合理调度救援资源，提高应急响应效率。另外，人工智能预测模型可以预测交通事故高发地段，提前为交通管理部门提供决策支持，避免交通事故发生，让交通事故防患于未然，提高交通安全性。

综上，智能行车、导航和泊车的应用提升了驾乘体验，智慧交通管理提高了交通系统的效率和安全性。这些都为未来的智慧出行提供了无限可能。随着人工智能技术的不断进步，交通领域的智能化水平将不断提升，为人们带来更加便捷、高效、安全的出行体验。

12.1.2　未来发展

人工智能在交通领域的未来发展方向具有广阔的前景，主要体现在自动驾驶技术的跨越发展、智慧出行服务的创新和智慧交通管理系统的升级上。

1. 自动驾驶技术的跨越发展

人工智能助力下的自动驾驶技术日益成熟，自动驾驶技术将继续得到优化，逐步实现更高级别的智能化。在未来智能交通网络中，自动驾驶汽车将在“车、路、云”一体化的技术融合中，实现车辆与基础设施间的实时数据互通，优化路线选择，实现高效的出行体验。

未来的交通系统中包括的家用自动驾驶汽车、自动驾驶公共交通工具和无人机等多种交通方式协同联动，构建一个多模态交通生态系统。在多模态交通生态系统下，人们根据需要选择最适合的出行方式，改善城市交通流动性，提供更高效的城市出行解决方案。

2. 智慧出行服务的创新

人工智能技术的发展将推动智能出行服务的创新，提供基于用户需求的个性化出行规划、智能共享出行平台等。例如，智能共享出行平台方面，通过精准的用户需求分析，优化共享车辆的分布与调度，缓解交通拥堵问题，降低碳排放，推动了绿色出行的发展。这些创新将为用户提供更加便捷、高效和个性化的出行体验。

特别地，在智慧出行服务方面，未来预计低空经济市场将呈现爆发式增长。2021 年 1 月，美团公司的无人机业务第一次面向真实用户开放配送。同年 2 月，中共中央、国务院印发《国家综合立体交通网规划纲要》，提出“发展低空经济”。美团、丰翼等企业的低空配送航线逐步扩大覆盖范围，在 2024 年，日均运输量突破两万订单，形成常态化、规模化商业运行。美团公司采用无人机送货如图 12-9 所示。

2024 年被誉为“低空经济元年”，低空经济被首次写入《政府工作报告》，全产业链展现出迅猛发展势头。低空经济从物流领域发端，逐步在空中巡查、海洋监测、渔业飞行、气象探测、城市消防、航空护林等专业领域得到应用，后续发展到文旅体验、商业运营等领域。低空经济市场的发展要进行基础设施建设、法律规章制度的制定、适航认证等诸多方面，同时相关制造与运营齐头并进。飞行汽车的研发也在加速进程中，如图 12-10 所示。

图 12-9　美团采用无人机送货

图 12-10　飞行汽车

低空交通将为城市交通提供新的解决方案，缓解地面交通压力。为未来智能化、立体化的交通提供了新思路。

3. 智慧交通管理系统的升级

未来的智慧交通管理系统继续升级，交通管理系统将转向大数据支撑的目标驱动型管理流程。通过大数据支撑的性能指标进行实时监测，确定相应的管理措施，并在实施后进行实时评估，不断优化以接近系统目标。

视 频

美团公司的无人机送货

未来的智慧交通管理系统在模拟交通环境方面会更加智能化和真实化。通过全面整合多源海量数据，并与城市规划等多部门实现高效的信息共享与协同，未来的智慧交通管理系统可以提供高度逼真的模拟环境，助力交通管理部门进行多样化交通情景的模拟与精准预测。通过实时数据更新，迅速捕捉实际交通状况的变化，为交通管理部门提供即时的反馈信息，以便进行策略调整。

这些未来发展方向将推动交通领域的智能化、自动化和互联互通，为人们带来更加高效、安全、环保的出行体验。同时，也要关注交通领域中隐私数据的保护和法律法规的健全。在采集和处理大量个人和车辆数据时，必须确保遵守相关法律和保护用户隐私。相关的法律条款、标准和规范应及时完善。

12.2 人工智能在工业领域的应用

12.2.1 应用场景

人工智能在工业领域的应用深入到制造业，在智能制造、智能设计、智能工业管理等方向发展迅猛。

1. 智能制造

2019 年，教育部设立了本科智能制造工程专业，这个专业属于“新工科”专业之一。设立这个专业是为了适应工业 4.0 时代的发展需求，培养掌握机械工程、电气控制、人工智能等智能制造相关学科的基础知识和技能的高素质应用型技术人才。

从教育部设立智能制造工程专业可以看出，工业领域已经发生了变化，传统制造业正在向智能化转型。

工业领域应用智能制造，能够优化工业流程。智能制造通过实时分析生产数据，优化生产计划和调度，提高生产效率和灵活性，例如，智能排产系统能够根据订单量和生产能力自动优化生产计划，减少资源浪费，缩短生产周期，加快产品上市时间。

工业领域应用智能制造，还能够实现智能化的产品质量控制。在产品质量控制中，生成式人工智能通过图像识别技术能够自动快速地识别和分类产品，并能够快速检测产品表面缺陷，提高次品检测的效率和准确性。

工业自动化中的智能机器人能够执行更复杂的任务并适应不同的工作环境。工业领域的机器人有固定机器人和移动机器人；例如，汽车产品生产线上的固定机器人能够重复精准完成焊接、喷漆等特定操作，如图 12-11 所示；智能搬运机器人可以进行自主导航和避障，自由移动和执行各种任务，从而降低劳动力成本，如图 12-12 所示。

图 12-11 工厂生产流水线上的固定机器人

图 12-12 工厂中的移动机器人

维保机器人通过分析设备运行数据，预测设备故障，提前进行维护和保护，减少生产中断时间。清洁机器人智能技术可以预测设备故障，提前进行清洁，提升设备的产出比率，延长设备使用寿命。例如，光伏电站的光伏板清洁机器人，如图 12-13 所示。

2. 智能设计

在工业设计领域，数字孪生成为发展的方向。传统的设备样本在设计之初需要反复迭代，在迭代的时间上具有较长周期，同时还要有材料、人力成本。为了缩短设计迭代周期，节约设计成本，数字孪生技术得到关注。

数字孪生是根据物理实体，在数字空间中设计一个相同的数字孪生体。这个数字孪生体直观地反映物理实体的相关特性。在工业设计之初，可以根据设计的数字孪生体实现物理实体的设计；在工业设计中，可以根据需求调整数字孪生体的设计；在工业设计结束之后，仍然可以根据数字孪生体进行物理实体的维护。通过创建虚拟的数字孪生体，智能实现了产品设计的前瞻性优化，帮助企业在设计阶段就预测和解决潜在问题，提高设计效率和产品质量。

视 频

数字孪生

例如，发动机的本体与数字孪生体，如图 12-14 所示。

图 12-13　光伏电站的光伏板清洁机器人

图 12-14　发动机的本体与数字孪生体

人工智能辅助设计是另一个工业应用方向之一。工业设计师在设计时面临工作量大、细节繁多、需要反复修改等问题，人工智能辅助设计软件能够快速理解设计师的创意意图并自动生成符合要求的工业设计图，提高设计效率和准确性。例如，人工智能辅助飞机设计如图 12-15 所示。

图 12-15　人工智能辅助飞机设计

3. 智慧工业管理

智慧工业管理从需求端到产品端，实现全程智慧管理。

人工智能可以通过分析市场数据和历史销售数据，预测市场和客户需求，提前进行产品设计和研发，在市场中占领先机。在原料和产品的配送过程中，对物流进行智能化优化，缩短物流配送路径，提高物流效率，减少运输成本。在库存管理中，帮助企业优化库存管理和采购策略，降低库存成本，提高交货效率。

智慧工业管理能够助力企业节能减排。实时监控工厂的能源消耗，自动调整设备运行参数，实现能源的高效利用，减少能源浪费，使企业能够可持续发展。

对于制造业来说，工业数据是最宝贵的资产，人工智能的发展助力开发工业大数据的价值。运行数据挖掘和知识发现技术，人工智能分析海量的工业数据，提取有价值的信息，帮助企业做出更明智的决策。但随着工业数据的大量增加，数据安全和隐私保护将成为重要挑战，企业需要加强数据安全管理，确保数据的安全和隐私。

智能制造将推动工业领域的智能化、自动化和高效化，为企业带来更大的竞争优势和经济效益。

12.2.2 未来发展

未业，人工智能在工业领域的发展具有广阔的前景。

1. 智能硬件与软件的升级

智能化的升级包括硬件的升级和软件的升级。

2023 年 11 月，九牧集团在福建省南安市举行“绿色黑灯工厂”授牌仪式，标志着全球首家“绿色黑灯工厂”的诞生。

从数控机床到智能终端，智能化设备融入生产线和设备，工厂的智能化终端推动工业的自动化程度提升，无须工人参与生产，实现无人工厂和黑灯工厂。例如，某钢铁企业的黑灯工厂如图 12-16 所示。

图 12-16　黑灯工厂

智能工业软件结合数字孪生技术，利用集成的历史数据和工程师的经验，将使设计过程更快。智能工业软件还可以高效实现柔性制造，支持个性化需求设计，如材料选择和工艺参数设置，高度定制化产品生产。

2. 工业行业垂类大模型的发展

通用大模型适用于一般的生活场景，在工业场景下，工业行业垂类大模型需求旺盛。通用大模型通过借助行业高质量工艺数据进行微调，形成垂直领域大模型。垂域大模型能够深入分析行业工艺数据，推动工艺制程的优化和升级，显著提升生产效率和产品质量，使工业数据的预测、运维和治理变得更加高效和精准。

视 频

黑灯工厂

3. 工业互联网与人工智能的深度融合

工业全要素互联互通离不开工业互联网。工业互联网与人工智能深度融合，实现数字化的端到端集成，重构传统制造形态，实现全要素、全流程、全生命周期，以及全价值链的高效决策。

这些未来发展方向将推动工业领域的智能化、自动化和高效化，将为企业带来更大的竞争优势和经济效益。

12.3　人工智能在医疗领域的应用

12.3.1　应用场景

随着人口结构的变化和医学领域的发展，人类对疾病的诊断和治疗更加关注，对健康和保健的需求更加个性化，而人工智能能够让医学的发展突飞猛进。

1. 精准诊断

借助医学影像分析技术，医生能够实现精准诊断。医学影像分析技术是通过深度学习和计算机视觉技术，对医学中的 X 射线、CT、MRI 等影像进行精准分析，帮助医生更快、更准确地识别疾病。例如，人工智能技术在医学影像上进行病灶标注，提高了诊断的效率和准确性，如图 12-17 所示。

人工智能对医学影像分析还可以实现疾病早期筛查。通过分析大量医学影像数据，识别出早期肺癌、乳腺癌等疾病的迹象，帮助医生及早发现潜在病灶。例如，Google Health 开发的乳腺癌筛查系统，其准确性超越了人类放射科医生，能够识别出微小的病变并提供详细的诊断报告，如图 12-18 所示。

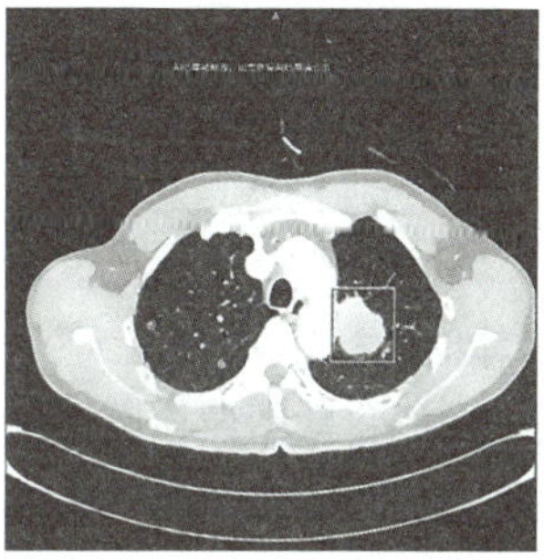

图 12-17　医学影像分析与标注

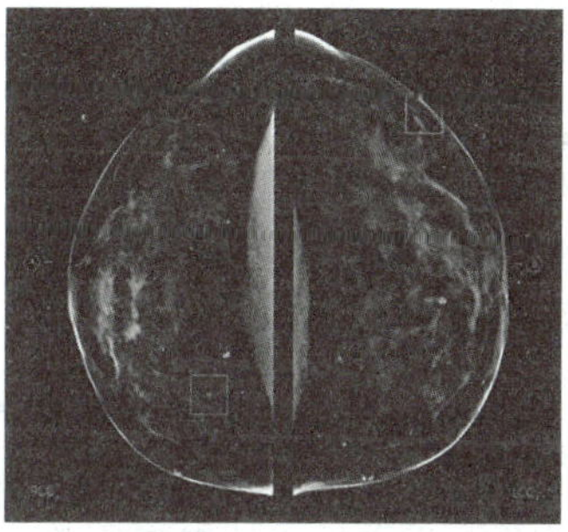

图 12-18　乳腺癌筛查系统的影像识别

视 频

手术机器人

2. 智能手术辅助

经验丰富的外科医生需要多年的实践经验才能精准地进行手术。而人工智能的发展突破了经验理念，在手术中实现了手术机器人更加精准、细致且不知疲倦地工作。

手术机器人是人工智能驱动手术机器人执行高精度、低创伤的手术操作，为患者带来更好的手术体验和康复效果。同时，凭借强大的数据分析能力，人工智能为患者提供精确的手术路径规划和详尽的风险评估，从而显著提高了手术的成功率。例如，美国的达·芬奇手术机器人可以精细地缝制葡萄皮，如图 12-19 所示。

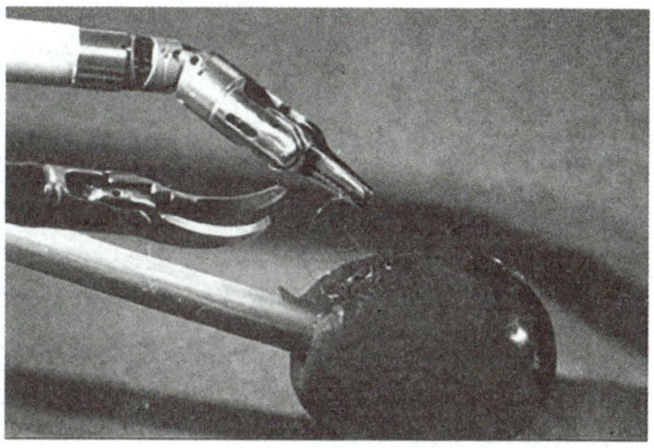

图 12-19　达·芬奇手术机器人缝制葡萄皮

3. 智慧健康管理

对于个人而言，健康管理至关重要。智慧健康管理可以帮助个人更好地管理自己的健康。智慧健康管理包括疾病风险评估和虚拟护士。

疾病风险评估是通过大数据分析和机器学习技术，有效识别疾病的潜在风险，提前预警。例如，在糖尿病、心脏病、癌症等慢性病的预测和早期诊断中，算法能够结合个人的历史数据、生活习惯等多维度信息，提示患者尽早进行干预。

虚拟护士是个人健康数据监测系统。虚拟护士收集个人的饮食习惯、锻炼周期、服药习惯等个人生活习惯信息，运用人工智能技术进行数据分析并评估个人整体状态，协助治疗和保健。

4. 智慧医疗管理

对于医疗系统而言，医疗管理是一个必要需求。智慧医疗管理能够更好地管理电子病历和优化医疗资源。

电子病历记录了患者的历史就医情况。人工智能善于处理和分析大量的医疗文献、病历记录和患者反馈，电子病历的智能管理帮助医生快速获取关键信息。

对于医疗系统，医疗资源极其珍贵。通过数据分析，人工智能可以优化医疗资源的分配，提高医疗服务的效率和质量，提升医疗服务的水平。

综上，人工智能在医疗领域不仅提高了医疗效率和准确性，还为医生和患者带来了更好的医疗体验。另外，人工智能还在药物研发方面有所成效，缩短药物开发周期，降低研发成本。例如，可以利用深度学习算法发现新药靶点，并设计候选药物分子结构，大大减少了传统药物开发周期所需的时间和成本。

12.3.2 未来发展

未来，人工智能将在医疗领域发挥越来越重要的作用，推动医疗行业的变革和创新。

1. 智能诊疗的提升

智能诊疗的提升主要体现在医学影像分析的深化和智能手术辅助的提升。

未来以临床价值为导向的医疗智能产品将实现多元化发展，功能将从图像检出、分割、量化、辅助诊断发展到疗效评估、治疗决策等领域。手术机器人将更加智能化，能够执行更复杂的手术操作，减少手术创伤，提高患者的康复效果。国产的手术机器人如图 12-20 所示。

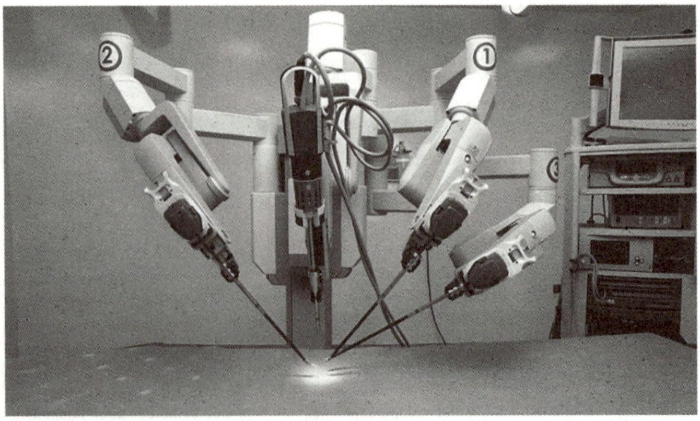

图 12-20　国产的手术机器人

2. 个性化医疗的拓展

生物信息学、计算化学等前沿科学领域发展将与人工智能深度融合。人工智能与基因编辑技术的结合将推动基因治疗的发展，通过深度学习和生物信息的大数据分析，人工智能在海量的基因信息中快速定位目标基因，预测编辑结果，从而优化编辑策略，减少潜在风险，实现医疗的个性化、精准化。

这些未来发展方向将推动医疗领域的智能化、自动化和个性化。同时，随着人工智能在医疗领域的广泛应用，伦理和监管机制将不断完善，保护患者权益。人工智能提升整体医疗水平的同时，数据安全和隐私保护将成为行业发展的重要挑战。医疗机构需要加强数据安全管理，确保患者信息的安全和隐私。

12.4　人工智能在教育领域的应用

12.4.1　应用场景

人工智能深远地影响了教育领域，人工智能在教育领域的应用体现了个性化，个性化学习是教育的新方向，根据学生的学习习惯和能力提供定制化的学习计划，通过分析学生的学习数据，人工智能为每个学生生成个性化的学习路径和推荐合适的学习资源，提高学习效率。

1. 智慧课堂

从“学”的角度，智慧课堂包括智能导学、智能陪练、沉浸式学习；从“教”的角度，智慧课堂包括智能教学内容生成、智能评测等方面。

智能导学可以为学生提供个性化的学习建议、解题思路和反馈。不仅限于简单的答疑，还会具备高度个性化的学习规划和实时反馈能力。

智慧陪练可以针对素质教育，如音乐、美术、书法等，分析学习程度，进行智能纠错，生成学情报告，改进学习方案，提高学习效果。例如，智能钢琴可以提供智能陪练，如图 12-21 所示。

沉浸式学习是利用虚拟现实、增强现实技术，创建身临其境的环境，让学生更加直观地理解和掌握知识，如图 12-22 所示。

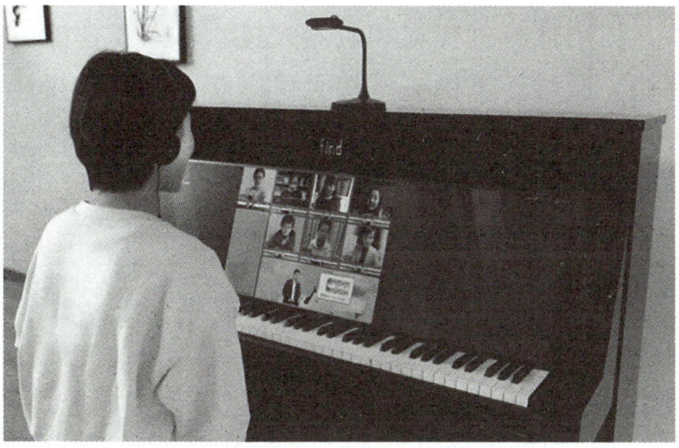

图 12-21　智能钢琴的智能陪练

图 12-22　沉浸式学习

虚拟现实技术实现方式是利用计算机视觉技术，结合三维图形技术、多媒体技术、仿真技术等多个领域成果，借助计算机等设备产生一个逼真的三维视觉、触觉等多种感官体验的虚拟世界，从而使处于虚拟世界中的人产生一种身临其境的感觉。

增强现实技术借助光电显示技术、交互技术、传感器技术和计算机图形与多媒体技术将计算机生成的虚拟环境与用户周围的现实环境融为一体，使人从感官效果上确信虚拟环境是其周围真实环境的组成部分。

当前，增强现实技术可以使用智能眼镜等智能设备实现，以虚拟世界中的交互操作代替现场实验中的实际操作。智能眼镜是指像智能手机一样，具有独立的操作系统，可以由用户安装软件的智能设备。智能眼镜可通过语音或动作操控完成添加日程、地图导航、拍摄照片和视频、视频通话等功能。智能眼镜可以用于增强现实的实训操作，例如，在飞机的乘务人员训练操作机上的设施时，应急滑梯的拆卸操作需要反复进行，但是现实中应急滑梯只能拆卸并使用一次，使用后应急滑梯就会报废。为了降低成本，可以使用智能眼镜进行相应训练操作。华为公司的智能眼镜如图 12-23 所示。

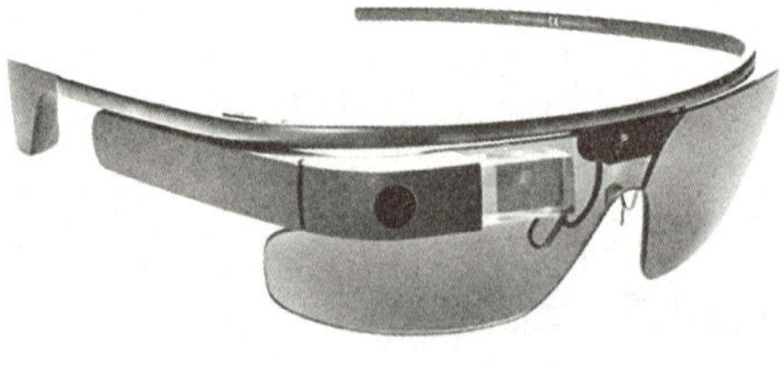

图 12-23　华为公司的智能眼镜

智能教学内容的生成是借助大模型的生成功能，根据教学内容自动生成相关的配图和教学视频，帮助学生更好地理解知识点。例如，在讲解几何概念时，人工智能可以根据知识点自动生成图示，帮助学生更直观地理解抽象的数学概念，如图 12-24 所示。

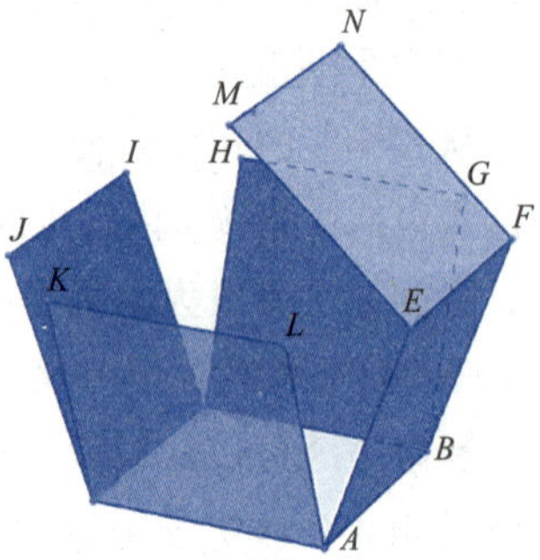

图 12-24　立体几何教学内容生成示意图

智能测评系统可以自动生成试卷、批改作业并提供反馈。这能帮助教师更直观地了解学生的学习情况，有针对性地制定教学方案。

2. 智慧校园

智慧校园是在数字化校园基础上发展而来的。除了需要对基础设施的互联互通，还要对产生的数据进行智能管理。例如，使校园中的教室、实验室、会议室、图书馆等场所或设施智能联动，以实现智慧管理的目的。

智慧校园能够实现校园环境安全监测与预警。利用计算机视觉和机器人技术，人工智能可以自动维护校园安全，进行安全监测与预警。例如，通过计算机视觉技术可以获取到雨后操场的积水程度，为是否进行体育训练提供决策依据。

智慧校园能够实现校园环境中数据的采集和处理。利用智能终端的信息采集技术，人工智能可以实时获取校园环境内的人员与物品的信息，并能将两者进行匹配，实现数据交互。例如，校园中的传感器采集到学生的行动轨迹，对遗失物品进行精准寻找。

3. 智慧教育管理

智慧教育管理能够实现数据驱动的决策，优化教学计划和课程设置，优化教育资源分配，提高管理效率。例如，通过数据分析，人工智能可以预测学生的学习需求，提前调配教学资源。再例如，通过数据分析，人工智能通过检测学生的学习状况和成绩情况评估学生学业风险，及时进行学业预警干预。

智慧教育将推动教育领域的个性化和高效化，为学生和教师带来更好的教育体验和更高的教育质量。

12.4.2　未来发展

未来，人工智能在教育领域的发展具有纵深趋势。

1. 全方位的智慧教育体验

全方位的智慧教育体验包括学科教育与素质教育结合、个性化智慧教学体系等。

学科教育与素质教育结合是未来发展的一个趋势。未来，“AI+ 教育”将不仅关注知识学习，还会进一步关注思维培养、个性发展、心理健康等多维度，为学生提供更多元化的引导思路。通过关注过程性数据，拓展在素质教育领域的应用，实现智能陪伴和智能情绪价值。

个性化智慧教学体系能够根据学生的学习进度、能力、兴趣等数据，动态调整学习计划与内容推荐，实现真正的“因材施教”。例如，国家开放大学依据个性化智慧教学体系，开发了包括英语口语智能训练和作文智能批改系统，为大规模学习者提供及时反馈和个性化学习支持。

2. 智能教学平台的发展

教师智能助手应用更加广泛。人工智能为教师提供教学支持，包括自动化内容生成、作业批改、学生表现分析等功能。智能教学平台使教师能够关注学生的个性化需求。

智能体和智能机器人在教育中的应用逐步提升。教育智能硬件将向不同终端设备、不同系统平台、不同应用场景的互融互通方向发展，构建面向多元学习场景的智能教育数据生态。教育大模型将成为产业基座，智能体和智能机器人将助力智慧教育，个性化学习成为主流趋势。

3. 教育模式的变革

智慧校园的发展推动学校教育教学变革，智慧校园更加充分地构建技术赋能的教学环境，探索基于人工智能的新教学模式，重构教学流程。

人工智能也将在职业教育和企业培训中发挥重要作用。职业教育与企业培训的智能化学习平台，提供丰富的个性化学习资源，创新服务供给模式，实现终身教育定制化。

这些未来发展方向将推动教育领域的个性化、多维度和变革性，为学生和教师带来更好的教育体验。

12.5　人工智能在安防领域的应用

12.5.1　应用场景

人工智能在安防领域主要的应用集中在警用安防、民用安防两个场景。

1. 警用安防

警用系统的安防是利用人工智能技术从海量的视频信息中高效地对视频内容进行特征提取，实时分析嫌疑人的信息，快速锁定嫌疑人的线索。依靠人工智能技术，可使侦破案件的时间成本降低，侦破的有效性和准确性增加。

警用安防包括特征分析和识别、车辆分析和识别、应急事件自动预警和智能巡逻等方面。

特征分析和识别是人工智能技术利用嫌疑人员的生物特征，来为警务人员提供嫌疑人员的身份识别等数据。例如，警务人员可以进行嫌疑人员人脸的快速比对查找，快速确认嫌疑人员身份，后续利用人工智能技术在视频信息中对嫌疑人进行实时标注，从而对嫌疑人员进行实时追踪。

车辆分析和识别是人工智能技术能够对车辆号牌、车辆品牌、车辆类型、车辆款式、车辆颜色、安全带等车辆细节信息进行识别，为警务人员提供车辆轨迹等动态信息，对车辆碰撞、非法停车、车辆盗窃等行为提供分析。

应急事件自动预警是对于火灾发生、肢体冲突、人群踩踏等突发事件，应急系统按照预案进行自动预警及干预。例如，消防机器人能够进入火场进行自主灭火，如图 12-25 所示。

智能巡逻是在一些特定的区域，使用警用巡逻机器人进行智能巡逻，及时发现出现的可疑情况，提供自动报警等相关服务，如图 12-26 所示。

图 12-25　消防机器人

图 12-26　警用巡逻机器人

2. 民用安防

民用安防系统利用生物特征识别、图像识别和视频监控等提供智能安防体系。

工业园区中有很多工业机器人，这些工业机器人大多是固定在生产线的某个位置上。现在工业园区中为安防系统配备了巡线机器人，可以完成移动巡线任务。在工业园区中，巡线机器人定期对特定的区域进行安全巡逻，通过读取传感器上的数据并上传到智能终端，智能系统能够分析工业园区的某个位置是否存在安全隐患，确保工业园区中设备的正常运转、保证工作人员的人身安全。

智慧楼宇系统将整个楼宇的视频监控信息、车辆识别、物品检测信息、人员出入记录进行综合研判。可以检测到违规探访、盗刷门禁等行为。智慧楼宇系统为楼宇提供安防保护，可以为人员提供人身保护、权限服务。同时，智能楼宇还能检测楼宇的能耗，指导工作人员调整楼宇的设备参数，提升楼宇的运行效率。例如，智慧楼宇系统能够监测大楼内的空气质量，以及地下室的二氧化碳浓度，如图 12-27 所示。

住宅安防是个人安防需求较多的方面。通过各种传感器来远程获取住宅的相关数据。例如，智能门禁提供防盗服务，防止非法开启房门；智能安防窗带有摄像头、红外人体传感器、风雨传感器、智能开关、推窗器等装置，特别带有隐形防盗网，能够防止外人非法钻窗入室，还能够自动调整挡风遮雨。如果发生从房门或者窗户非法闯入室内的情况，防盗系统提供自动报警，且通过短信或者电话提醒住宅主人。智能安防窗如图 12-28 所示。安装在室内的智能设备能够检测烟雾浓度和燃气浓度，防止火灾、防止燃气泄漏。出现紧急情况时提供警报信息。民用安防使用的多种传感器如图 12-29 所示。

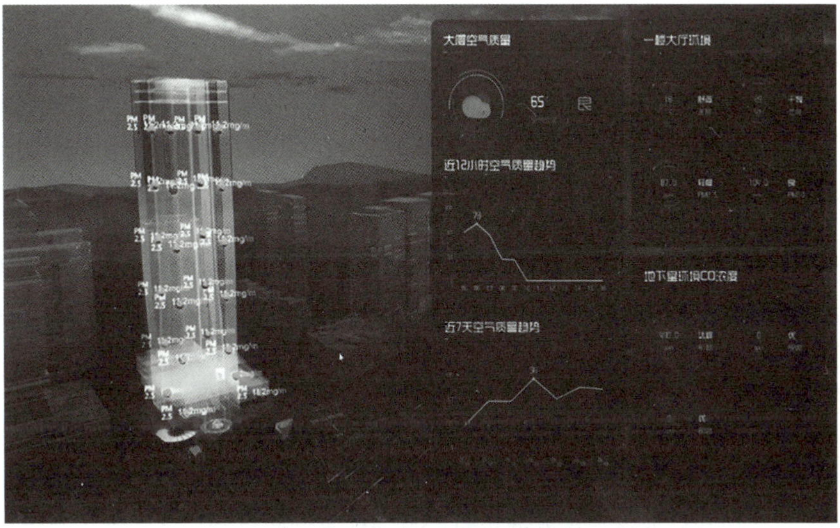

图 12-27　智慧楼宇系统

图 12-28　智能安防窗

（a）温湿度传感器　　（b）压力传感器　　（c）烟雾传感器

图 12-29　民用安防使用的多种传感器

12.5.2　未来发展

目前安防系统在警用安防和民用安防发挥了很多作用，人工智能技术的发展推动着安防领域的继续发展，很多安防领域实现了人工智能的落地应用。安防领域的未来发展方向主要有数据融合、个性化服务等。

1. 多模态数据融合

以往的安防系统中，各种传感器数据是单独进行采集和处理。未来，数据融合的程度会大幅度提升。同时，多模态数据的融合进一步加强，文本、语音、图像、视频数据的融合成为安防系统的发展趋势，信息互补性和信息完整性提升安防系统的情报分析和预警的准确性。

2. 大模型为基础的中心智能部署

智能安防需要大量的智能终端设备。安防领域发展过程中，使用了很多具有边缘计算能力的智能终端设备。随着大模型的推广，以大模型为基础的中心智能会增强，智能算法能够发挥更大的作用。

3. 个性化服务

人工智能在各个领域都能提供个性化的服务，在安防领域也类似。在安防领域，人工智能可以为特定的客户提供特定的安全风险评估和安全解决方案。例如，人工智能通过分析客户的历史报警数据，自动开启或者关闭安防设备，自动配置安防设备，达到优化安防解决方案的目的。

12.6 人工智能在金融领域的应用

12.6.1 应用场景

金融行业在不同的科学技术发展时期经历了不通的发展阶段。伴随科技的发展，金融领域发展的三个阶段分别为："计算机＋金融"阶段、"互联网＋金融"阶段和"人工智能＋金融"阶段。

"人工智能＋金融"阶段是目前正处于的阶段。在这一阶段，科学技术对金融领域的变革比前两个阶段都更加深刻。"计算机＋金融"阶段主要通过信息系统实现了办公业务的自动化，出现了磁条银行卡，提升了数据交互能力和金融服务效率。"互联网＋金融"阶段是利用互联网平台汇集用户的海量金融数据，出现了网上银行、手机银行等，打通了信息交互的各个渠道。而"人工智能＋金融"阶段利用人工智能重塑金融逻辑本质，有效控制金融风险，降低决策成本，发挥客户的潜在价值。出现了智能网点、智能客服机器人等。

1. 智能客服机器人

银行的智能客服机器人可以进行人机交流，采用智能语音、智能图像和生物特征识别等人工智能技术，承担银行网点中大堂经理负责的引导客户、介绍业务等工作。客户可以与智能客服机器人进行互动，实时查询和了解金融服务信息。银行智能客服机器人如图 12-30 所示。

图 12-30　银行的智能客服机器人

2. 智能理赔与支付

智能理赔能够缩短传统保险理赔过程，减少参与的理赔人员。利用人工智能、图像识别和数据分析等技术，智能理赔能够节约时间成本和人力成本。例如，人身健康险的理赔方面，患者在医院就诊记录可以作为智能理赔的数据，人工智能算法审核数据的真实性后，根据审核结果和理赔条款进行快速理赔。再例如，车险的理赔方面，驾驶人员的身份识别、车辆部位的查勘定损、理赔费用的确定、智能支付等环节的快速处理，实现了车险理赔的高效完成。又例如，发生车祸时，客户拍一张照片就可以向保险公司申请智能理赔。智能理赔系统可以根据照片进行精准定位和评估，如图 12-31 所示。

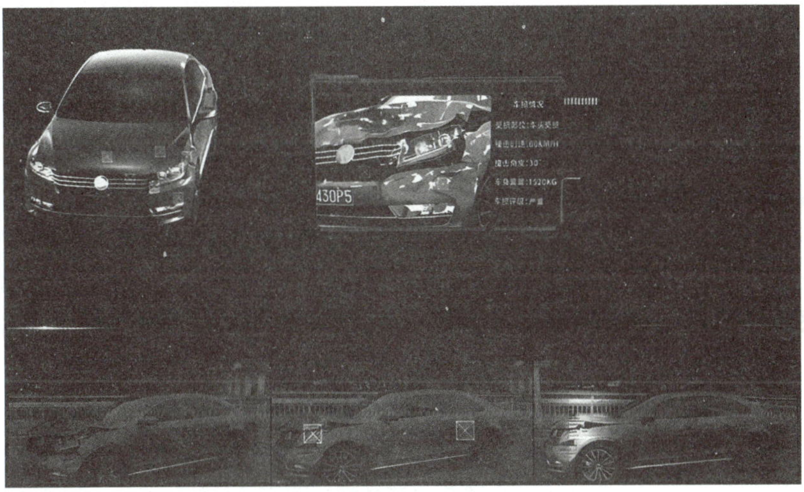

图 12-31　智能理赔系统

智能支付为多种支付方式提供了设备支持，例如，刷脸支付的支付宝刷脸设备，如图 12-32 所示。智能支付将支付数据和消费行为及时反馈给客户和商家，商家利用智能平台进行核对账目、管理客户、分析销售数据等业务。

3. 智能风控与投顾

金融领域的核心是风险控制，包括减少风险事件发生的可能性和减少风险事件发生时的损失。智能风险控制是基于人工智能的风险控制，依托人工智能和大数据，开发人工智能模型，使用金融大数据进行训练人工智能模型，对金融风险进行有效识别、预警防范。对客户数据进行搜集和整理，对客户行为进行建模，形成客户画像，预测客户风险等级。

图 12-32　支付宝的刷脸支付设备

智能投资顾问是在投资相关的大数据基础上，应用人工智能技术，根据投资经验和市场信息预测金融资产的趋势走向，构建符合客户风险收益的投资组合。例如，知名的智能投资顾问平台有美国的 Wealthfront、Betterment 等，我国的弥财、蓝海智投、同花顺财经等。

12.6.2　未来发展

人工智能在金融领域的发展主要体现在对金融行业和对金融客户两个方面。

1. 运营成本降低和安全系数提升

通过人工智能提供的智能机器服务，金融服务成为智力密集型服务，致力于提升金融服务的质量，降低运行成本，增加营收和利润。

通过人工智能提供的人脸识别等生物特征识别技术，金融服务能够依据多维度的客户数据，对客户信用级别评估得更加精准，提升银行贷款、投资理财等金融服务的安全系统。

2. 客户服务体验感提升

在 人工智能的助力下，银行提供全天候 24 小时的智能服务，客户可以和银行进行随时随地的互动，客户获得定制化的产品和个性化服务。例如，中国建设银行推出“惠懂你”一站式移动金融服务平台，依托人工智能和生物识别等技术，客户可以体验到便捷的多元服务。

12.7　人工智能对社会的影响

12.7.1　人工智能时代的新挑战

随着时代的进步和科学技术的发展，人工智能无疑给人们的生活带来了巨大的便捷，但同时也“威胁”着许多人的生活。众所周知，人工智能能够高效、准确地完成某些工作，所以随着人工智能的不断发展，在未来的人工智能时代中，流水线工人、司机、快递员、收银员、人工客服、仓库管理员、服务员、初级文案职员等职业会受到很大影响，极有可能被人工智能部分甚至全部替代，具体说明见表 12-1。此外，随着人工智能技术的逐渐成熟，翻译人员、财会人员、保险业务员、人事、初级门诊医生等职业未来也可能受到不小冲击。

表12-1　未来受人工智能影响较大的行业

职　业	说　明
流水线工人	流水线工人是最容易被机器人取代的职业，他们的工作简单重复，所以只需要设定好机器人的参数系统，机器人就可以不知疲倦地工作。统计显示，苹果的零配件供应商富士康公司自 2014 年以来用机器人代替了接近一半的流水线工人
司机	当无人驾驶技术变得越发成熟，足以达到商用的程度时，便可以用它代替人工驾驶员。相对于人的情绪化和容易疲劳等特点，无人驾驶汽车正好完美地弥补了这些缺点，它在高精度计算的支撑下会自动识别道路交通规范，实现流量控制，选择最优路径。这样，不仅减少了交通事故的发生率，还能解决城市交通拥堵问题
快递员	伴随着电子商务的飞速发展，快递员的数量也出现了爆发式增长。但在未来，随着无人机、自动驾驶快递车、智能送货机器人等人工智能产品的应用，快递员这个职业将被人工智能产品逐渐取代

续上表

职　业	说　明
收银员	随着人工智能收费方式的普及，消费者可以跳过繁琐的人工收费过程，进行自动付费，超市、商场和收费站等收银员的岗位将大幅缩减
人工客服	随着语音识别、自然语言处理等人工智能技术的不断进步，机器人与人之间的交互越来越真实，服务也越来越人性化，因此智能客服的应用也越来越广泛，并逐渐取代人工客服
仓库管理员	目前，物流行业已经开始采用分拣机器人，相较于人工分拣与配送，它们的分拣和配送效率更高、错误率更低。因此，智能化的分拣机器人将逐渐替代仓库管理员的工作
服务员	零售与餐饮服务员是替代性很高的职业，其工作由机器人可以轻易做到，且永远不知疲惫
初级文案职员	随着大模型与 AIGC 技术的日趋完善，DeepSeek 和 Chat GPT 之类的工具在通用领域接近人类水平，能够自动生成模板化文本，且可以自动进行语法检查与润色，从而取代基础文档翻译和简单文书处理员

12.7.2　人工智能时代的新机遇

技术进步，必然会造成部分传统就业机会的消失，但新技术的普及应用，也必然引发一批新的产业链繁荣发展，衍生出人们此前从来不曾想到过的职业，为人们带来新的就业机遇。

2019 年以来，人力资源社会保障部与国家市场监管总局、国家统计局联合向社会陆续发布了四批新职业。其中包括人工智能工程技术人员、物联网工程技术人员、大数据工程技术人员、云计算工程技术人员、数字化管理师、建筑信息模型技术员、电子竞技运营师、电子竞技员、无人机驾驶员、农业经理人、物联网安装调试员、工业机器人系统操作员、工业机器人系统运维员、智能制造工程技术人员、工业互联网工程技术人员、虚拟现实工程技术人员、人工智能训练师、全媒体运营师、无人机装调检修工、区块链工程技术人员、区块链应用操作员、服务机器人应用技术员等几十个与人工智能密切相关的新职业。

小　结

本章聚焦人工智能在多领域的应用，涵盖交通、工业、医疗、教育、安防和金融等领域，展现了其应用场景与未来发展趋势，主要知识点如下：

（1）人工智能在交通领域的应用场景有智能行车、导航与泊车和智慧交通管理。

（2）人工智能在工业领域的应用场景有智能制造、智能设计、智慧工业管理。

（3）人工智能在医疗领域的应用场景有精准诊断、智能手术辅助、智慧健康管理、智慧医疗管理。

（4）人工智能在教育领域的应用场景有智慧课堂、智慧校园、智慧教育管理。

（5）人工智能在安防领域的应用场景有警用安防和民用安防。

（6）人工智能在金融领域的应用场景有智能客服机器人、智能理赔与支付、智能风控与投顾。

习　题

1. 简述人工智能在交通领域的应用有哪些。
2. 简述人工智能在工业领域的应用有哪些。
3. 简述人工智能在医疗领域的应用有哪些。
4. 简述人工智能在教育领域的应用有哪些。
5. 简述人工智能在安防领域的应用有哪些。
6. 简述人工智能在金融领域的应用有哪些。
7. 简述人工智能应用对社会的影响有哪些。人们应该如何应对。
8. 简述人工智能面临的伦理和法律问题有哪些。

参考文献

[1] 马少平 . 艾博士：深入浅出人工智能：公共课版：微课版［M］. 北京：清华大学出版社，2024.

[2] 邱虹坤，王亚杰，等 . C 语言程序设计：以机器博弈为例：微课版［M］. 北京：清华大学出版社，2023.

[3] 严云洋，王留洋，申静，等 . 大学计算机与人工智能基础：实用教程［M］. 上海：上海交通大学出版社，2022.

[4] 杨阳，何大中，何刚，等 . 人工智能基础与实践［M］. 北京：北京邮电大学出版社，2024.

[5] 丁艳 . 人工智能基础与应用［M］.2 版 . 北京：机械工业出版社，2024.

[6] 王科俊，卢桂萍，张恩，等 . 人工智能技术基础［M］. 北京：清华大学出版社，2024.

[7] 尹宏鹏 . 人工智能基础［M］. 重庆：重庆大学出版社，2023.

[8] 陈静，徐丽丽，田钧 . 人工智能基础与应用［M］. 北京：北京理工大学出版社，2022.

[9] 周越 . 人工智能基础与进阶：Python 编程［M］.2 版 . 上海：上海交通大学出版社，2022.

[10] 王方石，李翔宇，杨煜清，等 . 人工智能基础及应用［M］. 北京：清华大学出版社，2023.

[11] 周志强，缪玲娟 . 人工智能基础［M］. 北京：北京理工大学出版社，2023.

[12] 潘云鹤 . 新一代人工智能基础与应用研究［M］. 杭州：浙江大学出版社，2024.

[13] 罗娟 . 计算与人工智能基础概论［M］. 北京：人民邮电出版社，2022.

[14] 周勇 . 计算思维与人工智能基础［M］.3 版 . 北京：人民邮电出版社，2024.

[15] 王静文，李媛，邱虹坤，等 . 计算机博弈算法与编程［M］. 北京：机械工业出版社，2021.

[16] 韩博 . 大数据与人工智能导论：微课版［M］. 北京：人民邮电出版社，2024.

[17] 詹跃明，张孟资 . 人工智能基础与应用［M］.2 版 . 北京：航空工业出版社，2021.

[18] 何泽奇，韩芳，曾辉 . 人工智能［M］. 北京：航空工业出版社，2021.

[19] 林子雨 . 数字素养通识教程：大数据与人工智能时代的计算机通识教育［M］. 北京：人民邮电出版社，2025.

[20] 章瑾，黄轲 . 人工智能导论：通识版［M］. 北京：北京邮电大学出版社，2025.

[21] 赵建勇，周苏，李眉博 . AIGC 通识教程［M］. 北京：人民邮电出版社，2025.

[22] 王军 . 人工智能概论：微课版［M］. 北京：人民邮电出版社，2024.

[23] 徐心和 . 中国机器博弈 2017 发展报告［M］. 北京：电子工业出版社，2018.